全国计算机等级考试专业辅导用书

全国计算机等级考试
无纸化专用教材

二级 Visual Basic

张永刚　石永煊　编著

清华大学出版社
北京

内 容 简 介

本书严格依据最新颁布的《全国计算机等级考试大纲》编写,并结合了历年考题的特点、考题的分布和解题的方法。

本书分为11章,包括 Visual Basic 概述、对象及其操作、Visual Basic 程序设计基础、数据的输入输出、常用标准控件、Visual Basic 控制结构、数组、键盘和鼠标事件、菜单和对话框、数据文件等内容。

本书配套光盘提供强化练习、真考模拟环境、评分与视频解析、名师讲堂等模块。

本书适合报考全国计算机等级考试"二级 Visual Basic"科目的考生选用,也可作为大中专院校相关专业的教学辅导用书或相关培训课程的教材。

本书封面贴有清华大学出版社防伪标签,无标签者不得销售。
版权所有,侵权必究。侵权举报电话: 010-62782989 13701121933

图书在版编目(CIP)数据

全国计算机等级考试无纸化专用教材. 二级 Visual Basic / 张永刚,石永煊编著. —北京: 清华大学出版社,2015(2017.1重印)
全国计算机等级考试专业辅导用书
ISBN 978-7-302-38566-0

Ⅰ.①全… Ⅱ.①张… ②石… Ⅲ.①电子计算机—水平考试—自学参考资料②BASIC 语言—程序设计—水平考试—自学参考资料 Ⅳ.①TP3

中国版本图书馆 CIP 数据核字(2014)第 273614 号

责任编辑: 袁金敏　王冰飞
封面设计: 傅瑞学
责任校对: 徐俊伟
责任印制: 沈　露

出版发行: 清华大学出版社
　　　　网　　址: http://www.tup.com.cn, http://www.wqbook.com
　　　　地　　址: 北京清华大学学研大厦A座　　邮　编: 100084
　　　　社 总 机: 010-62770175　　　　　　　　邮　购: 010-62786544
　　　　投稿与读者服务: 010-62776969, c-service@tup.tsinghua.edu.cn
　　　　质量反馈: 010-62772015, zhiliang@tup.tsinghua.edu.cn
印 刷 者: 三河市君旺印务有限公司
装 订 者: 三河市新茂装订有限公司
经　　销: 全国新华书店
开　　本: 185mm×260mm　　印　张: 17.5　　字　数: 445 千字
　　　　　(附光盘1张)
版　　次: 2015 年 1 月第 1 版　　　　　　　　印　次: 2017 年 1 月第 2 次印刷
定　　价: 35.00 元

产品编号: 062185-02

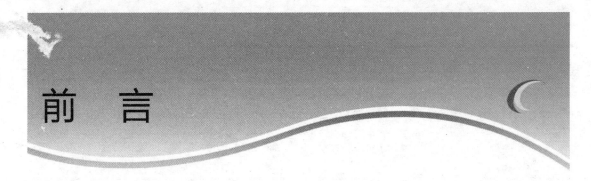

前 言

全国计算机等级考试(National Computer Rank Examination,NCRE)是经原国家教育委员会(现教育部)批准,由教育部考试中心主办,面向社会,用于考查应试人员计算机应用知识与技能的全国性计算机水平考试。计算机等级考试相应证书的取得已经逐渐成为考查考生计算机操作水平的衡量标准,并且,也为考生以后的学习和工作打下了良好的基础。

随着教育信息化步伐的加快,按教育部要求,从2013年上半年开始,全国计算机等级考试已完全采用无纸化考试的形式。为了使教师授课和考生备考尽快适应考试形式的变化,本书编写组组织具有多年教学和命题经验的各方专业人士,结合最新考试大纲,深入分析最新无纸化考试形式和题库,精心编写了本套无纸化专用教程。本书具有以下特点:

1. 知识点直击真考

深入分析和研究历年考试真题,结合最新考试大纲和无纸化考试的命题规律,知识点的安排完全依据真考考点,并将典型真考试题作为例题讲解,使考生在初学时就能掌握知识点的考试形式。

2. 课后题查缺补漏

为巩固考生对重要知识点的把握,本书每章均配有课后习题。习题均出自无纸化真考题库,具有典型性和很强的针对性。

3. 无纸化真考环境

本书配套软件完全模拟真实考试环境,其中包括4大功能模块:选择题、操作题日常练习系统,强化练习系统,完全仿真的模拟考试系统以及真人高清名师讲堂系统。同时软件中配有所有试题的答案,方便有需要的考生查阅或打印。

4. 自助式全程服务

虎奔培训、虎奔官网、手机软件、YY讲座、虎奔网校、免费答疑热线、专业QQ群等互动平台,随时为考生答疑解惑;考前一周冲刺专题,可以通过虎奔软件自动获取考前预测试卷;考后第一时间点评专题,帮助考生提前预测考试成绩。

本书共11章,第1~3章由石永煊编写,第4~11章由张永刚编写,由全国计算机等级考试命题研究室和虎奔教育教研中心联合审定。在本书的编写和出版过程中,得到了一线教师的大力支持,在此表示衷心的感谢。

由于编者能力有限,书中难免存在疏漏之处,我们真诚地希望得到广大读者的批评指正。

编　者

目　录

第1章　Visual Basic 概述
1.1　Visual Basic 简介 …… 1
1.1.1　Visual Basic 的特点 …… 1
1.1.2　Visual Basic 的版本 …… 2
1.2　Visual Basic 的启动与退出 …… 3
1.3　Visual Basic 集成开发环境 …… 4
本章小结 …… 10
巩固练习 …… 10

第2章　对象及其操作
2.1　对象 …… 11
2.1.1　对象的概念 …… 11
2.1.2　对象的属性 …… 12
2.1.3　对象的事件 …… 13
2.1.4　对象的方法 …… 14
2.2　窗体 …… 15
2.2.1　窗体的结构与属性 …… 15
2.2.2　窗体的常用事件 …… 19
2.3　控件 …… 20
2.3.1　控件的分类 …… 20
2.3.2　控件的命名和控件值 …… 22
2.4　控件的画法和基本操作 …… 23
2.4.1　控件的画法 …… 23
2.4.2　控件的基本操作 …… 24
本章小结 …… 25
巩固练习 …… 25

第3章　Visual Basic 程序设计基础
3.1　Visual Basic 简单程序开发 …… 27
3.1.1　Visual Basic 中的语句 …… 27
3.1.2　编写简单的 Visual Basic 应用程序 …… 29
3.1.3　程序的保存、装入和运行 …… 34
3.2　数据类型 …… 35
3.2.1　基本数据类型 …… 35
3.2.2　用户定义的数据类型 …… 37
3.2.3　枚举类型 …… 39
3.3　常量与变量 …… 39
3.3.1　常量 …… 40
3.3.2　变量 …… 40
3.4　变量的作用域 …… 43
3.4.1　局部变量、模块变量和全局变量 …… 43
3.4.2　默认声明 …… 44
3.5　常用内部函数 …… 45
3.5.1　数学函数 …… 45
3.5.2　转换函数 …… 46
3.5.3　字符串函数 …… 47
3.5.4　随机函数 …… 48
3.6　运算符与表达式 …… 49
3.6.1　运算符 …… 49
3.6.2　表达式 …… 52
本章小结 …… 53
巩固练习 …… 54

第4章　数据的输入输出
4.1　数据的输出——Print 方法 …… 58
4.1.1　Print 方法 …… 58
4.1.2　与 Print 方法相关的函数 …… 61
4.1.3　格式输出（Format $） …… 63
4.1.4　其他方法和属性 …… 65
4.2　数据的输入——InputBox 函数 …… 67
4.3　MsgBox 函数和 MsgBox 语句 …… 68

  4.3.1 MsgBox 函数 ·················· 69
  4.3.2 MsgBox 语句 ·················· 71
 4.4 字体 ································· 72
  4.4.1 字体类型 ······················ 72
  4.4.2 字号大小 ······················ 72
 本章小结 ···································· 73
 巩固练习 ···································· 73

第 5 章　常用标准控件

 5.1 文本控件 ···························· 75
  5.1.1 标签 ····························· 75
  5.1.2 文本框 ·························· 76
 5.2 图形控件 ···························· 79
  5.2.1 图片框与图像框 ············ 79
  5.2.2 图形文件的装入 ············ 80
  5.2.3 直线和形状 ··················· 81
 5.3 按钮控件 ···························· 82
 5.4 选择控件(单选按钮和复选框) ··· 84
 5.5 选择控件(列表框和组合框) ···· 86
  5.5.1 列表框 ·························· 86
  5.5.2 组合框 ·························· 87
 5.6 滚动条 ································ 89
 5.7 计时器 ································ 91
 5.8 框架 ································· 92
 5.9 焦点和 Tab 顺序 ·················· 94
  5.9.1 焦点及其事件 ··············· 95
  5.9.2 Tab 顺序 ······················· 95
 本章小结 ···································· 96
 巩固练习 ···································· 97

第 6 章　Visual Basic 控制结构

 6.1 选择结构 ··························· 101
  6.1.1 单行结构条件语句 ······· 101
  6.1.2 块结构条件语句 ·········· 103
  6.1.3 IIf 函数 ························ 106
 6.2 多分支控制结构 ················· 107
 6.3 循环结构 ··························· 109
  6.3.1 For 循环控制结构 ········ 109
  6.3.2 当循环控制结构 ·········· 113
  6.3.3 Do 循环控制结构 ········· 115

  6.3.4 多重循环 ···················· 119
 6.4 GoTo 型控制 ······················ 120
  6.4.1 GoTo 语句 ··················· 120
  6.4.2 On-GoTo 语句 ············· 121
 本章小结 ·································· 121
 巩固练习 ·································· 122

第 7 章　数组

 7.1 数组的概念 ······················· 127
  7.1.1 数组的定义 ················· 127
  7.1.2 默认数组 ···················· 131
  7.1.3 一维数组和二维数组 ··· 132
  7.1.4 静态数组和动态数组 ··· 135
 7.2 数组的基本操作 ················· 139
  7.2.1 数组元素的输入、输出和复制 ··· 139
  7.2.2 数组的初始化 ············· 142
  7.2.3 For Each…Next 语句 ···· 144
 7.3 控件数组 ··························· 145
  7.3.1 基本概念 ···················· 145
  7.3.2 如何建立控件数组 ······· 146
 本章小结 ·································· 148
 巩固练习 ·································· 149

第 8 章　过程

 8.1 Sub 过程 ···························· 152
  8.1.1 事件过程 ···················· 152
  8.1.2 通用过程 ···················· 153
  8.1.3 Sub 过程的建立 ··········· 154
  8.1.4 Sub 过程的调用 ··········· 156
 8.2 Function 过程 ····················· 158
  8.2.1 Function 过程的建立 ···· 158
  8.2.2 Function 过程的调用 ···· 160
 8.3 参数传送 ··························· 161
  8.3.1 形参与实参 ················· 161
  8.3.2 按地址传递和按值传递 ··· 162
  8.3.3 数组参数的传送 ·········· 165
 8.4 可选参数与可变参数 ·········· 167
  8.4.1 可选参数 ···················· 167
  8.4.2 可变参数 ···················· 168
 8.5 对象参数 ··························· 169

| 8.5.1 窗体参数 ……………………… 170
| 8.5.2 控件参数 ……………………… 171
| 8.6 局部内存分配和 Shell 函数 ………… 173
| 8.6.1 局部内存分配 ………………… 173
| 8.6.2 Shell 函数 …………………… 175
| 本章小结 ……………………………… 175
| 巩固练习 ……………………………… 176

第9章 键盘和鼠标事件

| 9.1 键盘事件 ……………………………… 180
| 9.1.1 KeyPress 事件 ………………… 180
| 9.1.2 KeyDown 和 KeyUp 事件 ……… 183
| 9.2 鼠标事件 ……………………………… 190
| 9.2.1 鼠标键 ………………………… 190
| 9.2.2 转换参数(Shift) ……………… 193
| 9.2.3 鼠标位置 ……………………… 195
| 9.3 鼠标光标 ……………………………… 196
| 9.3.1 光标形状属性(MousePointer) … 196
| 9.3.2 设置鼠标光标形状 …………… 197
| 9.4 拖放 …………………………………… 199
| 9.4.1 与拖放有关的属性、事件和方法 … 199
| 9.4.2 手动拖放 ……………………… 201
| 9.4.3 自动拖放 ……………………… 204
| 本章小结 ……………………………… 206
| 巩固练习 ……………………………… 206

第10章 菜单和对话框

| 10.1 菜单的基本概念 …………………… 209
| 10.1.1 下拉式菜单 ………………… 209
| 10.1.2 弹出式菜单 ………………… 210
| 10.2 用菜单编辑器建立菜单 …………… 210
| 10.2.1 菜单编辑器 ………………… 210
| 10.2.2 建立菜单 …………………… 213
| 10.3 菜单的控制 ………………………… 216
| 10.3.1 有效性控制 ………………… 216
| 10.3.2 菜单项标记 ………………… 217

10.4 菜单项的增减 ……………………… 219
10.5 弹出式菜单 ………………………… 222
10.6 对话框概述 ………………………… 225
    10.6.1 对话框的特性 ……………… 225
    10.6.2 对话框的分类 ……………… 225
    10.6.3 自定义对话框 ……………… 226
    10.6.4 通用对话框 ………………… 228
10.7 文件对话框 ………………………… 229
    10.7.1 打开对话框 ………………… 229
    10.7.2 保存对话框 ………………… 231
    10.7.3 文件对话框编程实例 ……… 232
10.8 其他对话框 ………………………… 234
    10.8.1 颜色对话框 ………………… 234
    10.8.2 字体对话框 ………………… 235
    10.8.3 打印对话框 ………………… 237
    本章小结 …………………………… 239
    巩固练习 …………………………… 240

第11章 数据文件

11.1 文件的分类 ………………………… 242
11.2 文件的操作 ………………………… 243
    11.2.1 文件的打开(建立) ………… 243
    11.2.2 文件的关闭 ………………… 245
    11.2.3 文件操作语句和函数 ……… 246
    11.2.4 文件的其他基本操作 ……… 248
11.3 顺序文件 …………………………… 249
    11.3.1 顺序文件的读操作 ………… 249
    11.3.2 顺序文件的写操作 ………… 254
11.4 随机文件 …………………………… 257
    11.4.1 随机文件的打开与读写操作 … 257
    11.4.2 随机文件中记录的增加与删除 … 261
    本章小结 …………………………… 264
    巩固练习 …………………………… 264

附录 巩固练习参考答案 ……………………… 268

第 1 章 Visual Basic 概述

1.1 Visual Basic 简介

Visual Basic 是美国微软公司推出的基于 Basic 语言的软件开发工具,它是一种可视化的编程语言,它是在 Windows 操作平台下设计应用程序最快捷、最简便的工具之一。本章将介绍 Visual Basic 的特点及 Visual Basic 6.0 版的集成开发环境。

1.1.1 Visual Basic 的特点

Visual Basic 是一种可视化的、面向对象和采用事件驱动方式的结构化高级程序设计语言,可用于开发 Windows 环境下的各种应用。它简单易学、效率高,且功能强大,可以与 Windows 的专业开发工具 SDK 相媲美。在 Visual Basic 环境下,利用事件驱动的编程机制,新颖易用的可视化设计工具,使用 Windows 内部的应用程序接口(API)函数,以及动态链接库(DLL)、动态数据交换(DDE)、对象的链接与嵌入(OLE)、开放式数据连接(ODBC)等技术,可以高效、快速地开发出 Windows 环境下功能强大、图形界面丰富的应用软件系统。

随着版本的提高,Visual Basic 的功能也越来越强大。5.0 版以后,Visual Basic 推出了中文版,与以前各版本相比,其功能有了质的飞跃,已成为 32 位的、全面支持面向对象的大型程序设计语言。在推出 6.0 版时,Visual Basic 又在数据访问、控件、语言、向导及 Internet 支持等方面增加了许多新的功能。

总的来说,Visual Basic 具有以下主要特点。

1. 可视化编程

Visual Basic 语言采用"所见即所得"的可视化程序设计方法。它提供了可视化设计工具,即各种预先建立好的控件,将 Windows 界面设计的复杂程度大大降低,开发人员不必为界面的设计编写大量的程序代码,只需要按需求设计屏幕,用系统提供的工具在屏幕上画出各种"部件"(即图形对象),并设置这些图形对象的属性。

2. 面向对象的程序设计

Visual Basic 4.0 版尤其是 5.0 版以后的版本全面支持面向对象的程序设计。在设计对象时,不需要编写、建立和描述每个对象的程序代码,而是将 Visual Basic 提供的工具画在界面上,对象的程序代码将会自动产生并封装起来。每个对象都以可视化图形的方式显示在界面上。

3. 结构化程序设计语言

Visual Basic 是在 Basic 和 Quick Basic 语言的基础上发展起来的，因此具有高级程序设计语言的语句结构，与自然语言和人们的逻辑思维方式很接近，其语句简单易懂；其编辑器还支持彩色代码，可自动进行语法错误检查，同时具有功能强大而且使用灵活的调试器和编译器。

Visual Basic 属于解释型语言，在输入代码的同时解释系统将高级语言分解翻译成计算机可以识别的机器指令，并且判断每个语句的语法错误。在设计程序的过程中，程序人员可以随时运行程序，当整个应用程序设计完成之后，可以编译生成可执行文件（.exe），此文件可以脱离 Visual Basic 环境直接在 Windows 环境下运行。

4. 事件驱动编程机制

Visual Basic 主要通过事件来执行对象的操作。一个对象可能会产生多个事件，每个事件都可以通过一段程序来响应。例如，单击命令按钮对象时将会产生一个"单击"事件（Click），而在产生该事件的同时将执行一段程序，用来实现某一特定的操作。

5. 访问数据库

Visual Basic 系统具有很强的数据库管理功能。通过数据控件和数据库管理窗口可以直接建立或处理 Access 格式的数据库，而且提供了强大的数据存储和检索功能。与此同时，Visual Basic 还能直接编辑和访问其他外部数据库，如 dBASE、FoxPro 等，这些数据库格式都可以用 Visual Basic 编辑和处理。

Visual Basic 还提供了开放式的数据连接（Open Data Base Connectivity，ODBC）功能，它可以通过直接访问或建立连接的方式使用并操作后台大型网络数据库，如 SQL Sever、Oracle 等。在设计应用程序时，可以使用结构化查询语言 SQL 数据标准，直接访问 Server 上的数据库，并提供了简单的面向对象的库操作命令、多用户数据库访问的加锁机制和网络数据库 SQL 的编程技术，为单机上运行的数据库提供了 SQL 网络接口，可以在分布式环境中快速有效地实现客户/服务器方案（Client/Server）。

6. 动态链接库（DLL）

Visual Basic 作为一种高级程序设计语言，不具备低级语言的功能，对访问机器硬件的操作不容易实现。但可以通过动态链接库（Dynamic Linking Library，DLL）技术将 C/C++或汇编语言编写的程序加入到 Visual Basic 程序中，就可以像调用内部函数一样调用其他语言编写的库函数。通过动态链接库还可以调用 Windows 应用程序接口（API）函数实现 SDK 所具有的功能。

除以上特点外，Visual Basic 还具有数据交换（DDE）、对象的嵌入与链接（OLE）、建立自己的 ActiveX 控件，声明、触发和管理自定义事件等功能。

1.1.2　Visual Basic 的版本

微软公司于 1991 年推出 Visual Basic 1.0 版，并获得巨大成功，目前，Visual Basic 6.0 已经被广泛使用，期间经历了 2.0 版（1992 年秋天推出）、3.0 版（1993 年 4 月推出）、4.0 版（1995 年 10 月推出）、5.0 版（1997 年推出）。其中，1.0～4.0 版本只有英文版，从 5.0 版本以后，Visual Basic 在推出英文版的同时又推出了中文版，这极大地方便了中国用户。

Visual Basic 6.0 包括 3 种版本，即学习版、专业版和企业版。这些版本都是在同样的基础上建立起来的，大多数的 Visual Basic 程序可在这 3 种版本中通用。

(1) 学习版。Visual Basic 的基础版本，可用来开发 Windows 应用程序，主要供学习使用。它包括所有的内部控件(标准控件)、网格(Grid)控件、选项卡(Tab)对象以及数据绑定控件。

(2) 专业版。此版本为专业编程人员提供了一整套功能完备的开发工具。它囊括了学习版的全部功能，而且还包括了 ActiveX 控件、Internet 控件、Crystal Report Writer 和报表控件。

(3) 企业版。该版本可供专业编程人员开发功能强大的组内分布式应用程序。它囊括了专业版的所有功能，同时具有自动化管理器、部件管理器、数据库管理工具、Microsoft Visual SourceSafe 面向工程版的控制系统等。

在 Windows 9x、Windows NT 或 Windows 2000 环境下，用 Visual Basic 6.0 的编译器可以自动生成 32 位应用程序。这样的应用程序在 32 位的操作系统下运行速度更快、更安全，并且更适合在多任务环境下运行。本书使用的是 Visual Basic 6.0 中文企业版，书中全部程序均在 Visual Basic 6.0 中调试成功，并且可以在专业版和学习版中运行。

1.2　Visual Basic 的启动与退出

Visual Basic 6.0 在 Windows 9x、Windows NT、Windows 2000、Windows XP 或 Windows 7 环境下均可运行，为了方便讲解，本书中一律称作 Windows。另外，若非特别说明，Visual Basic 一般指的是 Visual Basic 6.0。

在开机并进入中文 Windows 操作系统后，可以通过多种方式来启动 Visual Basic，主要包括以下 4 种方法。

第一种方法：使用"开始"菜单中的"程序"命令。操作步骤如下：

(1) 单击 Windows 环境下的"开始"按钮，弹出"开始"菜单，把光标移到"所有程序"命令上，将弹出一个级联菜单。

(2) 把光标移到"Microsoft Visual Basic 6.0 中文版"上，将弹出一个级联菜单，即 Visual Basic 6.0 程序组。

(3) 单击"Microsoft Visual Basic 6.0 中文版"，即可进入 Visual Basic 6.0 编程环境。

第二种方法：使用"我的电脑"。操作步骤如下：

(1) 双击"我的电脑"，弹出一个窗口，然后单击 Visual Basic 6.0 所在的硬盘驱动器盘符(如 C:\vb6.0\vb6.exe)，将打开相应的磁盘驱动器窗口。

(2) 单击窗口中的 vb60 文件夹，打开 vb60 窗口。

(3) 双击 vb6.exe 图标，即可进入 Visual Basic 6.0 编程环境。

第三种方法：使用"开始"菜单中的"运行"命令。操作步骤如下：

(1) 单击"开始"按钮，弹出"开始"菜单。

(2) 在"搜索程序或文件"搜索框中输入 Visual Basic 6.0 启动文件的名称(包括路径)，例如"C:\vb6.0\vb6.exe"。

（3）按回车键，即可进入 Visual Basic 6.0 编程环境。

第四种方法：建立启动 Visual Basic 6.0 的快捷方式（具体操作见相关资料）

1.3　Visual Basic 集成开发环境

启动 Visual Basic 后，先打开"新建工程"对话框，如图 1.1 所示（每次启动 Visual Basic 都先打开该对话框）。在该对话框中选择"标准 EXE"项目类型，再单击该对话框中的"打开"按钮，即可进入 Visual Basic 的集成开发环境，即编程窗口，如图 1.2 所示。

图 1.1　"新建工程"对话框

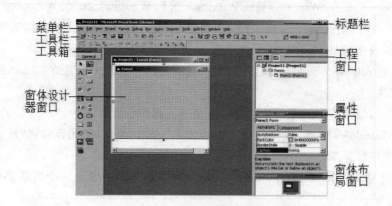

图 1.2　Visual Basic 集成开发环境

主窗口也称设计窗口。在启动 Visual Basic 后，主窗口位于集成环境的顶部，该窗口由标题栏、菜单栏和工具栏组成。

1. 标题栏

标题栏是屏幕顶部的水平条，用来显示应用程序的名称。在启动 Visual Basic 后，标题栏中显示的信息为"工程 1－Microsoft Visual Basic[设计]"，其中，"设计"表示当前的工作状态是"设计阶段"。随着工作状态的不同，方括号中的信息也会随之改变，比如"运行"或"Break"，分别表示"运行阶段"或"中断阶段"。以上这 3 个阶段也分别被称为"设计模式"、"运行模式"

和"中断模式",如图 1.3 所示。

图 1.3 标题栏

2. 菜单栏

菜单栏中的菜单命令提供了开发、调试和保存应用程序所需的工具。Visual Basic 中的菜单栏共有 13 个菜单项,如图 1.4 所示。

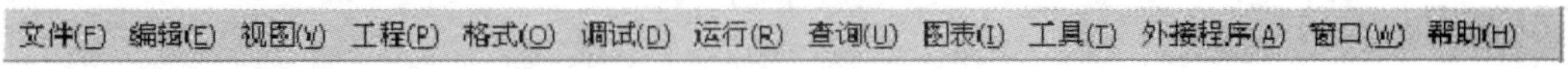

图 1.4 菜单栏

每个菜单项含有若干个菜单命令,分别执行不同的操作。只要用鼠标单击菜单中的某一个菜单项,即可打开该菜单,然后用鼠标单击菜单中的某一条菜单命令就能执行相应的操作。图 1.5 所示为"文件"及"视图"的下拉菜单。

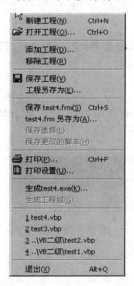
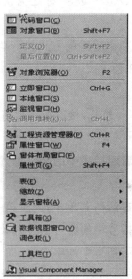

图 1.5 "文件"及"视图"的下拉菜单

表 1.1 列出了各主菜单项及其功能说明。

表 1.1 菜单及其功能

菜单	所包含功能
文件(File)	创建、打开、保存、打印、显示最近的工程以及生成可执行文件和退出系统
编辑(Edit)	编辑、查找源代码,显示一些常用的信息
视图(View)	集成环境下的程序源代码、控件的查看,以及各种窗口的打开与关闭
工程(Project)	控件、模块和窗体等对象的添加处理
格式(Format)	窗体、控件的设计格式,例如间距、尺寸、对齐方式等
调试(Debug)	程序的调试、查错
运行(Run)	程序的启动、中断及停止等

续表

菜单	所包含功能
查询(Query)	设计 SQL 查询等
图表(Diagram)	建立数据库中的表
工具(Tools)	集成开发环境的设置及原有工具的扩展
外接程序(Add-Ins)	为工程增加或删除外接程序
窗口(Window)	屏幕窗口的层叠、平铺等布局以及列出所有已打开的文档
帮助(Help)	帮助用户系统地学习和掌握 VB 的使用方法及一些函数的查询等

菜单中的命令又可分为两种类型,一种是可以直接执行的命令,这种命令的后面没有任何信息(如"文件"菜单中的"保存工程");另一种是在命令后面带有省略号(如"文件"菜单中的"打印"),需要通过打开"对话框"来执行。当用鼠标单击该类命令后,屏幕上将出现一个对话框,利用该对话框可以执行各种相关的操作。此外,从菜单项中还可以看出有些命令的后面带有其他信息,如 Ctrl+P、Alt+Q 等,称之为快捷键(或热键)。例如按 Alt+Q 快捷键可退出 Visual Basic 集成环境。

除了可以通过鼠标和快捷键的方式执行菜单命令外,还可以通过键盘打开菜单并执行相应的菜单命令,有以下 3 种方式。

第一种方式:

(1) 按下 Alt 键,不要松开,接着按需要打开的菜单项后面括号中的字母键,然后松开,该菜单即被打开。

(2) 按下菜单命令后面括号中的字母键,即可执行指定的菜单命令。

第二种方式:

(1) 按 F10 或 Alt 键激活菜单栏,此时第一个菜单项"文件"变成一个浅色的框。

(2) 按菜单项后面括号中的字母键打开菜单,显示该菜单项的命令。

(3) 按菜单命令后面括号中的字母键,即可执行相应的命令。

第三种方式:

(1) 按 F10 或 Alt 键激活菜单栏,此时第一个菜单项"文件"变成一个浅色的框。

(2) 用←或→把条形光标移到需要打开的菜单项上,再按回车键即可打开该菜单项。

(3) 菜单被打开后,用↑或↓选择需要执行的菜单命令,按回车键即可执行条形光标所在位置的菜单命令。

菜单被打开后,将在屏幕上显示相应的菜单命令。如果打开了不适当或不需要的菜单,或者在执行菜单命令时打开了不需要的对话框,可以按 Esc 键关闭菜单或对话框。

3. 工具栏

Visual Basic 提供了 4 种工具栏,即"标准"、"编辑"、"窗体编辑器"和"调试"工具栏,并且用户可以根据需要定义自己的工具栏。在一般情况下,Visual Basic 集成环境只显示"标准"工具栏。从"视图"菜单中选择"工具栏"后将出现一个菜单,其中列出了 Visual Basic 所提供的 4 个工具栏。"标准"工具栏如图 1.6 所示。

图1.6 "标准"工具栏

像菜单一样,按钮只有在可用的时候才能被着色。着色的按钮是可用的"Enabled",灰色的按钮是不可用的"Disabled"。例如,只有在程序运行时"标准"工具栏上的"中断"按钮才是可用的。表1.2列出了几个主要的"标准"工具栏按钮及其相应功能。

4. 工具箱

工具箱由工具图标组成,这些图标是 Visual Basic 应用程序的构件,称为图形对象或控件,每个控件由工具箱中的一个工具图标来表示,如图1.7所示。

在一般情况下,工具箱位于窗体的左侧。工具箱中的工具分为两类,一是内部控件或标准控件,二是 ActiveX 控件。启动 Visual Basic 后,工具箱中只有内部控件。

工具箱主要用于应用程序界面的设计。在设计阶段,首先用工具箱中的控件在窗体上建立用户界面,然后编写程序代码。界面的设计完全通过控件来实现,可以任意改变其大小或移动到窗体的任意位置。

图1.7 工具箱

表1.2 几个主要的"标准"工具栏按钮的功能

图标	名称及其功能
	添加标准 EXE 工程。单击右边的箭头将弹出一个下拉菜单,可以从中选择需要添加的工程类型
	添加窗体。用于添加新的窗体到窗体中,单击其右边的箭头将弹出一个下拉菜单,可以从中选择需要添加的窗体类型
	菜单编辑器。用于显示菜单编辑器对话框
	打开工程。用于打开已有的工程文件
	保存文件。用于保存当前的工程文件
	启动运行程序。开始运行当前的工程
	中断。暂时中断停止当前的工程运行
	工程资源管理器。用于打开工程资源管理器窗口
	属性窗口。用于打开属性窗口
	窗体布局窗口。用于打开窗体布局窗口

5. 属性窗口

属性窗口用于列出选定的窗体或控件的属性,在设计时也可进行属性值的设定。按 F4 键,或单击工具栏中的"属性窗口"按钮,或执行"视图"菜单中的"属性窗口"命令,均可打开属性窗口,如图 1.8 所示。

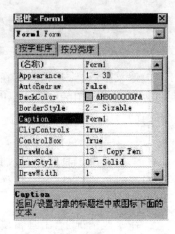

图 1.8 "属性"窗口

属性窗口最上面为标题栏,其余部分主要包括以下几项:

(1) 对象下拉列表框。它位于标题栏下方。对象下拉列表框标识当前选定对象的名称以及所属的类,单击对象下拉列表框中的下拉箭头可列出当前窗体以及所包括的全部对象的名称列表。用户可以从中选择需要设置属性的对象。

(2) 选项卡。在对象框下面有两个选项卡,分别代表显示属性的两种方式,即"按字母序"和"按分类序",用户可以单击不同的选项卡进行切换。

(3) 属性列表。它显示了当前所选对象在设计阶段可以设置的属性。左边一栏列出了各属性的名称,右边一栏列出其相对应的属性值。当选定某一属性后,将光标移到右边对应的设置属性区域并单击,光标将定位在该区域中,若要改变设置值,先将原属性值删掉,再输入新设置的值并按回车键即可。

(4) 属性窗口。当用户在属性列表中单击某一属性时,即可显示当前所选属性的功能说明。

6. 窗体设计器窗口和工程资源管理器窗口

(1) 窗体设计器窗口。"窗体设计器"也称为"对象窗口"或"窗体窗口",简称窗体(Form),它是应用程序最终面向用户的窗口,对应于应用程序的运行结果。各种图形、图像、数据等都是通过窗体或窗体中的控件来显示的。当打开一个新的工程文件时,Visual Basic 将建立一个空的窗体,并命名为 Formx(这里的 x 表示 1、2、3…)。

在设计 Visual Basic 应用程序时,窗体就像一块画布,如图 1.9 所示。用户可以在这块画布上画出组成程序的各种控件。即用户可根据程序界面的要求,从工具箱中选择所需要的控件,并在窗体的适当位置画出来,这样就开始了程序设计。

图 1.9 窗体

图 1.10 工程窗口

(2) 工程资源管理器窗口。工程资源管理器窗口是用于建立一个应用程序的所有文件组成的集合,如图 1.10 所示。工程资源管理器窗口中的文件可以分成 6 类,包括工程文件

(.vbp)、窗体文件(.frm)、程序模块文件(.bas)、类模块文件(.cls)、工程组文件(.vbg)以及资源文件(.res)。

打开工程资源管理器的方法有两种：
① 单击工具栏上的"工程资源管理器"按钮。
② 执行菜单栏上的"视图"菜单中的"工程资源管理器"命令。

7. 代码编辑器窗口

代码编辑器是一个字处理软件，用于显示和编写程序代码，如图 1.11 所示。

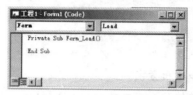

图 1.11　代码编辑器窗口

代码编辑器窗口的标题栏中显示的是当前工程的名称和代码所在模块的名称。在标题栏的下面有两个下拉列表框，左边的是"对象"列表框，右边的是"过程"列表框，其中包括选定对象所具有的事件过程。在"对象"列表框和"过程"列表框的下方是代码编辑区域，用来显示和编辑程序代码。

打开代码编辑器窗口有以下 3 种方法：
(1) 双击要编写代码的窗体和控件。
(2) 从工程管理器窗口中选定窗体或模块的名称，然后单击"查看代码"按钮。
(3) 在窗体和控件上右击并选择"查看代码"命令，系统会自动弹出代码编辑器窗口。

当用户在程序编辑区域内输入一个对象的名称并按下"."后，系统会自动弹出包括该对象的全部属性和方法的列表，如图 1.12 所示。用户可从中选择需要的属性和方法名称，双击该属性或方法名称，即可将选中的属性或方法名称加入到程序中。在该列表中，图标为 的表示属性，图标为 的表示方法。

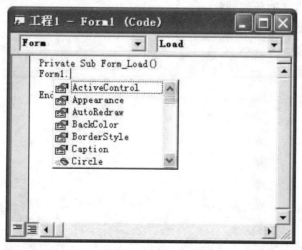

图 1.12　自动显示该对象的全部属性和方法的列表

本章小结

本章简要介绍了 Visual Basic 的可视化和事件驱动机制等主要特点及其 3 种版本的异同，此外还学习了 Visual Basic 的安装、启动和退出，以及中文 Visual Basic 的开发环境，为进一步学习和理解 Visual Basic 中抽象的编程概念做好准备。

本章重点掌握以下内容：

(1) Visual Basic 的主要特点和版本。
(2) Visual Basic 的启动和退出方式。
(3) Visual Basic 开发环境的各个组成部分。
(4) Visual Basic 开发环境的各个组成部分的功能和用法。

巩固练习

(1) 在设计窗体时双击窗体的任何地方，可以打开的窗口是(　　)。

A. 代码窗口
B. 属性窗口
C. 工程资源管理器窗口
D. 工具箱窗口

(2) 如果在 Visual？Basic 集成环境中没有打开属性窗口，下列可以打开属性窗口的操作是(　　)。

A. 用鼠标双击窗体的任何部位
B. 执行"工程"菜单中的"属性窗口"命令
C. 按 Ctrl+F4 键
D. 按 F4 键

第 2 章 对象及其操作

2.1 对　　象

Visual Basic 应用程序的基本单元是对象,用 Visual Basic 编程就是用"对象"组装程序,因此,面向对象的程序设计是一种重要的程序设计方法。用 Visual Basic 进行程序设计,实际上是与一组标准对象进行交互的过程。本章将介绍 Visual Basic 中最基本的两种对象,即窗体和控件。

2.1.1 对象的概念

在介绍"面向对象"的程序设计之前,首先要了解什么是"对象"。在现实生活中,"对象"是一个广义的概念,客观世界中的任何事物都可以看作是对象,对象既可以是具体的事物,也可以是抽象的概念。例如,一张报纸、一张桌子、一场球赛等都可以看作是"对象"。用 Visual Basic 编程就是使用"对象"组装程序。常用的对象有工具箱中的"控件"、"窗体"、"菜单"、"应用程序的部件"以及"数据库"等,这些对象都有属性(数据)和行为方式(方法)。在 Visual Basic 中对象可分为两大类,一类是由系统设计好的,称为预定义对象,可以直接使用或对其进行操作;另一类是由用户定义的,可以像其他面向对象编程语言(如 C++)一样建立用户自己的对象。

在 Visual Basic 程序设计中,"对象"又是什么呢?

大家平时操作计算机,经常看到的是什么? 如果你是使用 Windows 环境下的应用程序,将会接触到一个又一个组件,如窗口、对话框、菜单、按钮、文本框等,我们通过使用这些组件完成对软件的操作,图 2.1 所示的运行对话框就是由一个窗口、一个下拉列表框、若干个按钮(如"确定"按钮)和一些界面文字组成的。

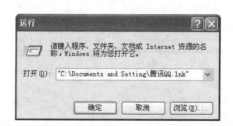

图 2.1 运行对话框

Visual Basic 中的对象(Object)是代码和数据的集合。通俗地说,这些带有 Windows 特征的窗口、按钮、菜单等在 Visual Basic 程序设计时就被称为对象,不同的对象对应不同类别的软件组件,如图 2.1 所示的"确定"、"取消"、"浏览"3 个按钮在 Visual Basic 中的对象就是一类被称作"命令按钮"控件的对象,如图 2.2 所示。

图 2.2　"命令按钮"控件

简单来说,对象是具有特殊属性(数据)和行为方式(方法)的实体。在建立一个对象后,其操作通过与该对象有关的属性、事件和方法来描述。

2.1.2　对象的属性

每个人都具有姓名、性别、年龄和肤色等特征,那么,可以把人看成是一个对象,姓名、性别、年龄和肤色就是他的不同属性。

属性是一个对象的特性,不同的对象有不同的属性。对象的属性(Property)用于描述对象的名称、位置和大小等特征。任何一个对象都有自己的属性,不同类型的对象有不同的属性,属性的多少和取值也不同。但也有不少属性是所有对象都具备的,属性"Name(对象名)"就是其中之一,在程序中它是用来标识对象的,每当操作一个对象时都要指明操作对象的名字。常见的对象属性有标题(Caption)、名称(Name)、颜色(Color)、背景颜色(Backcolor)、字体(Font)、是否有效(Enabled)、是否可见(Visible)等。

设置对象的属性有以下两种方法:

1. 通过属性窗口进行设置

例如,窗体(Form1)上有一个标签(Label1)控件,要求通过属性窗口将标签的标题(Caption)属性值设为"计算机二级",再将其字体设为三号、黑体,如图 2.3 所示。

图 2.3　设计阶段窗体

具体设置操作步骤如下:
(1) 首先选定标签对象,然后在属性窗口中找到相应的属性,即"Caption"。
(2) 单击"Caption"后面的文本框,然后输入"计算机二级",如图 2.4 的左图所示。

图 2.4　属性窗口

(3) 找到设置字体的属性"Font"，然后单击后面有 3 个点的按钮，如图 2.4 的右图所示，这时会弹出一个对话框。

(4) 在字体对话框中将字体设为黑体，将字号设为三号，如图 2.5 所示。

(5) 单击"确定"按钮，最终设置结果如图 2.6 所示。

图 2.5　字体对话框　　　　　　图 2.6　设置后的结果

2. 通过程序代码设置

其格式为：

对象名.属性名=属性值

若以前面的程序设计为例并将字号设为 16 磅，应在事件过程中编写如下程序代码：

```
Label1.Caption = "计算机二级"
Label1.FontName = "黑体"
Label1.FontSize = 16
```

用户在实际的编程过程中可能会同时用到以上两种设置属性的方法，虽然第一种方法比较直观方便，但并不是所有的属性都适合用这种方法。两种方法相结合，可以使对象属性的设置变得更灵活。

2.1.3　对象的事件

事件(Event)就是对象上所发生的事情。例如有一个按钮对象，单击按钮就是发生在这个对象上的一个单击事件。

Visual Basic 是采用事件驱动编程机制的编程语言。在这种机制下，用户不必编写一个大型程序，而是对每一个窗体和控件对象建立若干由几个微小程序组成的应用程序，即预定义的事件集，这些微小程序都可以由用户启动的事件来激发。对象不同，事件的种类和数量也不同。例如，命令按钮可识别的事件有"单击"和"双击"等 15 种事件，而计时器对象仅能识别 Timer 一种事件。

所谓事件，是由 Visual Basic 预先定义好的、能够被对象识别的动作。例如单击（Click）事件、双击（DblClick）事件、鼠标移动（MouseMove）事件和装载（Load）事件等，不同的对象能够识别不同的事件。此外，对象的事件是固定的，用户不能建立新的事件。一个对象可以响应一个或多个事件，因此可以使用一个或多个事件过程对用户或系统的动作作出响应。

事件过程的一般编写格式如下：

```
Private Sub 对象名称_事件名称( )
    ...
    事件响应程序代码
    ...
End Sub
```

其中，"对象名称"指的是该对象的 Name 属性；"事件名称"是由 Visual Basic 预先定义好的、赋予该对象的事件，而这个事件必须是对象所能识别的，如 Click 指的就是单击事件，至于一个对象可以识别哪些事件，则无须用户操心，因为在建立一个对象（窗体或控件）后，Visual Basic 会自动确定与该对象相匹配的事件，并显示出来供用户选择，具体方法以后会有介绍；"事件响应程序代码"是指该事件要实现的功能的程序语句。

2.1.4 对象的方法

在 Visual Basic 中，方法就是对象要执行的操作。对象的方法调用格式如下：

```
对象名.方法名
```

例如，用户想让当前的窗体（Form1）隐藏起来，只需要在事件过程代码中写入如下代码：

```
Form1.Hide
```

如果通过单击窗体上的任意位置使窗体隐藏起来，完整的程序代码如下：

```
Private Sub Form1_Click( )
    Form1.Hide
End Sub
```

实际上，方法是一个对象内部预设的程序段，它可以是函数，也可以是过程，是否要参数完全取决于执行功能的需要。使用对象的"方法"就像调用对象内部的函数过程一样，只要给出名字和必要的参数就可以完成指定的功能，编程者不必自己去设计相同功能的函数与过程，从而大大地提高了工作效率。

（1）Visual Basic 中提供了大量的方法，有些方法适用于多种甚至所有类型的对象，而有些方法可能只适用于少数几种对象。

（2）方法是一种函数（或过程）调用，只有在程序运行时才能使用。

2.2 窗 体

窗体就是一块"画布",在这块画布上可以直观地建立应用程序界面。在设计应用程序时,窗体是程序人员的"工作台",而在运行程序时,每个窗体对应一个窗口。

窗体是 Visual Basic 中最常见的对象,具有自己的属性、事件和方法。下面介绍窗体的属性和事件,窗体的方法将在第 4 章进行介绍。

2.2.1 窗体的结构与属性

窗体结构与 Windows 环境下的应用程序窗口相似。在程序运行前,即设计环节,称为窗体;程序运行后也可以称为窗口。窗体与 Windows 下的窗口不但结构类似,而且特性差不多,Visual Basic 中的窗体也具有控制菜单、标题栏、最大化按钮、最小化按钮和关闭按钮,如图 2.7 所示。其中,窗体操作区中布满的小点供用户在对齐控件时使用,若要清除这些小点或改变点与点之间的距离,可执行"工具"|"选项"菜单命令来调整。

控制菜单也称系统菜单,位于窗体的左上角,双击该图标将关闭窗体;如果单击该图标,将下拉显示系统命令菜单。标题栏是窗体的标题。单击右上角的最大化按钮可以使窗体扩大至整个屏幕,单击最小化按钮则把窗体缩小为一个图标,而单击关闭按钮将关闭窗体。上述系统菜单、标题栏、最大化按钮、最小化按钮可以通过窗体属性设置,分别为 ControlBox、Caption、MinButton 和 MaxButton。

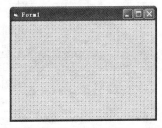

图 2.7 窗体

窗体属性决定了窗体的外观和操作,可以用两种方法来设置窗体的属性:一是通过属性窗口设置;二是在窗体事件过程中通过程序代码设置。大部分属性既可以通过属性窗口设置,又可以通过程序代码设置,而有些属性只能用程序代码或属性窗口设置。通常把只能通过属性窗口设置的属性称为"只读属性",Name 就是只读属性。

下面按字母顺序列出窗体常用属性的名称及其作用。这些属性适用于窗体,同时也适用于其他对象。

1. AutoRedraw(自动重画)

AutoRedraw 属性用于控制屏幕图像的重建,主要在进行多窗体程序设计时使用。代码设置格式如下:

```
Object. AutoRedraw[ = Boolean]
```

Object 是窗体对象,属性值为逻辑型(True 或 False)。如果将 AutoRedraw 的属性值设为 True,则当一个窗体被其他窗体覆盖后再次回到该窗体时,将自动刷新或重画该窗体上的所有图形;如果该属性值被设为 False,则必须通过事件过程来设置这一操作,该操作的默认值为 False。此外,方括号中的内容可以省略,省略时返回当前的 AutoRedraw 属性值。

2. BackColor（背景颜色）

BackColor 属性用来设置窗体的背景颜色。在 Visual Basic 中，颜色是一个十六进制常量，每一种颜色都用一个常量来表示。在设计过程中也可用属性中的调色板来设置该属性。其操作方式为选择属性窗口中的 BackColor 属性条，单击右端的箭头按钮，显示一个包含各种色块的对话框，只要单击某一色块，即可把该种颜色设置为窗体背景色，如图 2.8 所示。

该属性适用于窗体及大多数控件，例如"标签"、"复选框"、"组合框"、"命令按钮"、"目录列表框"、"文件列表框"、"驱动器列表框"、"框架"、"网格"、"列表框"、"单选按钮"、"图片框"、"形状"及"文本框"等。

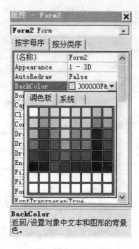

图 2.8 窗体

3. BorderStyle（边框类型）

BorderStyle 属性用来确定窗体边框的类型，可以设置的预定义值共有 6 个，分别代表不同的窗体边框类型。表 2.1 列出了 6 个边框类型。

表 2.1 窗体的边框类型

属性设置值	边框类型效果
0—None	无（没有边框或与边框相关的元素）
1—Fixed Single	窗体有固定边框，可以包含控制菜单框、标题栏、最大化和最小化按钮，其大小调整只能用最大化和最小化按钮
2—Sizable	可调整的边框，并有标准的双线边界，默认值
3—Fixed Dialog	固定对话框，可以包含控制菜单框和标题栏，不能包含最大化和最小化按钮，不能改变尺寸
4—Fixed ToolWindow	固定工具窗口，不能改变尺寸，显示关闭按钮并用缩小的字体显示标题栏
5—Sizable ToolWindow	可变尺寸工具窗口，可变大小，显示关闭按钮并用缩小的字体显示标题栏

需要注意的是，在程序运行期间，BorderStyle 属性是"只读"属性，它只能在设计阶段从属性窗口设置，而不能在程序运行期间改变。

除窗体外，该属性还可用于多种控件，并且设置值不同。

4. Caption（标题）

Caption 属性用来设置窗体标题。在启动 Visual Basic 或执行"工程"菜单中的"添加窗体"命令后，窗体使用的是默认标题（如 Form1、Form2 等）。通过设置 Caption 属性可以改变窗体标题的名称。该属性既可以通过属性窗口来设置，又可以在程序运行期间通过程序代码来实现。其格式如下：

对象.Caption[= 字符串]

例如，要将 Form1 的标题命定为"计算机二级"，可通过如下语句来实现：

Form1.Caption = "计算机二级"

最终得到的效果如图 2.9 所示。

5. ControlBox（控制框）

ControlBox 属性用来设置窗体控制框的状态。当该属性值为 True（默认）时，在窗体左上角会显示一个控

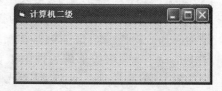

图 2.9 窗体标题的设置

制框。ControlBox 属性还与 BorderStyle 属性有关,如果把 BorderStyle 属性值设为"0－None",则 ControlBox 属性将不起作用。另外,只有窗体具有 ControlBox 属性。

6. Enabled(允许)

该属性用于激活或禁止。一般来说,每个对象都有一个 Enabled 属性,可以被设置为 True 或 False,分别表示激活或禁止该对象。对于窗体,该属性一般为 True;但为了避免鼠标或键盘事件发送到某个窗体,也可以设置为 False。该属性可以通过属性窗口或程序代码的方式来设置,其中用程序代码设置的格式如下:

```
对象.Enabled[ = Boolean 值]
```

其中的"对象"可以是窗体、所有的控件及菜单,其设置值可以是 True 或 False。当该属性值被设置为 False 后,运行时相应的对象呈灰色显示,表明对应的对象处于不活动状态,用户不能使用或访问。

7. Font(字形属性设置)

该属性用来设置输出字符的各种特性,例如大小、字体等。在设置该属性时一般会弹出一个对话框,让用户设置字形的各项参数。这些属性适用于窗体和大部分控件,包括复选框、组合框、命令按钮、目录列表框、文件列表框、驱动器列表框、框架、网格、标签、列表框、单选按钮、图片框、文本框及打印机等。字形属性可以通过属性窗口设置,也可以通过程序代码设置。在第 5 章中,将结合 Print 方法详细介绍它们的功能和用法

8. ForeColor(前景颜色)

该属性用来定义文本或图形的前景颜色,其设置方法及适用范围与 BackColor 属性相同。此外,由 Print 方法输出(显示)文本均以 ForeColor 属性设置的颜色为标准输出。

9. Height、Width(高、宽)

这两个属性用来指定窗体的高度与宽度,其单位为 twip,即一像素点的二十分之一(1/1 440 英寸)。如果不指定高度和宽度,则在程序运行后显示的大小和设计时的窗体的大小相同。

这两个属性可以通过程序代码的方式来设置,其格式如下:

```
对象.Height[ = 数值]
对象.Width[ = 数值]
```

10. Icon(图标)

该属性用来设置窗体在最小化时的显示图标。一般把该属性设置为 .ico 格式的图标文件,当窗体最小化(WindowState＝1)时显示此图标。.ico 文件的位置没有具体的规定,但通常和相关的程序文件放在一个文件目录下。如果在设计阶段设置该属性,可以从属性窗口的属性列表中选择该属性,然后单击设置框右端的 3 个小点,再从显示的"加载图标"对话框中选择一个图标文件。如果用户想以程序代码的方式来设置这一属性,则需要使用 LoadPicture 函数或将另外一个窗体图标的属性值赋给该窗体的图标属性。

此外,该属性只适合于窗体(包括 SDI 和 MDI 窗体)。

11. MaxButton、MinButton(最大化、最小化按钮)

这两个属性用来显示窗体右上角的最大化、最小化按钮。如果将它们的属性值设置为 True,将显示最大化、最小化按钮。注意,若窗体的 BorderStyle 属性被设为"0－None",则这两个属性将被忽略,不起实际作用。

12. Name（名称）

用 Name 属性定义的名称是在程序代码中使用的对象名,注意与对象的标题（Caption）相区别。Name 属于只读属性,即在程序运行期间对象的名称不能改变。

设置时的格式如下：

```
Object.Name[ = 字符串]
```

其中,Object 代表一个对象（如窗体用 Form 表示）,如果 Object 被删去,则与活动窗体模块相联系的窗体被默认为 Object。

13. Picture（图形）

该属性用来在对象中显示一个背景图形。在程序设计阶段,从属性窗口中选择该属性并单击右端的带有 3 个小点的按钮,将弹出一个"加载图片"对话框,按照上面的提示选择一个图形文件,该图形文件即可显示在窗体上。通过该属性可以显示多种格式的图形文件,例如.ico、.bmp、.wml、.gif、.jpg、.cur、.dib 等图形文件。

14. Top、Left（顶边、左边位置）

这两个属性用来设置对象的顶边和左边的坐标值,以便控制对象的位置。坐标值的默认单位为 twip。此属性可以通过属性窗口和程序代码两种方式来设置,程序代码的设置格式如下：

```
对象.Top[ = y]
对象.Left[ = x]
```

其中的"对象"可以是窗体和大多数控件。当"对象"是窗体时,Left 指的是窗体左边与屏幕左边界的相对距离,Top 指的是窗体的顶边与屏幕顶边的相对距离；当"对象"是控件时,Left 表示控件的左边和窗体左边的相对距离,Top 表示控件的顶边和窗体顶边的相对距离。

15. Visible（可视性）

该属性用来设置对象的可视性。若将该属性值设置为 False,对象不可见；若设置为 True,则对象可见。该属性可以通过属性窗口和程序代码两种方式来设置,程序代码设置格式如下：

```
对象.Visible[ = Boolean 值]
```

其中,"对象"可以是窗体和一般控件（计时器控件除外）。此外,该属性只有在运行阶段才起作用。在程序设计阶段,即使把窗体或控件的 Visible 属性设置为 False,窗体或控件仍然可见,只有当程序运行时才隐藏。在"对象"为窗体时,将该属性设置为 True 或 False 时的作用与窗体的 Show 和 Hide 方法相同。

16. WindowSate（窗口状态）

该属性用来设置窗体的操作状态,可以通过属性窗口设置,也可以通过程序代码设置,程序代码的设置格式如下：

```
对象.WindowState[ = 设置值]
```

其中,"对象"只能是窗体。设置值及其代表状态如表 2.2 所示。

表 2.2 窗口状态值

设置值	代表状态
0	正常状态,有窗口边界
1	最小化状态,显示一个示意图标
2	最大化状态,无边界,充满整个屏幕

17. Appearance 属性

该属性是用来设置窗体或窗体上控件的显示效果的。若属性值设置为 0,则窗体及窗体上的控件显示为平面效果;若设置为 1(默认值),则窗体及窗体上的控件显示为立体效果。

18. StartUpPosition 属性

该属性用于返回或设置窗体首次出现时的显示位置。属性值设置如下:

(1) 0。手动指定取值,窗体的初次显示位置由 Left 和 Top 属性决定。

(2) 1。所隶属的对象的中央。

(3) 2。屏幕中央。

(4) 3。屏幕的左上角。

19. ScaleLeft 和 ScaleTop 属性

这两个属性用于设置窗体左边界的水平坐标和顶部的垂直坐标。

2.2.2 窗体的常用事件

窗体最常用的事件有 3 种,即 Click(单击)、DblClick(双击)和 Load(装入)。此外,在窗体装载和关闭时,系统将自动产生一些相关事件。

1. Click 事件

Click 事件是单击鼠标左键时发生的事件。例如在程序运行后单击窗口内的某一个位置时,Visual Basic 程序将调用窗体事件过程 Form_Click( )。

注意:单击的位置必须是没有其他对象(控件),如果单击窗体内的控件,则只能调用相应控件的 Click 事件过程。

【例 2.1】编写一段程序,实现每次用鼠标单击窗体,该窗体的面积就会变大的功能。

```
Private Sub Form_Click( )
    Print "窗体发生鼠标单击(Click)事件,窗体将变大"
    Form1.Height = Form1.Height + 60
    Form1.Width = Form1.Width + 80
End Sub
```

2. DblClick 事件

在程序运行后,双击窗体内的某个位置,Visual Basic 将调用窗体事件过程 Form_DblClick( )。需要注意的是,"双击"实际上触发两个事件,即第一次按鼠标时将产生 Click 事件,第二次按鼠标时将产生 DblClick 事件。

3. Load(装入)事件

Load 事件主要用来在启动程序时对属性和变量初始化。开始运行时,程序自动触发该事件。

4. Unload(卸载)事件

该事件的作用是从当前的内存中清除一个窗体,包括关闭和执行 Unload 语句时所触发的事件。此外,如果重新装入该窗体,则窗体中的所有控件都要重新初始化。

5. Activate(活动)、Deactivate(非活动)事件

当窗体变为活动窗口时将触发 Activate(活动)事件,而在另一个窗体变为活动窗口时触发 Deactivate(非活动)事件。

6. Paint(绘画)事件

若窗体被改变大小、移动或窗口移动时覆盖了一个窗体,将自动触发该事件。

在使用 Refresh 方法时会触发 Paint 事件,此时可以进行必要的重绘。当将窗体的 AutoRedraw 属性设置为 True 时,不调用 Paint 事件,自动重新绘图。

7. Resize 事件

窗体第一次显示或窗体的状态发生改变时将触发该事件。

在调整窗口的大小时,Resize 事件可以调整窗体上各部件的显示位置和大小。

窗体或其他控件的事件一般是通过代码编辑器来设置的,代码编辑器窗口如图 2.10 所示,左侧的下拉列表框用于选择不同的控件,右侧的下拉列表框用于选择不同的事件。

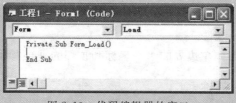

图 2.10 代码编辑器的窗口

2.3 控 件

控件是指 Visual Basic 中预先定义好的、程序编写时能够直接调用的对象。窗体和控件都是 Visual Basic 的对象,它们是应用程序的"积木块",共同构成用户界面。控件以图标的形式放在工具箱中,每一种标准控件都有与之相对应的图标。启动 Visual Basic 后,工具箱位于窗体的左侧。

2.3.1 控件的分类

在 Visual Basic 中,控件可分为以下 3 类:

(1) 标准控件(内部控件)。在默认状态下,工具箱中显示的都是内部控件,例如标签、文本框、命令按钮等。这些控件被"封装"在 Visual Basic 的 EXE 文件中,不可以从工具箱中删除。

在启动 Visual Basic 后,标准控件将在左边的工具箱中显示出来,如图 2.11 所示。每一个控件都用一个图形按钮来表示,具体的图标和相应的控件及说明如表 2.3 所示。

2.11 工具箱

表 2.3 标准控件说明

图标	所对应控件及其说明
	图片框(PictureBox)控件。用于显示图形文件或文本文件，也可以作为其他控件的容器
A	标签(Label)控件。用于创建一个标签对象，用户可以保存不希望改动的文本，例如图片框上面或复选框旁边的标题等
abl	文本框(TextBox)控件。用于创建显示和输入数据的文本框对象，用户可以在其中输入或更改文本
xv	框架(Frame)控件。用于控件的分组，可使控件的布局更合理，从而美化界面等
	命令按钮(CommandButton)控件。用于创建命令按钮对象，用来执行命令
☑ ⊙	单选按钮(OptionButton)和复选框(CheckBox)控件。分别用来表示单选的开关按钮和多重选择
	组合框(ComboBox)控件。用于为用户提供列表的选择，或允许用户在附加框里输入选择项。它把文本框和列表框的功能结合到了一起
	列表框(ListBox)控件。用于显示供用户选择的列表项。当列表项很多不能同时显示时，列表可以使用滚动条
◂▸	水平滚动条(HScrollBar)与垂直滚动条(VScrollBar)控件。用于表示一定范围内的数值选择，常用在列表框或文本框中浏览信息
	计时器(Timer)控件。用于创建计时器对象，以设定的时间间隔捕捉计时器事件。在运行期间此控件不可见
	驱动器列表框(DriveListBox)控件。用于显示当前可用的驱动器，供用户选择
	目录列表框(DirListBox)控件。用于显示目录列表，供用户选择
	文件列表框(FileListBox)控件。用于显示当前路径下的文件名列表，供用户选择
	形状(Shape)控件。用于设计各种类型的形状，可以画矩形、圆形等
	直线(Line)控件。用于在窗体上画各种直线
	图像框(Image)控件。用于显示一个位图图像，可作为背景或装饰的图像元素
	数据(Data)控件。用于访问数据库
OLE	OLE 容器控件。用于对象的链接与嵌入

用户可利用上述控件创建自己所需要的对象，编写程序非常灵活、方便。除了使用上述的内部控件外，还可以将大量的 ActiveX 控件或用户自定义的控件添加到工具箱中，极大地提高了编程的效率。

> 指针工具(工具箱中的第一个按钮)用来移动窗体和控件，并可调整它们的大小。指针工具不是控件。

（2）ActiveX 控件。这类控件单独保存在 .ocx 类型的文件中，其中包括各种版本 Visual

Basic 提供的控件,如数据绑定网格、数据绑定组合框等控件和仅在专业版与企业版中提供的控件,另外还有许多其他软件厂商提供的第三方 ActiveX 控件。

(3) 可插入对象。这些对象能添加到工具箱中,可把它们当作控件使用。例如用户可将 Excel 工作表或 PowerPoint 幻灯片等作为一个对象添加到工具箱中,编程时可根据需要随时创建。

使用可插入对象,就可以通过在 Visual Basic 中编程来控制其他应用程序的对象了。

2.3.2 控件的命名和控件值

1. 控件的命名

在 Visual Basic 中,每一个控件都有一个 Name 属性。一般情况下,窗体和控件都有默认的名字,例如 Form1、List1 和 Command1 等,为了提高程序的可读性,最好按一定的格式给控件起名字,可以由名字看出对象的类型。同时,用户在为控件命名时还应该注意,必须以字母开头,只能包含字母、数字和下划线,不允许有标点符号、特殊字符和空格,其长度不能超过 40 个字符。

2. 控件值

在 Visual Basic 中,通常给控件的属性设置一个值时需要写出控件名和其属性值。例如将标签(Label1)的标题设置为"你好,huben!",其格式如下:

```
Label1.Caption = "你好,huben!"
```

其中的"Label1"是控件名,Caption 是控件的属性。

为了方便用户的使用,Visual Basic 为每个控件规定了一个默认的属性,在设置这样的属性时就不必给出其属性名而只给出其控件名,通常把该属性称为"控件值"。例如上例中的代码可简化为:

```
Label1 = "你好,huben!"
```

这样就方便了用户编程,提高了程序设计时代码编写的效率。表 2.4 给出了常用控件的控件值。

表 2.4 控件值表

控件	控件值(默认属性)	控件	控件值(默认属性)
文本框(Text)	Text	文件列表框(FileListBox)	FileName
标签(Label)	Caption	框架(Frame)	Caption
复选框(CheckBox)	Value	水平滚动条(HScrollBar)	Value
组合框(ComboBox)	Text	图像框(Image)	Picture
命令按钮(CommandButton)	Value	直线(Line)	Visible
通用对话框(CommonDialog)	Action	列表框(ListBox)	Text
数据(Data)	Caption	单选按钮(OptionButton)	Value
数据约束组合框(DBCombo)	Text	图片框(PictureBox)	Picture
数据约束网格(DBGrid)	Text	形状(Shape)	Shapes
数据约束列表框(DBList)	Text	计时器(Timer)	Enabled
目录列表框(DirListBox)	Path	垂直滚动条(VSscrollBar)	Value
驱动器列表框(DriverListBox)	Drive		

需要注意的是,一方面使用控件值可以简化代码,提高效率;但另一方面,会使程序的可读性降低。在本书中,为了提高程序的可读性,全部使用显式地引用控件属性的方式。

2.4 控件的画法和基本操作

在设计用户界面时,要在窗体上画出各种所需要的控件。也就是说,除窗体外,建立界面的主要工作就是画控件。本节将介绍控件的画法和基本操作。

2.4.1 控件的画法

在用 Visual Basic 设计用户界面时,要在窗体上画出各种所需的控件,将工具箱中的控件添加到窗体中的过程称为"画控件"。

在窗体上画控件有两种方法:

第一种方法,具体操作步骤如下(以画框架控件为例):

(1) 单击工具箱中的框架图标,该图标反相显示。

(2) 把光标移到窗体上,此时光标变为"+"号("+"号的中心就是控件左上角的位置)。

(3) 把"+"号移到窗体的适当位置,按下鼠标左键,不要松开,并向右下方拖动鼠标,窗体上将出现一个方框。

(4) 随着向右下方移动鼠标,所画的方框会逐渐增大。当增大到合适的大小时,松开鼠标左键,这样就在窗体上画出一个框架控件。

这种画控件的方法称为拖动(Drag)或拖拉。

第二种建立控件的方法比较简单,即双击工具箱中某个需要的控件图标(例如框架),就可以在窗体中央画出该控件。

这两种方法不同的是:第一种方法画出的控件大小和位置可随意确定;第二种方法画出的控件大小和位置是暂时固定的。用户可根据需要随时对控件的大小和位置做出调整。

通过以上两种不同方法画出的框架(Frame)控件如图 2.12 所示。

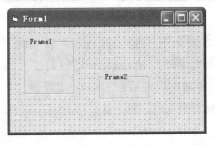

图 2.12 框架控件画法

图中的 Frame1 是通过第一种方法画出的,可以看出其大小和位置都可按用户的要求任意设定;Frame2 是通过第二种方法画出的,双击工具箱中的 Frame 控件图标后,系统在窗体的中央自动画出该控件,用户可根据需要调整其大小和位置。

为了能单击一次控件图标即可在窗体上画出多个类型相同的控件,可按如下步骤操作:

(1) 按下 Ctrl 键,不要松开。

(2) 单击工具箱中要画的控件图标,然后松开 Ctrl 键。

(3) 用前面介绍的方法在窗体上画出控件(可以画一个或多个)。

(4)画完(一个或多个)控件后,单击工具箱中的指针图标(或其他图标)

2.4.2 控件的基本操作

1. 控件的缩放和移动

在窗体上画出控件后,其边框上会有8个蓝色的小方块,表明该控件是"活动"的,称为"当前控件",用户可对其进行移动和缩放等操作。

假如在窗体上有多个控件,一般只有一个是当前控件,可以通过鼠标单击的方式或使用Tab键来改变当前控件。

对于当前控件,可以直接使用鼠标拖动控件到需要的地方来调整控件的位置,当鼠标指针对准8个蓝色的小方块边缘时会出现一个双向箭头,这时可以改变控件的大小;也可以通过"Shift+方向键"来改变控件的大小,用"Ctrl+方向键"来移动控件的位置。

当然,还有一种最基本的方式,就是通过属性窗口的方式来改变控件的大小和位置。其中Left、Top设定位置,Width、Height设定大小。

2. 控件的复制与删除

在Visual Basic中,窗体上控件的复制和删除操作与Windows环境下的文件操作相似。首先选中控件并右击,从弹出的快捷菜单中选择"复制"命令或单击工具栏上的"复制"按钮或按Ctrl+C快捷键,即可将控件复制到剪贴板中,然后单击工具栏上的"粘贴"按钮或按Ctrl+V快捷键,即可将控件粘贴到窗体的左上角。由于复制的控件名相同,系统会弹出如图2.13所示的对话框。

图2.13 对话框

单击"是(Y)"按钮,即可在窗体上复制一个Text控件,其控件名为Text1(1)。可以看出,此时Text是一个控件数组,所带的下标值是索引号,原始控件的名称为Text1(0)。

如果要删除活动控件,只需选中控件后按Delete键或通过鼠标右键的形式或单击工具栏上的"删除"按钮即可完成删除操作。

3. 选择控件

通过鼠标单击或按Tab键的方式可以选择单个控件,但用户可能有些时候需要同时对多个控件进行操作,例如移动、删除等。

通常用两种方法来多选:

第一种方法:按住Shift或Ctrl键,不松开,然后单击每个要选择的控件,被选中的每个控件周围将出现8个小方块。

第二种方法:按住鼠标左键,通过拖动鼠标画出一个矩形虚线框,在该矩形框内的控件将全部被选中。

需要注意的是,在被选中的多个控件中,有一个控件的周围是实心的小方块,而其他控件的周围是空心的小方块,这个控件被称为"基准"控件。当对被选择的控件进行对齐、大小调整等操作时,将以基准控件为标准。

如图 2.14 所示,最下面的控件为基准控件,在选择了多个控件后,在属性窗口中只显示它们的共同属性,如果修改其属性值,则被选择的所有控件的属性值都将改变。此外,用户可以通过按住 Shift 或 Ctrl 键,然后单击其中一个控件将这一控件变成基准控件。

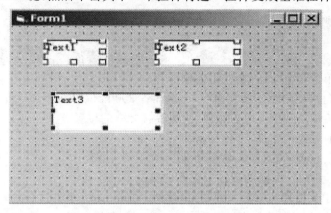

图 2.14 基准控件

本章小结

本章介绍了 Visual Basic 中对象的基本概念,同时介绍了窗体和控件的基本操作,并且通过简单的实例帮助大家学习如何使用窗体进行 Visual Basic 应用程序界面的设计。

本章重点掌握以下内容:
(1) 对象的概念。
(2) 对象属性的设置。
(3) 窗体的基本操作。
(4) 控件的画法和基本操作。
(5) 窗体和控件基本属性的设置。

巩固练习

(1) 以下关于事件、事件驱动的叙述中错误的是(　　)。
A. 事件是可以由窗体或控件识别的操作
B. 事件可以由用户的动作触发
C. 一个操作动作只能触发一个事件
D. 事件可以由系统的某个状态的变化而触发

(2) 为了使窗体的大小可以改变,必须把它的 BorderStyle 属性设置为( )。
A. 1　　　　　B. 2　　　　　C. 3　　　　　D. 4

(3) 能够用于标识对象名称的属性是( )。
A. Name　　　B. Caption　　C. Value　　　D. Text

(4) 对窗体上名称为 Command1 的命令按钮编写如下事件过程:

```
Private Sub Command1_Click( )
    Move 200,200
End Sub
```

程序运行时,单击命令按钮,则产生的操作是( )。
A. 窗体左上角移动到距屏幕左边界、上边界各 200 的位置
B. 窗体左上角移动到距屏幕右边界、上边界各 200 的位置
C. 窗体由当前位置向左、向上各移动 200
D. 窗体由当前位置向右、向下各移动 200

(5) 对于程序运行时,下面的叙述中正确的是( )。
A. 右击窗体中无控件的部分,会执行窗体的 Form_Load 事件过程
B. 右击窗体的标题栏,会执行窗体的 Form_Click 事件过程
C. 只装入而不显示窗体,也会执行窗体的 Form_Load 事件过程
D. 装入窗体后,每次显示该窗体时都会执行窗体的 Form_Click 事件过程

(6) 以下关于窗体的叙述中错误的是( )。
A. Hide 方法能隐藏窗体,但窗体仍在内存中
B. 使用 Show 方法显示窗体时一定触发 Load 事件
C. 移动或放大窗体时会触发 Paint 事件
D. 双击窗体时会触发 DblClick 事件

(7) 设窗体名称为 form1,以下叙述中正确的是( )。
A. 运行程序时,能够加载窗体的事件过程是 form1_Load
B. 运行程序时,能够加载窗体的事件过程是 Form1_Load
C. 程序运行中用语句"form1.Name="New""可以更改窗体名称
D. 程序运行中用语句"form1.Caption="新标题""可以改变窗体的标题

(8) 在窗体上添加"控件"的正确的操作方式是( )。
A. 先单击工具箱中的控件图标,再单击窗体上的适当位置
B. 先单击工具箱中的控件图标,再双击窗体上的适当位置
C. 直接双击工具箱中的控件图标,该控件将出现在窗体上
D. 直接将工具箱中的控件图标拖动到窗体上的适当位置

(9) 为了对多个控件执行操作,必须选中这些控件。下列不能选中多个控件的操作是( )。
A. 按住 Alt 键,不要松开,然后单击每个要选中的控件
B. 按住 Shift 键,不要松开,然后单击每个要选中的控件
C. 按住 Ctrl 键,不要松开,然后单击每个要选中的控件
D. 拖动鼠标画出一个虚线矩形,使所选中的控件位于这个矩形内

第 3 章 Visual Basic 程序设计基础

第 2 章学习了 Visual Basic 中对象的基本概念,并详细介绍了两种最常用的对象,即窗体和控件。本章将通过一个简单的例子说明 Visual Basic 程序设计的一般过程,以及设计简单的程序所具备的基础知识。

3.1 Visual Basic 简单程序开发

3.1.1 Visual Basic 中的语句

Visual Basic 中的语句是执行具体操作的一条条指令,每条语句以回车键结束。如果设置了"自动语法检测"(通过执行"工具"|"选项"命令打开的对话框中的"编辑器"选项卡进行设置),则在输入语句的过程中,Visual Basic 将自动对输入的内容进行语法检查,如果发现了语法错误,则弹出一个信息框,提示出错的原因。

在 Visual Basic 中,Visual Basic 会按照系统的约定对输入的各条语句进行简单的格式化处理,例如命令词的首字母大写、运算符前后加空格等。

在 Visual Basic 中输入语句应该注意以下几点:

(1) 一条语句行的长度不能超过 1023 个字符。

(2) 通常,输入语句应该一行一句,一句一行,每条语句以回车键结束。

(3) 有时为了方便程序员书写和阅读程序代码,在 Visual Basic 程序代码中可以将多行语句写在一行中,也可以将一条语句写在多行中,并规定了书写方法。多条语句写在一行的方法是在各条语句的后面加冒号(:)。例如:

```
a = 2: b = 3
```

(4) 一条语句如果一行写不下怎么办?这时可以将这条语句分多行写。当一条语句分多行写时,必须在行尾加一个空格和一个下划线(_)。例如:

```
a = b + c - d _
    + e - f
```

在 Visual Basic 中可以使用多种语句。早期 Basic 版本中的某些语句(如 PRINT 等)在 Visual Basic 中称为方法,而有些语句(如流程控制、赋值、结束等)仍称为语句。下面介绍 Visual Basic 中常用的几种语句,对于其他语句将在以后的章节中介绍。

1. 赋值语句

用赋值语句可以把指定的值赋给某个变量或某个带有属性的对象,其一般格式如下:

```
[Let]目标操作符 = 源操作符
```

语句的功能是把"源操作符"的值赋给"目标操作符"。这里的"源操作符"包括变量(简单变量或下标变量)、表达式(数值表达式、字符串表达式或逻辑表达式)、常量及带有属性的对象;而"目标操作符"指的是变量和带有属性的对象;"="称为"赋值号"。

赋值语句兼有赋值与计算的双重功能,它首先计算出赋值号,即"="右边"源操作符"的值,然后将值赋给"="左边的"目标操作符";"目标操作符"和"源操作符"的数据类型必须一致;赋值语句以关键字 Let 开头,所以又称"Let 语句"。其中,关键字 Let 可以省略。例如:

```
Total = 100                        '把数值常量 100 赋给变量 Total('是注释符)
ReadOut $ = "Good Morning"         '把字符串常量赋给字符串变量
Text1.Text = Str $ (Total)         '把数值变量 Total 转换为字符串赋给有 Text 属性的对象
```

2. 注释语句(' 或 Rem)

为了提高程序的可读性,通常在程序的适当位置加上必要的说明和注释。Visual Basic 中的注释为"Rem"或一个撇号"'",格式如下:

```
'注释内容 或 Rem 注释内容
```

例如:

```
Label1.Caption = "Huben" '将 Form1 的标题设为"Huben"
Label1.Caption = "Huben" Rem 将 Form1 的标题设为"Huben"
```

说明:

(1) 注释语句是非执行语句,仅对程序的有关内容起说明作用,它不被程序编译和执行。

(2) 任何字符(如中文、英文及一些符号等)都可以放在注释语句中,不会影响程序的运行结果。

(3) 注释语句不能放在续行符"_"的后面。

3. 结束语句(End)

结束语句通常用来结束一个程序的执行,用户可以把它放在事件过程中。

其格式如下:

```
End
```

例如,在命令按钮的单击事件过程中添加如下结束语句,在单击命令按钮时就可以结束程序的运行。

```
Private Sub Command1_Click( )     '为"单击按钮"事件过程名
    End                            '结束语句
End Sub
```

在使用结束语句时需注意以下几点。

(1) 应用程序在执行 End 语句后将中止当前的程序,重置所有的变量,并关闭所有的数据文件。

(2) 一个程序中若没有 End 语句,对程序的运行没有什么影响,但为了保持程序的完整性,应当在程序代码的适当位置添加 End 语句。

End 语句除了用来结束程序之外,和其他语句连用时,还可以用来结束一个过程或者语句块。表3.1给出了End语句的用法和含义。

表3.1 End语句的用法和含义

End 语句	语句含义
End Sub	表示结束一个 Sub 过程
End Function	表示结束一个 Function 过程
End If	表示结束一个 If 语句块
End Type	表示结束记录类型的定义
End Select	表示结束情况语句

3.1.2 编写简单的 Visual Basic 应用程序

在用传统的面向过程的语言进行程序设计时,主要的工作就是编写程序代码,并遵循编程—调试—改错—运行的模式。而 Visual Basic 是一种面向对象的程序语言,完全采用了新的设计模式,使程序开发变得简单、快捷,而且容易上手。

一般而言,使用 Visual Basic 开发应用程序有以下3个步骤。

(1) 建立可视的用户界面。即添加对象,主要是窗体和控件。

(2) 设置可视界面特性。即为窗体和控件设置属性。

(3) 编写程序代码。即编写实现功能要求的事件代码。

下面通过一个例子来说明如何在 Visual Basic 环境下设计应用程序,本例虽然简单,但却基本覆盖了应用程序设计的全过程。考生只要耐心地跟着所介绍的步骤在计算机上实际操作,就能在较短的时间内初步掌握 Visual Basic 应用的设计方法。

程序要求:在名称为 Form1、标题为"椭圆练习"的窗体上画一个名称为 Shape1 的椭圆,其高为800、宽为1200、左边距为1000。椭圆的边框是宽度为5的蓝色(&H00C00000&)实线,椭圆填充色为黄色(&H0000FFFF&)。再画3个名称为 Command1、Command2 和 Command3,标题为"左移"、"结束程序"和"右移"的命令按钮,如图3.1所示。

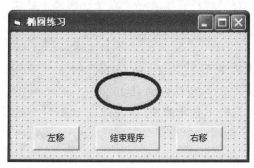

图3.1 程序运行效果

要求:编写3个按钮的 Click 事件过程,使得每单击"左移"按钮一次,椭圆向左移动100;每单击"右移"按钮一次,椭圆向右移动100;单击"结束程序"按钮退出程序。要求程序中不得使用变量,每个事件过程中只能写一条语句。

注意:存盘时,将文件保存至"C:\exam\000000"文件夹下,且窗体文件名为 sjt2.frm,工程文件名为 sjt2.vbp。

1. 建立用户界面

第 1 步:建立应用程序首先要建立一个新的工程。执行"文件"|"新建工程"菜单命令,在打开的"新建工程"对话框中(一般情况下,启动 Visual Basic 环境时也会自动启动该对话框)双击"标准 EXE"图标(或者单击该图标,然后单击"确定"按钮),如图 3.2 所示。

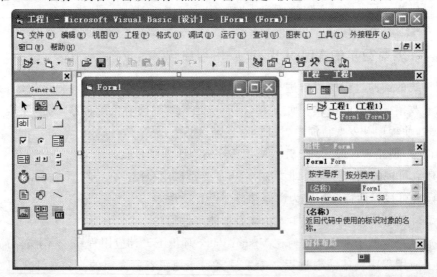

图 3.2 新建的工程

一个工程包含两部分内容,即对象和代码,其中对象通常指的是窗体和控件。窗体是程序运行时的背景窗口和对话框,控件是放置在窗体中的具体的对象,而代码则是控件运行的程序。每个可以执行的工程至少包括一个窗体,用户可以根据应用程序的设计要求来改变其位置和大小。

用户界面由对象组成,建立用户界面实际上就是在窗体上画出代表各个对象的控件。由题意可知,需要建立的界面包括 5 个对象(窗体本身也是一个对象),即一个窗体,3 个命令按钮和一个形状。

第 2 步:单击工具箱中的命令按钮图标 ,在窗体的适当位置按下鼠标左键并拖动,画一个命令按钮(命令按钮1),画完后,按钮内会自动标有"Command1"。用户也可直接双击工具箱中的命令按钮图标,然后通过鼠标来调整按钮的位置,这样同样可以达到上述效果。

第 3 步:重复第 2 步,再画出命令按钮 2、命令按钮 3。按钮内会自动标有"Command2"、"Command3"。

第 4 步:单击工具箱中的图形控件 ,以同样的方法在窗体的适当位置画出图形控件。

画完上述控件后,根据具体情况对每个控件的大小和形状进行适当的调整。建立界面后的窗体结构如图 3.3 所示。

图 3.3　添加控件后的界面

2. 设置属性

从前面建立的界面可以看出,该界面中共有 4 个控件,这 4 个控件就是 4 个对象。实际上,除 4 个控件外,还有一个对象,就是窗体。下面按照题意,对各控件的相关属性进行设置。

第 1 步:单击窗体中没有控件的地方,将其激活,其周围会出现 8 个小方块,表明窗体处于活动状态。单击属性窗口(或按 F4 键),从属性列表中找到 Caption 属性,双击该属性条,其右侧将显示该控件的默认值"Form1",通过键盘输入汉字"椭圆练习"(引号不要输入)取代"Form1",窗体标题栏处的文字即变为"椭圆练习"。

第 2 步:单击命令按钮 1(Command1),将其激活,然后从属性列表中找到 Caption 属性,同第 2 步,将默认文字"Command1"改为"左移"。同理,将命令按钮 2(Command2)和命令按钮 3 的 Caption 属性分别改为"结束程序"和"右移"。

第 3 步:单击图形控件(Shape1),将其激活,然后从属性列表中找到 Shape 属性,单击右侧的下拉按钮,并选中"2 － Oval"(椭圆)项;选中并双击 Height 属性条,将其中的值修改为"800",同理将 Left 属性和 Width 属性值修改为"1000"和"1200";选中 BorderColor 属性条,将其中的值修改为"&H00C00000&";选中 BorderStyle 属性条,单击右侧的下拉按钮,并选中"1－Solid"(实线)项;选中并双击 BorderWidth 属性条,将其中的值修改"5";选中 FillColor 属性条,将其中的值修改为"&H0000FFFF&";选中 FillStyle 属性条,单击右侧的下拉按钮,并选中"0 － Solid"(实心)项。

---

(1) 每个对象都有 Name 属性(在属性列表中表示为"名称"),可以通过属性窗口为其赋一个适当的值,如果不赋值,则使用默认属性。

(2) 标题(Caption)与对象名称(Name)是完全不同的两种属性,Caption 是对象的标识,而 Name 是对象的名字。

(3) Name 属性是只读属性,即只能在设计期间设置,在运行期间不能改变。此外,在属性窗口中,Name 属性的属性条为"(名称)",位于属性窗口的顶部。

为了使界面的设计清晰而有条理,通常在设计前将界面中所需操作的对象及其属性画成一个表,然后按照这个表来设计界面。上例中的界面中有 4 个控件和一个窗体,对应的属性设置如表 3.2 所示。

表 3.2 属性设置表

对象	属性	设置值
窗体	Name	Form1
	Caption	椭圆练习
左命令按钮	Name	Command1
	Caption	左移
中命令按钮	Name	Command2
	Caption	结束程序
右命令按钮	Name	Command3
	Caption	右移
图形	Shape	2 — Oval
	Height	800
	Left	1000
	Width	1200
	BorderColor	&H00C00000&
	BorderStyle	1 — Solid
	BorderWidth	5
	FillColor	&H0000FFFF&
	FillStyle	0 — Solid

3. 编写代码

Visual Basic 采用事件驱动编程机制,因此大部分程序都是针对窗体中各个控件所支持的事件和方法编写的,每个事件对应一个事件过程。用鼠标单击(Click)或双击(DblClick)一个对象是最常用到的事件,用户可以针对这样的事件编写事件过程。

(1)程序代码窗口。那么如何输入程序代码呢?可以通过 Visual Basic 的代码窗口输入,双击某一控件(例如,双击 Command1 命令按钮),即可启动该控件的代码窗口,如图 3.4 所示。

窗口顶部的"工程 1－Form1(Code)"是代码窗口的标题,在它下面的一行分为两栏,左边栏是"对象框",在该方框中的 Command1 是当前对象名。右边一栏为"过程/事件框",当前的事件为 Click(单击)。在窗口的左下角有两个按钮和,如果单击"过程查看"按钮,则窗口内只显示当前对象的过程代码;如果单击"全模块查看"按钮,则显示当前模块中的所有过程的代码。另外,在垂直滚动条的上方有一

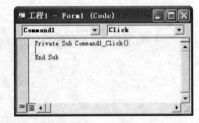

图 3.4 代码窗口

个"拆分栏",把光标移到该栏上,光标变为上下双向箭头,此时按住鼠标左键并拖动,可以把代码窗口分为两个窗口。事件过程的开头和结尾由系统自动给出,在这两行之间输入程序代码,以实现指定的功能,即:

```
Private Sub Command1_Click( )
End Sub
```

Private 意为"私有",用来表明事件过程的类型。过程名(这里是 Command1_Click( ))由两部分组成,前一部分是对象名(Command1),后一部分是该对象的事件名(Click),中间用下划线隔

开,在过程名的后面有一对小括号。事件过程名的两个部分可以根据需要任意组合,如 Form_Load、Command2_Click、Form_Click 等。单击对象框右端向下的箭头,将列出各对象的名称,如图 3.5 所示。然后单击事件框右端向下的箭头,将列出各事件的名称,如图 3.6 所示。

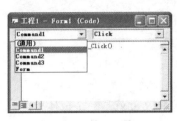

图 3.5 对象名称

图 3.6 事件名称

Visual Basic 中的过程名与其他语言中的过程名或函数名是有区别的,它的名字不能任意指定,而只能由系统提供的对象名和事件名组成,因而称为事件过程。

(2) 编写过程代码。过程代码是针对某个对象的某个事件编写的。为了指明某个对象的操作,必须在方法或属性前加上对象名,中间用句点(.)隔开,例如:

Shape1.Left = Shape1.Left - 100

这里的 Shape1 是控件(图形对象)名,Left 是图形的属性。执行上面的语句后,将使图形 Shape1 距窗体左边距的距离在原来的基础上减小 100(即左移 100)。

如果不指出对象名,则方法或属性是针对当前窗体的。

事件过程是针对某个对象的某个事件所执行的操作。例如,Command1_Click 执行的是单击(Click)命令按钮控件(Command1)时所执行的操作。

经过上述分析,可以开始对相应对象编写事件代码。

双击"左移"按钮,在打开的程序代码窗口中的指定位置编写代码"Shape1.Left = Shape1.Left - 100",按照同样的操作步骤为"结束程序"和"右移"按钮编写代码,分别为 "End"和"Shape1.Left=Shape1.Left+100",完成代码编写后的程序代码窗口如图 3.7 所示。

以上 3 个过程代码的功能如下:

① 命令按钮 1(Command1)。即"左移"按钮,单击该按钮(Command1_Click),使图形(Shape1)距窗体的左边距(Left)减小 100,实现左移的功能。

② 命令按钮 2(Command2)。即"结束程序"按钮,单击该按钮(Command2_Click),将结束程序的运行。

③ 命令按钮 3(Command3)。即"右移"按钮,单击该按钮(Command3_Click),将使图形(Shape1)距窗体的左边距(Left)增加 100,实现右移的功能。

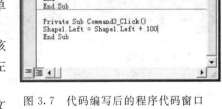

图 3.7 代码编写后的程序代码窗口

最后,按照程序要求,将窗体和工程保存到指定的文件夹下,文件名分别为"sjt2.frm"和"sjt2.vbp",至此,程序设计全部结束。

该程序比较简单,但涵盖了 Visual Basic 程序设计的全过程。在这期间,通常不必编写含有大量代码的程序,而是首先建立程序界面,协调各个对象的属性,然后编写由用户启动的事件来激活若干个小程序,即事件过程,从而大大简化了程序开发的过程。

Visual Basic 能自动进行语法检查。每输入完一行代码并按回车键后,Visual Basic 就能自动检查该行的语法错误。如果语句正确(没有语法错误),则自动以不同的颜色显示代码的不同部分,并在运行符后加上空格,如图 3.7 所示。

3.1.3 程序的保存、装入和运行

3.1.2 节设计了一个简单的 Visual Basic 应用程序,接下来,通常要将其保存到磁盘中,然后再运行程序,查看是否符合设计要求。

1. 程序的保存

Visual Basic 程序中的文件可以用 4 种类型的文件来保存。

(1) 单独的窗体文件。扩展名为".frm",一个窗体文件就是一个窗体模块。

(2) 工程文件。扩展名为".vbp",一个工程文件由若干个窗体和模块组成。

(3) 公用的标准模块文件。扩展名为".bas"。

(4) 类模块文件。扩展名为".cls"(有关窗体模块、标准模块和类模块的知识将在后面详细介绍)。

保存程序时要分别保存各类文件。其中,第(1)和(2)类是一个应用程序必不可少的保存文件。3.1.2 节中建立的程序含有一个窗体,应把它作为窗体文件进行保存,操作步骤如下:

第 1 步:执行"文件"|"保存 Form1"菜单命令,打开文件另存为对话框,如图 3.8 所示。

图 3.8 文件另存为对话框

第 2 步:该对话框的"保存在"栏内显示的是程序所要存放的目录,用户可以通过右侧的下拉列表框或中间的区域对该目录进行修改,"保存类型"栏内显示的文件类型为窗体文件,"文件名"栏内的"Form1.frm"是默认的文件名。用户可以使用默认的窗体名称,或者输入新的窗体名称,例如"sjt1.frm"。

第 3 步:单击"保存"按钮或按回车键,程序将以指定的名称保存到当前目录下。

第 4 步:执行"文件"|"保存工程"菜单命令,打开工程另存为对话框,该对话框与文件另存为对话框类似,操作方式也与文件另存为对话框类似。

> 如果尚未对窗体进行保存,则执行"保存工程"命令后首先打开的是文件另存为对话框,窗体保存完成后,再打开工程另存为对话框。

2. 程序的装入

使用上面的操作可以把开发的应用程序以文件的形式保存到磁盘上。退出 Visual Basic 或关机后,磁盘上的文件仍然存在。下次启动 Visual Basic 后,可以把保存在磁盘上的程序重新装入内存,运行或对其进行修改。

只要装入工程文件,程序就可以自动把与该工程有关的其他 3 类文件装入内存,包括窗体文件、标准模块文件和类模块文件。因此,装入应用程序实际上就是装入工程文件。

启动 Visual Basic 后,可以通过下述操作把工程文件装入内存。

首先执行"文件"|"打开工程"命令,显示打开工程对话框,单击"最新"选项卡,显示最近建立的文件,如图3.9所示。

然后在"文件"栏中选择要打开的工程文件名,如"sjt2",按回车键或单击"打开"按钮即可装入工程。

如果用打开工程对话框中的"现存"选项卡打开文件,则可以在"文件名"栏内直接输入"C:\exam\00000000\sjt2.vbp",或者打开所存文件的目录,在下面的列表框中选中要打开的文件,按回车键或单击"打开"按钮,即可装入指定的工程。

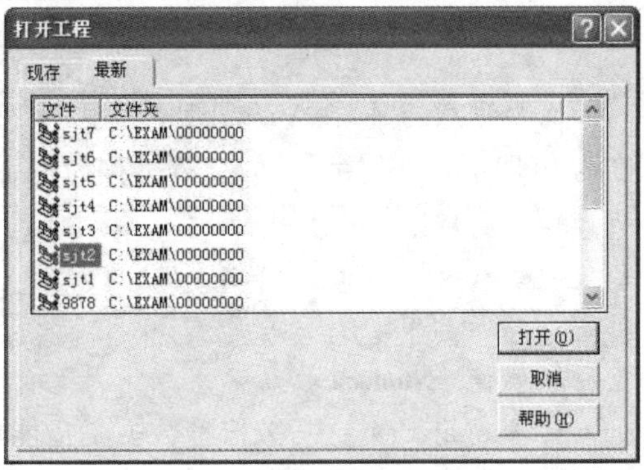

3. 程序的运行

图 3.9 打开工程

程序设计完并存盘后,就可以运行程序了。运行程序有两个目的,一是输出结果,二是发现错误。

在 Visual Basic 中运行程序有两种方式,即解释运行和生成可执行文件。

(1) 解释运行。解释运行可以执行"运行"|"启动"菜单命令或单击常用工具栏上的运行命令按钮 ▶ 来运行程序。

(2) 生成可执行文件。为了让程序能在离开 Visual Basic 开发环境的 Windows 环境下运行,必须建立可执行文件,即.exe文件。双击可执行文件即可运行该程序。

3.2 数 据 类 型

数据类型是 Visual Basic 程序设计中的一个重要的概念。数据是程序的必要组成部分,也是程序处理的对象。在高级语言中广泛地使用了"数据类型"这一概念,它体现了数据结构的特点。一个变量的数据类型指出该变量能存储何种类型的数据。Visual Basic 提供了系统定义的数据类型,用户也可以根据自己的需要自定义数据类型。

3.2.1 基本数据类型

Visual Basic 提供了多种基本数据类型,其中最主要的是字符串型和数值型两种,此外还提供了字节、货币、对象、日期、布尔和变体等数据类型。下面介绍几种常见的数据类型。

1. 字符串(String)

字符串型数据用于存放字符串,它是一个字符序列,由 ASCII 字符组成,包括标准的 ASCII 和扩展的 ASCII。Visual Basic 中的字符串分为两种,即变长字符串和定长字符串。其中变长字符串的长度是不确定的,取值范围为 $0\sim2^{31}$(约21亿),定长字符串含有确定个数和字符,取值范围为 $0\sim2^{16}$(65536),如表3.3所示。

表 3.3 基本数据类型

数据类型	类型名	类型说明符	存储空间(Byte)	取值范围
变长字符串	String	$	字符串长度	0～约 21 亿

需要注意的是,在 Visual Basic 中,字符串是用双引号(" ")括起来的若干个字符,其中长度为 0(即不含任何字符)的字符串称为空字符串。例如:

"Hello Huben"
"Visual Basic 6.0 程序设计基础"
" "(空字符串)

2. 数值(Numeric)

在 Visual Basic 中,数值型数据是指能够进行加、减、乘、除等运算的数据,包括整型数和浮点数两类。其中,整型数又分为整数(Integer)和长整数(Long),浮点数又分为单精度浮点数(Single)和双精度浮点数(Double),如表 3.4 所示。

表 3.4 基本数据类型

数据类型	类型名	类型说明符	存储空间(Byte)	取值范围
整型	Integer	%	2	-32768～32767
长整型	Long	&	4	-2147483648－2147483647
单精度型	Single	!	4	负数:$-3.402823E+38$～$-1.401298E-45$ 正数:$1.401298E-45$～$3.402823E+38$
双精度型	Double	#	8	负数:$-1.79769313486232E+308$～$-4.9406564584124E-324$ 正数:$4.9406564584124E-324$～$1.79769313486232E+308$

整型数是不带小数点和指数符号的数,在机器内部以二进制补码的形式表示;浮点数也称实型数或实数,是带有小数部分的数值,它由 3 部分组成,即符号、指数及尾数。

3. 日期(Date)

日期型数据用于存放日期和时间,在计算机中占 8 个字节的存储空间。日期内容需要用两个"#"括号起来,例如#03/23/2013#、"March 23,2013"等。

日期型数据的格式为"mm/dd/yyyy"或"mm-dd-yyyy",如表 3.5 所示。

表 3.5 基本数据类型

数据类型	类型名	类型说明符	存储空间(Byte)	取值范围
日期型	Date	无	8	100.1.1－9999.12.31

4. 货币(Currency)

货币型数据是为表示钱款而设置的。该类型数据需精确到小数点后 4 位(小数点前有 15 位),在小数点后 4 位以后的数字将被舍去,如表 3.6 所示。

表 3.6 基本数据类型

数据类型	类型名	类型说明符	存储空间(Byte)	取值范围
货币型	Currency	@	8	-922337203685477.5808～922337203685477.5807

5. 布尔（Boolean）

布尔型数据的值只能是 True 或 False，一般用布尔型的变量来存储比较或逻辑运算符的结果。布尔型数据在计算机内占两个字节的存储空间，其默认值为 False。布尔型的数据常作为程序中的转向条件，用来控制程序的流程。

6. 字节（Byte）

字节型数据实际是一个数值类型，以一个字节的无符号二进制数存储，其取值范围为 0～255。

7. 变体（Variant）

变体型数据可以存储所有系统定义的数据类型。如果一个变量没有声明为其他类型，则该变量就是默认的变体型变量。

这种变量的使用比较方便，用户不必过多关心其中的数据类型就可以对它进行操作，其中必要的数据类型的转换由 Visual Basic 系统自动完成。

需要注意的是，如果对 Variant 类型变量进行数学运算或函数运算，则该变量必须包含某个数；假如正在连接两个用 Variant 类型存储的字符串，则应该用"&"操作符，而不能用"+"操作符。除了可以像其他标准数据类型一样操作外，Variant 类型还包含 3 种特定的值，即 Empty、Null 和 Error。

8. Decimal 数据类型

Decimal 变量存储为 96 位（12 个字节）无符号的整型形式，并除以一个 10 的幂数，称为变比因子。该因子决定了小数点右面的数字位数，其范围为 0～28。注意，目前 Decimal 数据类型只能在变体类型中使用，也就是说，不能把一个变量声明为 Decimal 类型。

3.2.2 用户定义的数据类型

用户在编程中可能会用到 Visual Basic 中没有预定义的特殊数据类型，这时可以利用 Type 语句定义自己的数据类型，语句格式如下：

```
Type 数据类型名
    数据类型元素名 As 类型名
    数据类型元素名 As 类型名
    ...
End Type
```

其中，"数据类型名"就是用户需要自定义的数据类型名字，其命名规则与变量的命名规则相同（见下一节）；"数据类型元素名"不能是数组名，也遵守同样的命名规则。用 Type 定义数据类型就相当于用系统预定义的数据类型按一定的方式组合形成一种新的数据类型。例如下面的代码所示：

```
Type Data_Student
    Name As String
    Age As Integer
    Sex As String
End Type
```

这里的 Data_Student 是一个用户自定义的数据类型，它由 3 个元素组成，即 Name、Age

和 Sex。其中,Name 和 Sex 是 String 型,Age 是 Integer 型。在定义完该数据类型后,用户就可以像使用系统预定义的数据类型一样来使用它了。

在使用 Type 语句时,需要注意以下几点:

(1) 自定义类型中的元素可以是变长的字符串,也可以是定长的字符串。当在随机文件中使用时必须使用定长字符串,其长度用类型名称加上一个"＊"和常数表示,其一般格式如下:

```
String * 常数
```

其中,常数是指定字符的个数。

(2) 该类型的定义必须放在模块中,例如在标准模块或窗体模块的声明中,一般情况下都在标准模块中定义,其变量可以出现在工程的任何地方。当在标准模块中定义时,关键字 Type 前面可以有 Public(默认)或 Private;如果是在窗体模块中定义,必须在前面加上关键字"Private"。

(3) 在该类型中不能使用动态数组。用 Type 语句定义的类型类似于 Pascal、Ada 语言中的"记录类型"和 C 语言中的"结构体"类型数据,因此,通常将用 Type 定义的数据类型称为"记录类型"。

下面是一个自定义类型数据应用实例:

【例 3.1】在标准模块中输入如下代码。

```
Type Data_Student
    Name As String
    Age As Integer
    Sex As String
End Type
```

然后在窗体单击事件中输入以下代码:

```
Private Sub Form_Click( )
    Dim Student As Data_Student
    Student.Name = "黑土"
    Student.Age = 30
    Student.Sex = "男"
    Print " 自定义类型数据输出"
    Print "姓名:", Student.Name
    Print "年龄:", Student.Age
    Print "性别:", Student.Sex
End Sub
```

在输入 Dim Student As Data_Student 时,输入 As 后系统将给出如图 3.10 所示的自动提示,说明定义数据类型后就可以像用系统数据类型一样来使用该类型数据了。在执行 Form_Click( )后将显示如图 3.11 所示的输出结果。

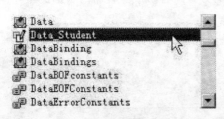
图 3.10　数据类型输入提示

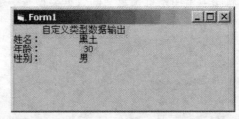
图 3.11　自定义类型数据输出

3.2.3 枚举类型

在程序设计中,程序人员通常会碰到有些数据无法直接用整型或实型数来表示,必须经过某种转换的情况。如果把本来不是用整数描述的问题硬是用整数表示,会造成程序的可读性降低。因此,在 Visual Basic 中引入了"枚举类型"。当一个变量只有几种可能值时,可以将其定义为枚举类型。所谓"枚举",就是将变量的值一一列出来,这些变量的取值只能在列举出来的值的范围之内。

该类型提供了一种简洁的方法来处理有关常数,或使名称和常数值相关联。例如可以将与月份相关联的一组整数声明为一个枚举类型,然后就可以在代码中使用月份的名称而不用其整数数值,从而提高了程序的可读性。

枚举类型放在窗体模块、标准模块或类模块中的声明部分,通过 Enum 语句来定义。其格式如下:

```
[Public | Private] Enum 类型名称
    成员名[= 常数表达式]
    成员名[= 常数表达式]
    …
End Enum
```

在使用枚举型时,需要注意以下几点:

(1) 枚举类型变量只能接受其类型所定义的枚举常量。

(2) 在 Enum 语句的格式中,"常数表达式"可以省略。在默认情况下,枚举的第一个常量被初始化为 0,其后面的常数则被初始化为比前面的常数大 1 的数值,如下面的例所示:

该语句定义了一个 Months 枚举型,它包括 7 个成员,而且都省略了"常数表达式",则初始化 Month_Begin 为 0,常数 Jan 的值为 1,依此类推。

(3) 在枚举类型中将常数看成长整型。假如将一个浮点型的数据赋给一个枚举中的常数,系统将会自动取该数值的最接近的长整型。当对一个枚举中的常数进行赋值时,可以使用另一个枚举中的常数的数值。

3.3 常量与变量

在程序运行期间,变量用来存储可能变化的数值,而常量表示不变的数值。不同类型的数据既可以以常量的形式出现,也可以以变量的形式出现。通常,变量和常量在使用前要声明,并且它们有自己的有效范围。

3.3.1 常量

在程序中,若一些不变的常数值在代码中反复出现,则可用常量来表示它们,这样可以增加代码的可读性和可维护性。所谓"常量"是指程序中保持不变的常数值的标识符。常量在形式上与变量有些相似之处,但不能像变量那样在代码中被修改或对其进行重新赋值。

Visual Basic 中的常量分为两种,即文字常量和符号常量。

1. 文字常量

文字常量又分为两种,即字符串常量和数值常量。

(1) 字符串常量。字符串常量由字符组成,可以是双引号和回车符以外的任何 ASCII 字符,但其长度不能超过定长字符串或变长字符串所允许的长度。

(2) 数值常量。数值常量共有 4 种表示方式,即整型数、长整型数、货币型数和浮点数。

在 Visual Basic 中,判断常量类型时有时存在歧义,可能是单精度类型,也可能是双精度类型或者是货币型。在默认情况下,Visual Basic 将选择需要内存容量最小的表示方法,通常被作为单精度数处理。为了显式地表明常数的类型,可以在常数后面加上类型说明符,这些说明符如下:

    %   表示整型
    &   表示长整型
    !   表示单精度浮点数
    #   表示双精度浮点数
    @   表示货币型
    $ 表示字符串型

此外,日期、布尔、字节及变体型没有类型说明符。

2. 符号常量

在 Visual Basic 中可以定义符号常量,用来代替数值或字符串。其格式如下:

Const 常量名 = 表达式[,常量名 = 表达式] …

其中的"常量名"是一个名字,按变量的构成规则命名,可以加类型说明符。"表达式"由文字常量、算术运算符(指数运算符"^"除外)、逻辑运算符组成。

在使用符号常量时,需要注意以下几点:

(1) "表达式"不能使用字符串连接运算符、变量及用户定义的函数或内部函数。

(2) 在声明符号常量时,可以在常量名后面加上类型说明符。

(3) 当需要在程序中引用符号常量时,通常省略类型说明符。例如,Num 可以引用符号常量"Num&"。省略类型说明符后,常量的类型取决于 Const 语句中的表达式的类型。

(4) 类型说明符不是符号常量的一部分,定义符号常量后,在定义变量时需要注意。假如声明了 Const Num=50 ,则 Num!、Num% 不能再作为变量名或常量名。

3.3.2 变量

数值存入内存后,必须用某种方式访问它才能执行指定的操作。在 Visual Basic 中,可以用名字表示内存位置,这样就能访问内存中的数据。一个有名称的内存位置称为变量(Variable)。和其他语言一样,Visual Basic 也用变量来存储数据值。每个变量都有一个名字和相应的数据类型,通过名字来引用一个变量,而数据类型则决定了该变量的存储方式。

1. 变量的命名规则

变量是一个名字,给变量命名时通常需要遵循以下规则:

(1) 变量名的第一个字符必须是英文字母,最后一个字符可以是类型说明符。

(2) 变量名只能由字母、数字和下划线组成。

(3) 变量名的有效字符数为 255 个。

(4) Visual Basic 中的保留字不能用作变量名,但变量名中可以含有保留字;同时,变量名也不能是末尾带有类型说明符的保留字。例如,变量 Print 和 Print$是非法的,而变量 Print_Number 是合法的。

此外,在 Visual Basic 中过程名、符号常量名、记录类型名、元素名等都要遵循以上原则。这些变量名都不区分大小写,例如 Name、NAME、name 指的是同一个名称。但为了程序的可读性,一般采用大小写混合的方式组成名字,例如 Work_Num 表示一个代表工人人数的变量。

2. 变量的类型和定义

任何一个变量都属于一定的数据类型,包括基本数据类型或用户自定义的数据类型。在 Visual Basic 中,可以用下面 3 种方式来定义一个变量的类型。

(1) 在定义变量时指定。其类型其格式如下:

```
Declare 变量名 As 类型
```

这里的"Declare"可以是 Dim、Static、Redim、Public 或 Private;"As"是关键字;"类型"可以是基本数据类型或用户自定义数据类型,当"类型"被省略时,默认为 Variant 型。

① 用 Dim 语句来声明变量。其一般格式为:

```
Dim 变量名 As 类型
```

Dim 语句用于在标准模块(Moudule)、窗体模块(Form)或过程(Procedure)中定义变量或数组。当类型省略时,被声明的变量的类型是 Variant 型。此外还可以在一个 Dim 语句中声明多个变量,格式如下:

```
Dim x as Integer, y as Long , z as Double
```

还可以通过在变量名后加上类型符后缀的方法使声明语句变得更加简洁。例如上面的语句可以通过如下的方式来命名达到同样的效果:

```
Dim x%, y&, z#
```

但需要注意的是,"Dim x,y,z as Integer"的写法是错误的,其本意是声明 3 个整型变量,但实际上只有 z 被声明成整型变量。

② 用 Static 语句来声明变量。其一般格式为:

```
Static 变量名 As 类型
```

用 Static 语句来声明变量,主要用于在过程中定义静态变量及数组变量。与 Dim 语句不同的是,如果用 Static 定义了一个变量,则每次引用该变量时,其值会继续保留。相比之下,用 Dim 语句定义的变量,每次定义时变量值会被重新设定(数值变量重新设置为 0,字符串变量被设置为空)。通常把 Dim 定义的变量叫作"自动变量",而把由 Static 定义的变量叫作"静态变量"。

③ 用 Public 语句来声明变量。其一般格式为:

```
Public 变量名 As 类型
```

Public 语句声明变量主要用来在标准模块中定义全局变量或数组。

（2）用类型说明符来标识。把类型说明符放在变量名的尾部，可以标识不同的变量类型。其中，%表示整型；& 表示长整型；! 表示单精度型；# 表示双精度型；@表示货币型；$ 表示字符串型。例如：

```
Mname $    Sum %    Count #
```

（3）用 DefType 语句定义。用 DefType 语句可以在标准模块、窗体模块的声明部分定义变量。其格式如下：

```
DefType 字母范围
```

"字母范围"用"字母－字母"的形式表示，例如"a－z"；Def 为保留字，Type 是类型标志，可以是 Int(整型)、Lng(长整型)、Dbl(双精度型)、Sng(单精度型)、Cur(货币型)、Str(字符串型)、Byte(字节型)、Bool(布尔型)、Var(变体型)、Obj(对象型)和 Date(日期型)；用 DefType 语句说明的字母可以作为该类型的变量名，而且以该字母开头的变量名也是该类型的变量。例如：

```
DefInt A－C
```

3. 记录类型变量

记录类型变量的定义与基本数据类型变量的定义一样，但是在引用的时候有所不同。例如：

```
Type Data_Student
    Name As String
    Age As Integer
    Sex As String
End Type
```

定义的时候可以通过以下语句：

```
Dim Hunter As Data_Student
```

引用的时候可以通过"变量.元素"的格式引用记录中的各个成员，例如：

```
Hunter.Name
Hunter.Age
Hunter.Sex
```

需要注意的是，在一般情况下，记录类型应该在标准模块中定义；假如要在窗体模块中定义，则必须在"Type"关键字前面加上"Private"，例如上面的自定义类型在窗体模块中的定义格式如下：

```
Private Type Data_Student
    Name As String
    Age As Integer
    Sex As String
End Type
```

此外，"变量.元素"的格式引用与前面讲到的"对象.属性"格式相似，用户在实际编程中要注意加以区分。

3.4 变量的作用域

当设计的应用程序中出现多个过程或函数时,在它们各自的子程序中都可以定义自己的常量名或变量名。这时自然会产生一个问题:这些变量名要是有一部分相同会出现什么问题?这就引出 Visual Basic 中"变量作用域"的概念,变量的作用域是指变量的有效范围,即变量的"可见性"。为了正确地使用变量的值,应当明确在程序的什么地方访问该变量。

3.4.1 局部变量、模块变量和全局变量

如前所述,Visual Basic 应用由 3 种模块组成,即窗体模块(Form)、标准模块(Module)和类模块(Class)。本书介绍窗体模块和标准模块。窗体模块包括事件过程(Event Procedure)、通用过程(General Procedure)和声明部分(Declaration);而标准模块由通用过程和声明部分组成,如图 3.12 所示。

1. 局部变量

在一个过程内部声明变量时,只有该过程内部的代码才能访问或改变该变量的值,即称该变量为局部变量(也称作过程级变量)。由此可知,某一个过程的执行只对该过程内的变量产生作用,对其他过程中相同名字的局部变量没有任何影响。因此也就回答了本节一开始提出的问题,在不同的过程中可以定义相同名字的局部变量,而且它们之间没有任何联系。

图 3.12 Visual Basic 应用程序的构

局部变量在过程内用 Dim、Static 定义,例如:

```
Private Sub Form_Click( )
    Dim Num1 As Integer
    Static Str1 As String
    ...
End Sub
```

此过程中定义了两个局部变量,即整型变量 Num1 和字符串变量 Str1。需要指出的是,变量 Num1 和 Str1 是在 Click 事件过程内部定义的。

2. 模块变量

模块变量主要包括窗体变量和标准模块变量。

对于窗体变量来说,由于一个窗体可以包括多个过程(事件过程或通用过程),当这些过程需要用到共同的变量时就可以定义窗体变量。

在使用窗体变量前,必须先声明窗体变量,其方式是在程序代码窗口的"对象"框中选择"通用",并在"过程"框中选择"声明",然后在程序代码窗口中声明窗体变量。

对于标准模块变量来说,其模块层变量的声明和使用与窗体中的相似。标准模块是只含有程序代码的应用程序文件,其扩展名为.bas。在默认情况下,模块级变量对该模块中的所有过程都是可见的,但对其他模块中的代码是不可见的。在声明模块级变量时,通常用 Dim

和 Private 语句,为了提高程序的可读性,建议使用 Private 以区别 Public。

```
Private I as Integer
```

或

```
Dim I as Integer
```

3. 全局变量

全局变量的作用域最大,也称为全程变量,可用于应用程序的每个模块、每个过程。全局变量通常在标准模块的声明部分事先声明。需要注意的是,全局变量必须用 Public 或 Global 语句声明,不能用 Dim 语句声明,更不能用 Private 语句声明;同时,该类型变量只能在标准模块中声明,不能在过程或窗体模块中声明。

3 种变量的作用域见表 3.7。

表 3.7 基本数据类型

名称	作用域	声明位置	使用语句
局部变量	过程	过程中	Dim 或 Static
模块变量	窗体模块或标准模块	模块的声明部分	Dim 或 Private
全局变量	整个应用程序	标准模块的声明部分	Public 或 Global

3.4.2 默认声明

在 Visual Basic 中,有时为了方便,也可以不用 Dim 或 Static 事先定义变量,在需要的时候直接给出变量名。变量的类型可以用类型说明符来标识,如果没有类型说明符,Visual Basic 把该变量默认为变体数据类型(Variant)。默认声明一般只适用于局部变量,模块变量和全局变量必须在代码窗口中用 Dim 或 Public(Global)语句来定义。

【例 3.2】编写代码如下:

```
Private Sub Form_Click( )
    Print "事先没有声明任何变量"
    a = 100
    b = 60
    c = a * b
    Print "a = ", a
    Print "b = ", b
    Print "a * b = ", c
End Sub
```

以上代码的运行结果如图 3.13 所示。

在上面的例子中,程序代码中没有事先定义任何变量,而是在表达式中直接给出,Visual Basic 系统将它们默认定义为局部变量。

这种默认定义的方法有利也有弊,一方面,它不需要 Dim 语句,方便代码的编写;另一方面,它将给程序的"可读性"带来极大的麻烦,调试程序的时候很难找出错误所在。

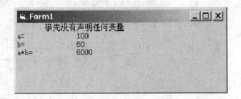

图 3.13 未声明任何变量的输出结果

3.5 常用内部函数

Visual Basic 提供了大量的内部函数（也称为标准函数）。数学上的函数是指对一个或多个自变量进行特定的计算，获得一个因变量的值。在程序设计语言中，扩充了函数的定义，使用更为灵活。Visual Basic 既为用户预定义了一批内部函数，随时供用户调用，也允许用户自定义函数过程。

Visual Basic 的内部函数大体上分为 5 类，即数学函数、转换函数、字符串函数、时间/日期函数和随机函数。这些函数都带有一个或几个自变量，在程序设计语言中称为"参数"，函数对这些参数运算，返回一个结果值。

(1) 若有多个参数，以逗号分隔。
(2) 函数以表达式的形式调用。
(3) 内部函数参数表达式的值不受计算过程的影响。内部函数的计算过程只是访问它们，而不是修改它们。

函数的一般调用格式为：

<函数>([参数表])

其中，参数表可以有多个参数，多个参数以逗号分隔，也可以是一个参数或没有参数；函数以表达式的形式调用；在调用内部函数时，并不改变其参数表达式的值。

下面介绍常用的内部函数：数学函数、转换函数、字符串函数和随机函数。

3.5.1 数学函数

数学函数可用于各种数学运算，包括三角函数、求平方根、绝对值及对数和指数函数等。

1. 三角函数

$Sin(x)$：返回值为自变量 x 的正弦值。
$Cos(x)$：返回值为自变量 x 的余弦值。
$Tan(x)$：返回值为自变量 x 的正切值。
$Atn(x)$：返回值为自变量 x 的反正切值。

需要注意的是，x 是数值表达式，Sin、Cos、Tan 函数的自变量是以弧度为单位的角度，而 Tan 函数的自变量是正切值，返回值是以弧度为单位的角度。通常情况下，自变量以角度的形式给出，可以用下面的公式转换为弧度：

1 度 = π/180 = 3.14159/180（弧度）

Sin(3.14159) 返回值为 2.65358979335273E - 6 约等于零

2. 绝对值函数

$Abs(x)$：返回值为自变量 x 的绝对值。
其中的 x 是数值表达式。例如：

y = Abs(- 2 * 6) = 12

3. 符号函数

Sgn(x):返回值为自变量 x 的符号。

即当 x 的值小于 0 时,函数返回 -1;当 x 的值大于零时,函数的返回值为 1;当 x 的值为 0 时,函数的返回值为 0。例如:

```
y = Sgn(5)' y 的值为 1
y = Sgn(-5)' y 的值为 -1
y = Sgn(0)' y 的值为 0
```

4. 平方根函数

Sqr(x):返回值为自变量 x 的平方根。

需要注意的是,x 的值必须是大于或等于 0 的数或表达式。

例如:

```
y = Sqr(9)' y 的值为 3
```

5. 指数和对数函数

Exp(x):返回值为以 e 为底、以自变量 x 为指数的值。

Log(x):返回值为 x 的自然对数。

3.5.2 转换函数

转换函数用于数据类型或形式的转换,包括整型、浮点型、字符串型之间以及 ASCII 码符号之间的转换。通常又可分为取整函数和类型转换函数。

1. 取整函数

Int(x):返回值为不大于自变量 x 的整数。

Fix(x):返回值为自变量 x 的整数部分。

例如:

```
Int(6.5)的返回值为 6;Int(-6.5)的返回值为 -7
Fix(6.5)的返回值为 6;Fix(-6.5)的返回值为 -6
```

2. 类型转换函数

在 Visual Basic 中,数据类型的转换主要是指数值型与字符型之间的变换以及各种数值数据之间的变换。

Asc(s):返回值为字符串 s 的首字符的 ASCII 码值。

Chr(n):把 n 转换为相应的字符。其中,表达式 n 的值是一个合法的 ASCII 码值。

Str(s):返回值为 s 的字符串形式。例如:

```
Asc("b")的返回值为 98
Asc("a")的返回值为 97
Chr$(97)的返回值为 a
Str$(123)的返回值为 123
Str$(-123)的返回值为 -123
```

表 3.8 中列出的是数值之间转换的函数,其中,x 是数值表达式。

表 3.8 常用转换函数说明

函数名称	函数说明	使用举例产品	
		函数调用	返回值
Val(s)	返回值为字符串表达式 s 中所包含的数值,若遇到字母(指数符号除外)则中止转换	Val(123men)	123
Cint(x)	把 x 的小数部分四舍五入转换成整数	Cint(3.65)	4
Ccur(x)	把 x 的值转换成货币类型值,小数部分最多保留 4 位且自动四舍五入	Ccur(12.56748)	12.5675
CLng(x)	把 x 值的小数部分四舍五入转换为长整型	CLng(3455.63)	3455
CDbl(x)	把 x 的值转换成双精度数	略	
CSng(x)	把 x 的值转换为单精度数	略	
Cvar(x)	把 x 的值转换为可变类型的值	略	

3.5.3 字符串函数

在 Visual Basic 中提供了大量的字符串函数,具有很强的字符串处理功能,字符串函数大多以类型说明符"＄"结尾,表明函数的返回值为字符串。但是在 Visual Basic 6.0 中,函数尾部的"＄"可以有,也可以省略,而功能相同。

1. 删除空白字符函数

LTrim＄(s):去掉字符串 s 左边的空白字符。

RTrim＄(s):去掉字符串 s 右边的空白字符。

Trim＄(s):去掉字符串 s 左、右两边的空白字符。

例如:

```
MyString = "Nice"  '设置字符串的初始值
LeftString = LTrim＄(MyString)  '去掉左边的空白字符后为"Nice"
RightString = RTrim＄(MyString)  '去掉右边的空白字符后为"Nice"
CString = Trim＄(MyString)  '去掉两边的空白字符后为"Nice"
```

2. 字符串截取函数

Left＄(s,n):截取字符串 s 左边的 n 个字符。

Mid＄($s,n1,n2$):在字符串中,从第 n1 个字符开始,向后截取 n2 个字符。

Right＄(s,n):截取字符串 s 右边的 n 个字符。

例如:

```
MyString = "Visual Basic"  '设置字符串的初始值
LeftString = Left＄(MyString, 6)  '取左边 6 个字符,返回值为"Visual"
RightString = Right＄(MyString, 5)  '取右边 5 个字符,返回值为"Basic"
CString = Mid＄(MyString, 1, 2)  '从第一个字符开始取两个字符,返回值为"Vi"
```

3. 字符串长度测试函数

Len(s):返回字符串 s 的长度,即所包含的字符个数。

例如:

Len("Visual")的返回值为 6

4. 空格函数

Space＄(n)：生成由 n 个空格组成的字符串。

例如：

"MyStr = "See"&Space＄(5)&"you""的返回值为"see   you"

5. String 函数

String(n,s)：生成 n 个同一字符组成的字符串,这个字符由 s 指定。s 可以是字符串,由它的第一个字符构成重复串,也可以是某个字符的 ASCII 码。

6. 字符串匹配函数

InStr([f],s1,s2,[n])：该函数的作用为查找字符串 s2 在 s1 中的位置。假如找到,返回值为 s2 的第一个字符在 s1 中的位置;若找不到,则返回值为 0。

需要注意的是,字符串 s2 的长度必须小于 65535 个字符;参数 f 可选,表示 s1 开始搜索的位置,默认值为 1;参数 n 可选,为 0,表示区分大小写,为 1,表示不区分大小写,默认值为 1。

7. 字母大小写转换函数

Ucase＄(s)：把字符串 s 中的小写字母转换成大写字母。

Lcase＄(s)：把字符串 s 中的大写字母转换成小写字母。

例如：

```
Dim s As String, s1 As String, s2 As String
s = "Very Good "
s1 = UCase＄(s) '返回值为"VERY GOOD"
s2 = LCase＄(s) '返回值为"very good"
Print s1, s2
```

8. 插入字符串语句

Mid＄(s,pos[,L])=s1：该语句表示用子字符串 s1 的值代替 s 从 pos 位置开始长度为 L 的字符串部分。

例如：

```
Dim mystring As String
mystring = "who are you"
Mid＄(mystring, 5, 3) = "are"
Print mystring
```

最终的输出结果为"who are you"。

3.5.4 随机函数

在测试、模拟或游戏的编程中经常用到随机数,Visual Basic 中提供了随机函数和随机语句用来产生这种随机数。

1. 随机函数

Rnd(x)：产生一个大于或等于 0 小于 1 之间的单精度随机数。

其中,x 的值决定了 Rnd 生成随机数的方式。

$x<0$ 时,每次都使用 x 作为随机数种子,得到相同的结果。

$x>0$ 时,以上一个随机数作为种子,产生序列中的下一个随机数。x 值的默认值为 0。

$x=0$ 时，产生与最近生成的随机数相同的数。

在调用 Rnd 之前，先使用无参数的 Randomize 语句初始化随机数生成器，该生成器具有根据系统计时器得到的种子。

对最初给定的种子都会生成相同的数列，因为每一次调用 Rnd 函数都用数列中的前一个数作为下一个数的种子。这种方式不能产生真正的随机数，也称其为伪随机数。

为了生成某个范围内的随机整数，可以使用以下公式：

```
Int((upperbound - lowerbound + 1) * Rnd + lowerbound)
```

2. Randomize 语句

Randomize 的语句格式为：

```
Randomize[<x>]
```

其中，x 为一个整型数，它是随机数发生器的"种子数"。Randomize 用 x 将 Rnd 函数的随机数生成器初始化，给它一个新的种子值。如果省略 x，则将系统计时器的返回值作为新的种子值。

如果没有使用 Randomize 语句，则无参数的 Rnd 函数使用第一次调用 Rnd 函数的种子将产生一个伪随机数序列。

如下所示为 Randomize 的用法。

```
Dim MyRandom
Randomize  '对随机数生成器做初始化操作
MyRandom = Int(10 + (10 * Rnd))     '生成大于等于 10 小于 20 的随机数
```

3.6 运算符与表达式

运算（即操作）是对数据的加工。最基本的运算形式常常可以用一些简洁的符号来描述，这些符号称为运算符或操作符。被运算的对象，即数据，称为运算量或操作数。由运算符和运算量组成的表达式描述了对哪些数据、以何种顺序、进行什么样的操作。运算量可以是常量，也可以是变量，还可以是函数。例如，$A+3$,$T+Sin(a)$,$X=A+B$,PI r r 等都是表达式，单个变量也可以看成是表达式。

Visual Basic 提供了丰富的运算符，可以构成多种表达式

3.6.1 运算符

在程序中，会按照运算符的含义和运算规则执行实际的运算操作。按运算符的操作对象和操作结果的不同，Visual Basic 中的运算符可分为算术运算符、连接运算符、比较运算符、逻辑运算符和位运算符等多种类型。

1. 算术运算符

算术运算符用来进行数学计算，在 Visual Basic 中提供了比较齐全的算术运算符，能进行各种数学运算。

表 3.9 列出了 Visual Basic 中的算术运算符，按优先级别由高到低的顺序给出：

表 3.9 算数运算符表

运算符	优先级	符号说明
^	由高到低	乘方运算,结果类型一般为 Double
—		取负(一元减号),其结果类型保持不变
* 和 /		乘法和浮点除法运算符,其结果类型一般取最能精确表示计算结果的类型
\		整除运算,其结果类型为 Byte、Integer 或 Long
Mod		取模运算,其结果类型为 Byte、Integer 或 Long
＋和 —		加法和减法运算符,其结果类型一般取最能精确表示计算结果的类型

其中,加、减、乘、除、取负等几个运算符的含义与数学中的含义基本相同,需要说明的有以下几个运算符:

(1)整除"\"运算符。整除的操作数一般为整型数。当操作数带有小数时,将首先被四舍五入为整型或长整型的数值,然后再进行整除运算。例如:

```
x = 10\3 '结果为 3
y = 36.5565\8.12 '结果为 4
```

(2)取模"Mod"运算符。该运算符用来求余数,其结果为第一个操作数整除第二个操作数所得的余数。和整除一样,当操作数带有小数时,将首先被四舍五入为整型或长整型的数值,然后再进行取模操作。例如:

```
x = 10 Mod 3 '结果为 1
y = 36.5565 Mod 8.12 '结果为 5
```

当一个表达式中含有多个运算符时,将按照运算符的优先级的高低来进行运算。例如:

```
a = 1: b = 2: c = 3
d = a + b * c^b
```

在表达式中有 3 个运算符,先进行的是乘方"^",然后是乘"*",最后是加。因此,该表达式的最终结果为 19。

在使用运算符时,需要注意以下几点:

(1)算术运算符的结合顺序都是从左到右。

(2)使用圆括号可以改变表达式中运算的优先顺序和结合顺序。

(3)如果运算量中有取值为 Null 的操作数,则结果将是 Null。

2. 连接运算符

连接运算符用来连接两个字符串。Visual Basic 中的连接运算符有"&"和"＋"。

需要注意的是,由于运算符"＋"既可以作为算术加法运算符,又可以作为字符串连接运算符,因此为了提高程序的可读性,建议使用"&"运算符进行字符串的连接操作。此外,由于 Visual Basic 对表达式中的操作数的数据类型有自动转换功能,因此当算术运算符和连接运算符出现在一个表达式中时,算术运算符的优先级高于连接运算符。例如:

```
a = "number"
b = 18 + 2 * 9 & a
```

先进行的是算术运算,2 * 9 = 18 再加 18 等于 36,该表达式中 b 的最终值为 String 型的"36number"。

3. 比较运算符

比较运算符又称关系运算符，用来对两个表达式的值进行比较，比较的结果是一个逻辑值，即真（True）或假（False）。表 3.10 中列出了 Visual Basic 中的 8 个比较运算符。

表 3.10　比较运算符说明

运算符	符号说明
=	当比较的两个表达式的值相等时，结果为 True，否则为 False
<>或><	当比较的两个表达式的值不相等时，结果为 True，否则为 False
>	当左边的表达式大于右边的表达式的值时，结果为 True，否则为 False
>=	当左边的表达式大于或等于右边的表达式的值时，结果为 True，否则为 False
<=	当左边的表达式小于或等于右边的表达式的值时，结果为 True，否则为 False
<	当左边的表达式小于右边的表达式的值时，结果为 True，否则为 False
Is	当左、右两边引用相同的对象时，结果为 True，否则为 False
Like	当左边的字符串与右边的模式字符串匹配时，结果为 True，否则为 False

在使用比较运算符时，需要注意以下几点：

（1）比较运算符的优先级低于连接运算符和算术运算符。

（2）比较运算符一般用于两个数据类型相同的表达式之间的比较，如果比较的两个表达式的数据类型不同，则自动转换成相同的数据类型后再进行比较，当转换不成功时将产生类型不匹配的错误。

（3）当比较的两个表达式都是 Variant 的数据类型时，则它们的基本类型将决定其比较方式，如果两个都是数值，则进行数值比较；如果两个都是字符串，则进行字符串比较；如果一个是数值而另外一个是字符串，则数值表达式小于字符串表达式。

（4）取值为 Empty 的表达式，转换成数值类型时为 0，转换成为字符串类型时为空字符串。

（5）对于 Is 和 Like 运算符有特定的功能。

比较运算符 Is 用于两个 Object 类型的对象变量是否引用同一个对象的比较。例如：

```
MyValue = A Is B
```

在上面的表达式中假如 A 和 B 引用的是同一个对象，则 MyValue 的值为 True，否则为 False。

比较运算符 Like 用于一个字符串与模式字符串所表示的模式是否匹配的比较。这里的模式字符串是含有模式字符的、能表示字符串模式的字符串。例如：

```
MyValue = "H" Like "[A-Z]"
```
该表达式中 MyValue 的值为 True，模式串中的"[A-Z]"表示任何一个大写字符
```
MyValue = "H" Like "[! A-Z]"
```
该表达式中 MyValue 的值为 False，模式串中的"[! A-Z]"表示任何一个非大写字符
```
MyValue = "HiiK" Like "H*K"
```
该表达式中 MyValue 的值为 True，模式串中的" * "表示任何字符串
```
MyValue = "H3K" Like "H#K"
```
该表达式中 MyValue 的值为 True，模式串中的"#"表示任何一个数字

4. 逻辑运算符

逻辑运算符也称布尔运算符。逻辑运算符用作逻辑类型之间的逻辑操作,其结果一般是一个逻辑值(布尔值)。用逻辑运算符连接两个或多个关系式,组成一个布尔表达式。在 Visual Basic 中有 6 种逻辑运算符。

(1) Not(非)。由真变成假或由假变成真,即进行"取反"操作。例如:

```
Not(5>6)
```
其中表达式 5>6 的值为 False,经过 Not 的作用成为 True

(2) And(与)。将两个关系表达式的值进行比较,假如两个表达式的值均为 True,则结果为 True,否则结果为 False。例如:

```
(5>6)And (8>7)'其结果为 False
(5<6)And (8>7)'其结果为 True
```

(3) Or(或)。将两个表达式的值进行比较,假如其中的一个表达式的值为 True,则结果就为 True,也就是说,只有当两个表达式的值同为 False 时结果才为 False。例如:

```
(5>6)Or (8<7)'其结果为 False
(5<6)Or (8>7)'其结果为 True
(5>6)Or (8>7)'其结果为 True
```

(4) Xor(异或)。假如两个表达式的值同时为 True 或同时为 False,其结果为 False,否则其结果为 True。例如:

```
(5>6)Xor (8<7)'其结果为 False
(5<6)Xor (8<7)'其结果为 False
(5>6)Xor (8>7)'其结果为 True
```

(5) Eqv(等价)。假如两个表达式同时为 True 或同时为 False,其结果为 True,否则其结果为 False。例如:

```
(5<6)Eqv (8>7)'其结果为 True
(5>6)Eqv (8>7)'其结果为 False
```

(6) Imp(蕴含)。假如第一个表达式的值为 True,且第二个表达式的值为 False,其结果为 False,否则其结果为 True。例如:

```
(5<6)Imp(8<7)'其结果为 False
(5<6)Imp(8>7)'其结果为 True
```

在使用逻辑运算符时应注意以下几点:

(1) 除了 Not 是一元(即表达式中只有一个被操作量)运算符外,其余都是二元运算符。

(2) 逻辑运算符的优先级别低于比较运算符、连接运算符和算术运算符。

(3) 逻辑运算符的本身之间也有优先级,从高到低为 Not、And、Or、Xor、Eqv、Imp。

(4) 除了 Not 是右结合以外,其余的逻辑运算都是左结合。

在这些逻辑运算符中,最常用的是 Not、And、Or,用户要熟练掌握。

3.6.2 表达式

Visual Basic 中的表达式是由常量、变量、运算符、函数和圆括号组成的有意义的式子。一个表达式通常含有多种运算,按一定的顺序对表达式进行求值。其一般顺序如下:

(1) 首先进行函数求值运算。
(2) 然后进行算术运算,在算术运算中按照算术运算符的优先级顺序进行。
(3) 再进行比较(即关系)运算。
(4) 最后进行逻辑运算。

在使用表达式时,需要注意以下几点:
(1) 使用圆括号可以明显地反映或改变原有的优先顺序。
(2) 如有必要,应使用类型转换函数对表达式中操作数的数据类型进行转换,尽可能不用 Visual Basic 中的自动转换功能,以避免错误和提高程序的可读性。
(3) Like 的优先级与所有比较运算符都相同,Is 运算符是对象引用的比较运算符,它并不将对象或对象的值进行比较。
(4) 当幂"^"号和负"-"号相邻时,负号优先。例如,2^-1 的结果为 0.5。
(5) 一般情况下,不允许两个运算符相邻(幂号负号相邻除外),应当用括号隔开。
(6) 通过括号可以改变运算符的顺序,但在表达式中只能用圆括号,不能用方括号或花括号。

一个表达式可能含有多种运算,表 3.11 为各种类型运算符优先级的总结:

表 3.11 各种类型运算符优先级表

优先级	由高到低→		
	算术运算符	比较(关系)运算符	逻辑运算符
由高到低↓	幂运算(^)	相等(=)	非(Not)
	负数(-)	不等(<>)	与(And)
	乘法和浮点除法(*,/)	小于(<)	或(Or)
	整除除法(\)	大于(>)	异或(Xor)
	求模(Mod)	小于等于(<=)	等价(Eqv)
	减法和加法(-,+)	大于等于(<=)	蕴含而(Imp)
	字符串连接(&)	Like	
		Is	

本 章 小 结

本章主要介绍各种数据类型、变量和常量的概念和分类,以及变量和常量的声明方法,各函数和运算符的功能和使用方法,表达式的概念以及各种表达式的运算顺序。

本章重点掌握以下内容:
(1) 基本数据类型、用户自定义类型、枚举类型。
(2) 常量和变量、局部变量和全局变量、变体变量。
(3) 常用内部函数:主要掌握数学函数和字符串函数。
(4) 运算符与表达式,各类运算符间的优先级和每一类运算符自身之间的优先级。

巩固练习

(1) 在 Visual Basic 环境下设计应用程序时,系统能自动检查出的错误是(   )。
   A. 语法错误　　　　　　　　　　B. 逻辑错误
   C. 逻辑错误和语法错误　　　　　D. 运行错误

(2) 如果在 Visual Basic 集成环境中没有打开属性窗口,下列可以打开属性窗口的操作是(   )。
   A. 用鼠标双击窗体的任何部位
   B. 执行"工程"菜单中的"属性窗口"命令
   C. 按 Ctrl＋F4 快捷键
   D. 按 F4 键

(3) 下列操作中不能向工程添加窗体的是(   )。
   A. 执行"工程"菜单中的"添加窗体"命令
   B. 单击工具栏上的"添加窗体"按钮
   C. 右击窗体,在弹出的菜单中选择"添加窗体"命令
   D. 右击工程资源管理器,在弹出的菜单中选择"添加"命令,然后在下一级菜单中选择"添加窗体"命令

(4) 在设计窗体时双击窗体的任何地方,可以打开的窗口是(   )。
   A. 代码窗口
   B. 属性窗口
   C. 工程资源管理器窗口
   D. 工具箱窗口

(5) 下列打开代码窗口的操作中错误的是(   )。
   A. 按 F4 键
   B. 单击工程资源管理器窗口中的"查看代码"按钮
   C. 双击已建立好的控件
   D. 执行"视图"菜单中的"代码窗口"命令

(6) 设计窗体时,双击窗体上没有控件的地方,打开的窗口是(   )。
   A. 代码窗口　　　　　　　　　　B. 属性窗口
   C. 工具箱窗口　　　　　　　　　D. 工程窗口

(7) 设窗体的名称为 Form1,标题为 Win,则窗体的 MouseDown 事件过程的过程名是(   )。
   A. Form1_MouseDown　　　　　B. Win_MouseDown
   C. Form_MouseDown　　　　　 D. MouseDown_Form1

(8) 以下选项中,不合法的 Visual Basic 的变量名是(   )。

A. a5b　　　B. _xyz　　　C. a_b　　　D. andif

(9) 若变量 a 未事先定义而直接使用(例如 a=0),则变量 a 的类型是(　　)。

A. Integer　　B. String　　C. Boolean　　D. Variant

(10) 执行语句"Dim X,Y As Integer"后,(　　)。

A. X 和 Y 均被定义为整型变量

B. X 和 Y 均被定义为变体类型变量

C. X 被定义为整型变量,Y 被定义为变体类型变量

D. X 被定义为变体类型变量,Y 被定义为整型变量

(11) 设窗体文件中有下面的事件过程:

```
Private Sub Command1_Click( )
    Dim s
    a% = 100
    Print a
End Sub
```

其中变量 a 和 s 的数据类型分别是(　　)。

A. 整型,整型　　　　　　　B. 变体型,变体型
C. 整型,变体型　　　　　　D. 变体型,整型

(12) 有如下过程代码:

```
Sub var_dim( )
    Static numa As Integer
    Dim numb As Integer
    numa = numa + 2
    numb = numb + 1
    print numa;numb
End Sub
```

连续 3 次调用 var_dim 过程,第 3 次调用时的输出是(　　)。

A. 2 1　　　B. 2 3　　　C. 6 1　　　D. 6 3

(13) 窗体上有一个名称为 Command1 的命令按钮,事件过程及函数过程如下:

```
Private Sub Command1_Click( )
    Dim p As Integer
    p = m(1) + m(2) + m(3)
    Print p
End Sub
Private Function m(n As Integer) As Integer
    Static s As Integer
    For i = 1 To n
        s = s + 1
    Next
    m = s
End Function
```

运行程序,第 2 次单击命令按钮 Command1 时的输出结果为(　　)。
A. 6　　　　　B. 10　　　　　C. 16　　　　　D. 28

(14) 若在窗体模块的声明部分声明了以下自定义类型和数组：

```
Private Type rec
    Code As Integer
    Caption As String
End Type
Dim arr(5) As rec
```

则下面的输出语句中正确的是(　　)。
A. Print arr.Code(2),arr.Caption(2)
B. Print arr.Code,arr.Caption
C. Print arr(2).Code,arr(2).Caption
D. Print Code(2),Caption(2)

(15) 在某个事件过程中定义的变量是(　　)。
A. 局部变量　　　　　　　　B. 窗体级变量
C. 全局变量　　　　　　　　D. 模块变量

(16) 可以产生 30~50(含 30 和 50)的随机整数的表达式是(　　)。
A. Int(Rnd * 21+30)　　　　B. Int(Rnd * 20+30)
C. Int(Rnd * 50 − Rnd * 30)　D. Int(Rnd * 30+50)

(17) 窗体上有一个名称为 Command1 的命令按钮,事件过程如下：

```
Private Sub Command1_Click( )
    m = −3.6
    If Sgn(m) Then
        n = Int(m)
    Else
        n = Abs(m)
    End If
    Print n
End Sub
```

运行程序,并单击命令按钮,窗体上显示的内容为(　　)。
A. −4　　　　B. −3　　　　C. 3　　　　D. 3.6

(18) 设窗体上有一个文本框 Text1 和一个命令按钮 Command1,并有以下事件过程：

```
Private Sub Command1_Click( )
    Dim s As String,ch As String
    s = ""
    For k = 1 To Len(Text1)
        ch = Mid(Text1,k,1)
        s = ch + s
    Next k
    Text1.Text = s
End Sub
```

程序执行时,在文本框中输入"Basic",然后单击命令按钮,则 Text1 中显示的是(   )。
A. Basic   B. cisaB   C. BASIC   D. CISAB

(19) 下面程序运行时,若输入"Visual Basic Programming",则在窗体上输出的是(   )。

```
Private Sub Command1_Click( )
    Dim count(25) As Integer,ch As String
    ch = UCase(InputBox("请输入字母字符串"))
    For k = 1 To Len(ch)
        n = Asc(Mid(ch,k,1)) - Asc("A")
        If n >= 0 Then
            count(n) = count(n) + 1
        End If
    Next k
    m = count(0)
    For k = 1 To 25
        If m < count(k) Then
            m = count(k)
        End If
    Next k
    Print m
End Sub
```

A. 0   B. 1   C. 2   D. 3

(20) 在窗体上画一个命令按钮和一个文本框,其名称分别为 Command1 和 Text1,把文本框的 Text 属性设置为空白,然后编写以下事件过程:

```
Private Sub Command1_Click( )
    a = InputBox("Enter an integer")
    b = Text1.Text
    Text1.Text = b + a
End Sub
```

程序运行后,在文本框中输入 456,然后单击命令按钮,在输入对话框中输入 123,则文本框中显示的内容是(   )。
A. 579   B. 123   C. 456123   D. 456

第4章 数据的输入与输出

除界面外,一个计算机程序通常分为3个部分,即输入、处理和输出。Visual Basic 的输入和输出有着十分丰富的内容和形式,它提供了多种手段,并可通过各种控件实现输入和输出操作,使输入和输出灵活、多样、方便、形象、直观。计算机通过输入操作接收数据,然后对数据进行处理,并将处理完的数据以完整有效的方式提供给用户,即输入。在本章中,将主要介绍窗体的输入和输出操作。

4.1 数据的输出——Print 方法

Print 是输出数据、文本的一个重要方法,该方法可用于窗体,也可用于其他对象。事实上,用于窗体的方法有的也可以用于其他多种对象。

4.1.1 Print 方法

Print 方法可以在窗体上显示文本字符串和表达式的值,并可以在其他图形对象或打印机上输出信息。其一般格式为:

[对象名]Print[表达式表][,|;]

在使用 Print 输出数据时,需要注意以下几点。

(1) 其中的"对象名"可以是窗体(Form)、立即窗口(Debug)、图片框(PictureBox)或打印机(Printer)。如果省略"对象名",则在当前窗体上输出。

【例 4.1】在窗体单击事件中输入以下程序代码:

```
Private Sub Form_Click( )
    Form1.Print "窗体输出"
    Picture1.Print "图片框输出"
    Debug.Print "立即窗口输出"
    Print "默认输出"
End Sub
```

运行程序后单击窗体,程序输出的结果如图4.1所示。

图 4.1　各种输出窗口

在该例中,使用的是窗体的单击事件过程,即 Form_Click。为了编写该事件过程,可启动 Visual Basic,进入代码编辑窗口,在对象框中选择"Form",在"过程"框中选择"Click",将出现如下的代码段:

```
Private Sub Form_Click( )
End Sub
```

此时,在上面两行之间输入程序代码即可。在以后的例子中,一般都用类似的操作输入程序代码。

(2) 其中的"表达式"可以是数值表达式或字符串表达式。对于数值表达式,先计算表达式的值,然后再输出;而字符串按原样输出。如果省略"表达式",则输出一个空行。

【例 4.2】在窗体单击事件中输入以下程序代码:

```
Private Sub Form_Click( )
    Dim x As Single, y As Single, z As Single
    x = 3 : y = 6 : z = 9
    Print "x = " ; x , "y = " ; y , "z = " ; z
    Print "Welcome Huben Education!"
    Print
    Print "x * z + y^2 = "; x * z + y^2
End Sub
```

运行程序后单击窗体,程序输出的结果如图 4.2 所示。

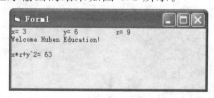

图 4.2　程序输出结果

(3) 当输出多个表达式时,各表达式之间用分隔符(逗号、分号或空格)隔开。若用逗号分隔,则按标准格式显示数据,以 14 个字符位置为单位把输出行分成若干个区段,每个区段对应输出一个表达式的值。如果表达式之间用分号或空格作为分隔符,则按照紧凑的格式输出。

【例4.3】在窗体单击事件中输入以下程序代码：

```
Private Sub Form_Click( )
    Dim x As Single, y As Single, z As Single
    x = 3 : y = 6 : z = 9
    Print "分隔符为分号输出效果："
    Print x ; y ; z
    Print "分隔符为逗号输出效果："
    Print x, y, z
End Sub
```

运行程序后单击窗体，程序输出的结果如图4.3所示。

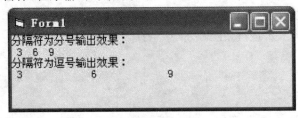

图4.3　分隔符输出效果

（4）Print方法具有计算和输出双重功能，对于表达式，它先计算后输出。例如：

```
x = 3 : y = 6
Print(x + y)/3
```

该例中的Print方法先计算表达式"$(x+y)/3$"的值，然后输出。需要注意的是，Print方法没有赋值的功能，例如：

```
Print z = (x + y)/3
```

不能打印出"z=3"。

（5）一般情况下，每执行一次Print方法要自动换行，也就是说，后面执行Print时将在新的一行上输出信息。有时为了在同一行显示，可以在末尾加上一个分号或逗号。如果使用了分号，下一个Print输出的内容将紧跟在前面的Print所输出的信息的后面；如果使用了逗号，则在同一行上跳到下一个显示区段显示下一个Print输出的信息。

【例4.4】在窗体单击事件中输入以下程序代码：

```
Private Sub Form_Click( )
    Print "Print之间分隔符为分号输出效果："
    Print "前面一个Print输出";
    Print "后面一个Print输出"
    Print
    Print "Print之间分隔符为逗号输出效果："
    Print "前面一个Print输出",
    Print "后面一个Print输出"
End Sub
```

运行程序后单击窗体,程序输出的结果如图 4.4 所示。

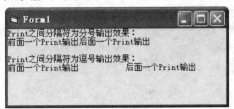

图 4.4　分隔符输出

4.1.2　与 Print 方法相关的函数

为了使信息按指定的格式输出,Visual Basic 提供了几个与 Print 配合使用的函数,包括 Tab 函数、Spc 函数和 Space＄函数等。

1. Tab 函数

其格式为:

```
Tab(n)
```

该函数用于将光标移到由参数 n 指定的位置上,然后从这个位置开始输出信息。待输出的内容要放在 Tab 函数后面,并用分号隔开。例如:

```
Print Tab(22); "Hello"　'在第 22 个位置输出字符串 Hello
```

在使用 Tab 函数时需要注意以下几点:

(1) 参数 n 为数值表达式,其值为一个整数,它是下一个输出位置的列号,表示在输出前把光标移到该列。通常情况下,最左边的列号为 1,如果当前的位置已经超过 n,则自动下移一行。

(2) 参数 n 的取值范围没有具体的限制。当 n 比行宽大时,显示位置为"n Mod 行宽";如果 n＜1,则把输出位置移到第一列。

(3) 当一个 Print 方法中有多个 Tab 函数时,则每个 Tab 函数对应一个输出项,各输出项之间用分号隔开。

【例 4.5】在窗体单击事件中输入以下程序代码:

```
Private Sub Form_Click( )
    Print
    FontName = "隶书" '将字体设为"隶书"
    FontSize = 10 '将字体大小设为 10
    Print "排名"; Tab(15); "国家"; Tab(30); "金牌数"
    Print
    Print "第一"; Tab(15); "美国"; Tab(30); "46 枚"
    Print
    Print "第二"; Tab(15); "中国"; Tab(30); "38 枚"
    Print
    Print "第三"; Tab(15); "英国"; Tab(30); "29 枚"
    Print
    Print "第二"; Tab(15); "俄罗斯"; Tab(30); "24 枚"
End Sub
```

运行程序后单击窗体,程序输出的结果如图 4.5 所示。

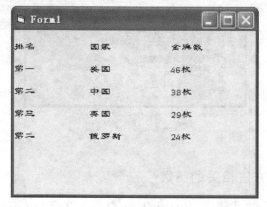

图 4.5　利用 Tab 函数输出

2. Spc 函数

其格式为：

```
Spc(n)
```

在输出时,使用 Spc 函数用于跳过 n 个空格。

在使用 Spc 函数时,需要注意以下两点：

(1) Spc 函数和 Tab 函数的作用相似,而且可以相互替代。不同的是,Tab 函数需要从对象的左端开始计数,而 Spc 函数只表示输出项之间的间隔。

(2) 参数 n 是一个数值表达式,其取值范围为 0～32767 的整数。Spc 函数与输出项之间用分号隔开。

3. Space $ 函数

其格式为：

```
Space $ (n)
```

该函数返回 n 个空格。

【例 4.6】在窗体单击事件中输入以下程序代码：

```
Private Sub Form_Click( )
    Print
    FontName = "隶书" '将字体设为"隶书"
    FontSize = 10 '将字体大小设为 10
    Print "排名"; Spc(13); "国家"; Spc(13); "金牌数"
    Print
    Print "第一"; Spc(13); "美国"; Spc(13); "46 枚"
    Print
    Print "第二"; Space $ (13); "中国"; Space $ (13); "38 枚"
End Sub
```

运行程序后单击窗体,程序输出的结果如图 4.6 所示。

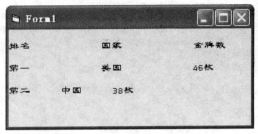

图 4.6　Spc 和 Space 函数输出

4.1.3　格式输出(Format $)

使用格式输出函数 Format $ 可以很方便地使数值或日期按照指定的格式输出。

其格式为:

Format $(数值表达式,格式字符串)

该函数的功能是按"格式字符串"指定的格式输出"数值表达式"的值。如果省略"格式字符串",则 Format $ 函数与 Str $ 函数的功能基本相同,唯一的差别是当把正数转换成字符串时,Str $ 函数在字符串前面留有一个空格,而 Format $ 函数则不留空格。

使用 Format $ 函数可以使数值按"格式字符串"指定的格式输出,包括在输出字符串前面加 $,在字符串前面或后面补 0 及加千分位分隔符等。其中的"格式字符串"是一个字符串常量或变量,它由专门的格式说明符组成,这些字符决定数据项的显示格式,并指定显示区段的长度。当格式字符串为常量时必须放在双引号中。

对格式字符串的说明如下:

(1)"♯"表示一个数字位,♯ 的个数决定了显示区间的长度。如果要显示的数据位数小于格式字符串指定的区间长度,则数据在指定区间内左对齐,多余位不补 0。如果要显示的数据位数大于格式字符串指定的长度,则数值按原样显示。

(2)"0"的其功能与"♯"相似,只是多余位以 0 补齐。

(3)"."表示小数点。小数点与"♯"结合使用,可以放在格式字符串的任何地方,根据格式字符串,小数部分多余的数字将按照四舍五入的原则显示,但是不会改变变量的实际数值。

(4)","表示在格式字符串中插入逗号,将起到"分位"的作用。逗号可以放在小数点前的任何位置,但不能放在串的首位。

(5)"％"通常放在格式字符串的尾部,用来输出百分号。

(6)"$"通常作为格式字符串的起始字符,在所显示的数值前加一个"$"符号。

(7)"+"、"−"放在格式字符串的首位,为输出数据添加正、负号。

(8)"E+"、"E−"表示以指数的形式显示数值。

下面通过一个窗体事件过程来说明各种格式字符串的用法。

【例 4.7】 输入以下代码：

```
Private Sub Form_Click( )
    FontSize = 9 '将字体大小设为 9
    Print "测试 Format $ 函数的格式输出"
    Print
    Print "输入的测试数据为:";"123456.789";Tab(40);"格式说明字符"
    Print
    Print Tab(19); Format $ (123456.789, "###,#.##");Tab(40);"###,#.##"
    Print
    Print Tab(19); Format $ (123456.789, "$#######,##.##");Tab(40);"$######,##.##"
    Print
    Print Tab(19); Format $ (123456.789, "00000,000.0000");Tab(40);"00000,000.0000"
    Print
    Print Tab(19); Format $ (123456.789, "###,#.#");Tab(40);"###,#.#"
    Print
    Print Tab(19); Format $ (0.789, "0.000%");Tab(40);"0.000%"
    Print
    Print Tab(19); Format $ (123456.789, "+###,#.##");Tab(40);"+###,#.##"
    Print
    Print Tab(19); Format $ (123456.789, "-###,#.##");Tab(40);"-###,#.##"
    Print
    Print Tab(19); Format $ (123456.789, "0.00E+00");Tab(40);"0.00E+00"
    Print
    Print Tab(19); Format $ (0.00789, "0.00E-00");Tab(40);"0.00E-00"
End Sub
```

运行程序后单击窗体，输出如图 4.7 所示结果。

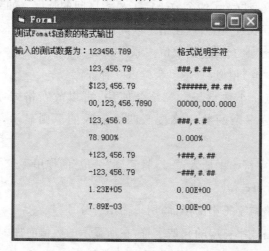

图 4.7 格式输出

表4.1是对格式说明符的归纳总结。

表 4.1 格式说明符及其作用

格式说明符	说明及作用
"#"	数字:不在前面或后面补0
"$"	美元符号
"0"	数字:在前面或后面补0
"."	小数点
","	千分位分隔符
"%"	百分比符号
"-"、"+"	负号、正号
"E+"、"E-"	指数符号

4.1.4 其他方法和属性

1. Cls 方法

其格式为:

[对象.]Cls

Cls 清除由 Print 方法显示的文本或在图片框中显示的图形,并把光标移到对象的左上角(0,0)位置。

其中,"对象"可以是窗体或图片框,如果省略"对象"则清除窗体内所显示的内容。

【例 4.8】在窗体单击事件中输入以下程序代码:

```
Private Sub Form_Click( )
    Form1.Print "窗体输出"
    Picture1.Print "图片框输出"
End Sub
Private Sub Command1_Click( )
    Form1.Cls
    Picture1.Cls
End Sub
```

运行程序后单击窗体,再单击命令按钮,结果如图 4.8 所示。

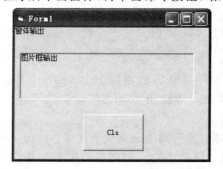
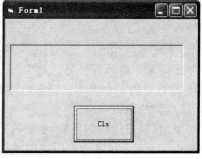

图 4.8 Cls 结果输出

需要注意的是,当窗体的背景是用 Picture 属性装入的图形时,不能用 Cls 方法清除,只能通过 LoadPicture 的方法清除,这在前面的章节中已经详细介绍。

2. Move 方法

其格式为:

[对象.]Move 左边距离[,上边距离[,宽度[,高度]]]

Move 方法主要用来在程序中移动窗体和控件,并可以改变其大小。

其中的"对象"可以是窗体,以及除时钟(Timer)、菜单(Menu)之外的所有控件。如果省略"对象",则表示移动的是窗体。"左边距"、"上边距"、"宽度"及"高度"均以 twip 为单位。其中,"宽度"和"高度"表示对象的大小;"左边距"和"上边距"表示与父对象的相对位置。如果"对象"是窗体,"左边距"和"上边距"是相对屏幕而言的;如果放置在窗体内的控件为"对象",则它是以窗体为参考坐标的。

【例 4.9】在窗体单击事件中输入以下程序代码:

```
Private Sub Form_Click( )
    Picture1.Move 500, 500, 1500, 1000
    Command1.Move 300, 2000, 2500, 1000
    Picture1.Print "Move方法后"
End Sub
```

运行程序后单击窗体,程序输出的结果如图 4.9 所示。

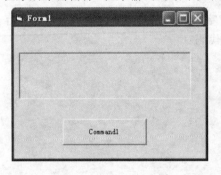 

图 4.9 Move 结果输出

3. TextHeight 和 TextWidth 方法

其格式为:

[对象.]TextHeight(字符串)
[对象.]TextWidth(字符串)

这两个方法用来辅助设置坐标。其中,TextHeight 方法返回一个文本字符串的高度值,而 TextWidth 方法返回一个文本字符串的宽度值,它们的单位均为 twip。当字符串的字形和大小不同时,所返回的值不一样。

其中,"对象"包括窗体和图片框,如果省略"对象",则用来测试当前窗体中的字符串。

通过 Height 和 Width 属性可以返回或设置窗体、控件、打印机及屏幕的高度和宽度,而 Left 和 Top 属性可以返回或设置窗体、控件与其左边和顶边的距离,它们的单位为 twip。属性 ScaleHeight 和 ScaleWidth 分别表示对象的高度和宽度,其单位同样为 twip,可以利用它们的数值设置字符输出的位置。

4.2 数据的输入——InputBox 函数

4.1 节介绍了窗体的输出操作,主要是由 Print 方法实现的。Visual Basic 提供了 InputBox 函数用于实现数据的输入。

InputBox 函数用于产生一个对话框,该对话框作为输入数据的界面,等待用户输入数据,并且返回输入的内容。

其格式为:

```
InputBox(prompt[,title][,default][,xpos,ypos][,helpfile,context])
```

其中包括 7 个参数,具体含义如下:

(1) prompt。字符串,长度不超过 1024 个字符。它是在对话框内显示的信息,用来提示用户输入。在对话框内显示 prompt 时,可以自动换行。

(2) title。字符串,它是对话框的标题,显示在对话框的标题区。

(3) default。字符串,用来输入缓冲区的默认信息。也就是说,在执行 InputBox 函数后,如果用户没有输入任何信息,则可以用默认字符串作为输入值;如果省略该参数,则在对话框的输入区为空白,等待用户输入信息。

(4) xpos、ypos。两个整数值,分别用来确定对话框与屏幕左边和上边的距离,它们的单位均为 twip。

需要注意的是。这两个参数必须全部给出,或者全部省略。如果省略了这一对参数,则对话框显示在屏幕中心线约三分之一处。

(5) helpfile、context。helpfile 是一个字符串变量或字符串表达式,用来表示帮助文件的名字;context 是一个数值变量表达式,用来表示相关帮助主题的帮助目录号。需要注意的一点是,这两个参数必须同时提供或者同时省略。当提供这两个参数时,将在对话框中出现一个"帮助"按钮,单击该按钮或者按 F1 键,就可以得到相关的帮助信息。

下面通过一个 InputBox 的实例来说明各个参数的作用。

【例 4.10】在窗体单击事件中输入以下程序代码:

```
Private Sub Command1_Click( )
    Dim a1 As String, a2 As String, a3 As String, a As String
    a1 = "欢迎进入虎奔课堂,测试提示信息"
    a2 = "测试显示窗口标题信息"
    a3 = "测试待用户输入的默认信息"
    a = InputBox(a1, a2, a3)
End Sub
```

运行程序后单击命令按钮,结果如图 4.10 所示。

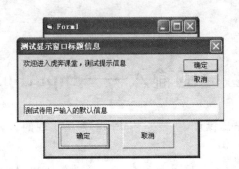

图 4.10　InputBox 对话框

在使用 InputBox 函数时,需要注意以下几点:

(1) 与其他返回字符串的函数一样,InputBox 函数也可以写成 InputBox＄的形式,这两种形式完全等价。

(2) 执行 InputBox 函数后,将产生一个对话框,提示用户输入数据,光标位于对话框底部的输入区中。如果第 3 个参数(default)不省略,则在输入区中显示该参数值,此时如果按回车键或单击对话框中的"确定"按钮,则输入该默认值,并把它赋给一个变量。

(3) 在每次执行 InputBox 函数时只能输入一个值,如果要输入多个值,则必须多次调用 InputBox 函数。输入数据并按回车键或单击"确定"按钮后,对话框消失,输入的数据必须作为函数的返回值赋给变量,否则输入的数据不能保留。在实际的编程中,InputBox 函数通常与循环语句、数组结合使用,这样可以连续输入多个值。

(4) 在默认情况下,InputBox 函数的返回值是一个字符串(不是变体类型)。如果没有事先声明返回值的类型,当把该函数的返回值赋给变量时,Visual Basic 总是把它当作字符串来处理。所以,当需要用 InputBox 函数输入数值,并需要输入的数值参加运算时,必须在进行运算前用 Val 函数(或者其他转换函数)把它转换成相应类型的数据,否则有可能得不到预期的结果。如果正确地声明了返回值的变量类型(或者加了类型说明符),则可以不进行类型转换。

4.3　MsgBox 函数和 MsgBox 语句

在编程的时候,编程人员要事先考虑到在程序运行过程中可能有操作失误的情况,应该在屏幕上显示一个对话框,信息如图 4.11 所示。

图 4.11　对话框信息

让用户进行选择,然后通过选择确定之后的操作。在 Visual Basic 中,MsgBox 的功能就是这样,它可以向用户传达一定的错误提示信息,并通过用户在对话框上的选择接收用户所作出的响应,然后将其作为程序继续执行的依据。

4.3.1 MsgBox 函数

MsgBox 函数的格式为:

```
MsgBox(msg[,type][,title][,helpfile,context])
```

在该函数中,参数的意义与 InputBox 相似,MsgBox 可用于接受用户简单的选择信息,以决定其后的操作。MsgBox 函数在对话框中显示消息,等待用户单击按钮,并返回一个整数值,告诉程序用户单击了哪一个按钮。

MsgBox 函数有 5 个参数,除了第一个参数之外,其余参数都是可选的。各参数的含义如下:

(1) msg。表示一个字符串,其长度不能超过 1024 个字符,如果超过,则多余的字符将被截掉,该字符串的内容将在 MsgBox 函数产生的对话框内显示。当字符串在一行内显示不完时将自动换行,也可以增加回车换行代码来换行。

(2) type。表示一个整数值或符号常量,用来控制在对话框中显示的按钮、图标的种类以及数量。该参数的值由 4 类数值相加产生,分别表示按钮的类型、显示图标的种类、活动按钮的位置及强制返回。表 4.2 中列出了按钮的参数设置值及它们的描述。

下表中的第一组值(0~5)描述了对话框中显示的按钮类型与数目;第二组值(16,32,48,64)描述了图标的样式;第三组值(0,256,512,768)说明哪个按钮是默认活动按钮,活动按钮中文字符周围有虚线,按回车键即可执行该按钮的操作;第四组(0,4096)决定消息框的强制返回性。

表 4.2 按钮参数设置值及其描述

符号常量	值	描述
vbOKOnly	0	只显示"确定"按钮
VbOKCancel	1	显示"确定"及"取消"按钮
VbAbortRetryIgnore	2	显示"终止"、"重试"及"忽略"按钮
VbYesNoCancel	3	显示"是"、"否"及"取消"按钮
VbYesNo	4	显示"是"及"否"按钮
VbRetryCancel	5	显示"重试"及"取消"按钮
VbCritical	16	显示 Critical Message 图标
VbQuestion	32	显示 Warning Query 图标
VbExclamation	48	显示 Warning Message 图标
VbInformation	64	显示 Information Message 图标
vbDefaultButton1	0	第 1 个按钮是默认值
vbDefaultButton2	256	第 2 个按钮是默认值
vbDefaultButton3	512	第 3 个按钮是默认值
vbDefaultButton4	768	第 4 个按钮是默认值
vbApplicationModal	0	应用程序强制返回;应用程序一直被挂起,直到用户对消息框作出响应才继续工作
vbSystemModal	4096	系统强制返回;应用程序全部被挂起,直到用户对消息框作出响应才继续工作

type 参数值从每一组中选取一个数字相加而成。参数表达式既可以用符号常量,也可以用数值来表示。例如:

17 = 1 + 16 + 0	显示"确定"和"取消"两个按钮,以及"×"图标
35 = 3 + 32 + 0	显示"是"、"否"、"取消"3个按钮,以及"?"图标
50 = 2 + 48 + 0	显示"终止"、"重试"、"忽略"3个按钮,以及"!"图标

在程序中输入以下代码:

$ sg = MsgBox("任务已圆满完成", 35, "提示")

运行程序后将出现如图 4.12 所示的对话框。

图 4.12 MsgBox 对话框

(3) title。表示一个字符串,用来显示对话框的标题。

(4) helpfile、context。与 InputBox 函数中此参数的作用相同。

另外,MsgBox 函数的返回值是一个整数,这个整数与用户所选择的按钮有关。前面介绍了 7 种按钮,返回值分别与这 7 种按钮相对应。具体的对应关系见表 4.3。

表 4.3 MsgBox 函数的返回值对应关系描述

符号常量	返回值	描述
vbOK	1	表示按下了"确定"按钮
vbCancel	2	表示按下了"取消"按钮
vbAbort	3	表示按下了"终止"按钮
vbRetry	4	表示按下了"重试"按钮
vbIgnore	5	表示按下了"忽略"按钮
vbYes	6	表示按下了"是"按钮
vbNo	7	表示按下了"否"按钮

在使用 MsgBox 过程中需要注意以下几点:

(1) 在 MsgBox 函数的 5 个参数中,只有第一个参数 msg 是必需的,其他参数均可省略。如果省略第二个参数 type(其默认值为 0),则对话框中只显示"确定"命令按钮,并把该按钮设置为活动按钮,不显示任何图标。如果省略第三个参数 title,则对话框的标题为当前工程的名称。如果用户想把标题栏置空,则可以把 title 参数设置为空字符串。

(2) 用 MsgBox 函数显示的提示信息最多不能超过 1024 个字符,所显示的字符自动换行,并能自动调整信息框的大小。如果由于格式要求换行,则必须增加回车换行代码。

(3) 在应用程序中,可以用 MsgBox 函数返回值作为程序下一步如何进行的依据,从而达到程序和用户交互的目的。

【例 4.11】在窗体单击事件中输入以下程序代码:

```
Private Sub Form_Click( )
    Dim a1 As String, a2 As String, i As Integer
    a1 = "通过按键返回给用户信息"
    a2 = "测试 MsgBox 函数的返回值"
    i = MsgBox(a1, vbAbortRetryIgnore, a2)
    If i = 3 Then Print "返回值 i = "; i, "表示用户按下了"终止""
    If i = 4 Then Print "返回值 i = "; i, "表示用户按下了"重试""
    If i = 5 Then Print "返回值 i = "; i, "表示用户按下了"忽略""
End Sub
```

运行程序后单击窗体将弹出如图 4.13 所示的对话框。

通过重复触发窗体单击事件,并在出现的对话框中先后单击"忽略"、"重试"和"终止"按钮,程序的运行结果如图 4.14 所示。

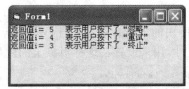

图 4.13　MsgBox 对话框信息　　　　图 4.14　结果输出

4.3.2　MsgBox 语句

在 Visual Basic 中,MsgBox 函数也可以写成语句的形式。
其格式为:

```
MsgBox Msg $ [,type % ][,title $ ][,helpfile,context]
```

其中,各参数的含义及作用与 MsgBox 函数相同,有一点不同的是,MsgBox 语句没有返回值,因而常常用于比较简单的信息提示。例如:

在代码中写入以下 MsgBox 语句:

```
MsgBox "工程保存成功"
```

执行完程序后,将会显示如图 4.15 所示的信息对话框。

图 4.15　MsgBox 语句对话框

信息框中有一个"确定"按钮,用户必须作出选择,单击"确定"按钮或者按回车键,否则程序不能进行其他操作。在 Visual Basic 中,把这一类窗口称作"模态窗口"。在程序运行时,模态窗口挂起应用程序中其他窗口的操作。通常情况下,当屏幕上出现一个窗口时,如果要求响应该窗口中的提示后才能进行其后的操作,则应使用模态窗口。

与模态窗口相反,非模态窗口允许对程序中的其他窗口进行操作。需要注意的一点是,MsgBox 函数和 MsgBox 语句强制显示的对话框为模态窗口。也就是说,用户必须对该对话框作出一定的响应才能进行程序的下一步操作。

4.4 字 体

在编程的过程中有时需要输出各种英文字体和汉字字体,在 Visual Basic 中,可以通过设置字形的属性来改变字体、字号、笔画的粗细和显示的方向,以及添加删除线、下划线等。

4.4.1 字体类型

字体类型可以通过 FontName 属性设置。

其格式为:

[窗体.][控件.][Printer.]FontName[= "字体类型"]

其中,"字体类型"指的是可以在 Visual Basic 中使用的英文字体或中文字体。对于中文来说,可以使用的字体数量取决于 Windows 的汉字环境。FontName 可以作为窗体、控件或打印机的属性,用来设置在这些对象上的输出字体类型。例如:

FontName = "Times New Roman"
FontName = "宋体"
FontName = "楷体"

通过"FontName="字体类型""语句可以设置英文或中文字体,如果省略"="及"字体类型",即只给出 FontName,系统将返回当前正在使用的字体类型。

通过属性窗口设置字体,如图 4.16 所示。

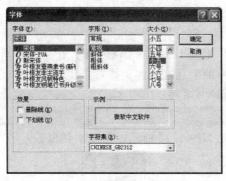

图 4.16 字体对话框

4.4.2 字号大小

字号大小可以通过 FontSize 属性设置。

其格式为:

FontSize[= 点数]

其中,"点数"用来设定字号的大小。在默认情况下,系统使用最小的字号,"点数"为 9。如果省略"=点数",系统将返回当前字号的大小。

本章小结

本章主要介绍数据的输入、输出方法及相关函数,以及字体类型和字号大小的设置。
本章重点掌握以下内容:
(1) 最常用的 Print 方法输出及相关格式输出函数。
(2) InputBox 函数的应用及其参数。
(3) MsgBox 函数和 MsgBox 语句的应用及相关参数。
(4) 字体类型和字号大小的设置。

巩固练习

(1) 以下叙述中错误的是(   )。
A. 在通用过程中,多个形式参数之间可以用逗号作为分隔符
B. 在 Print 方法中,多个输出项之间可以用逗号作为分隔符
C. 在 Dim 语句中,所定义的多个变量可以用逗号作为分隔符
D. 当一行中有多个语句时,可以用逗号作为分隔符

(2) 假定 Picture1 和 Text1 分别为图片框和文本框的名称,则下列语句错误的是(   )。
A. Print 25
B. Picture1.Print 25
C. Text1.Print 25
D. Debug.Print 25

(3) 执行下列语句

strInput = InputBox("请输入字符串","字符串对话框","字符串")

将显示输入对话框。此时如果直接单击"确定"按钮,则变量 strInput 的内容是(   )。
A. "请输入字符串"
B. "字符串对话框"
C. "字符串"
D. 空字符串

(4) 下列叙述中正确的是(   )。
A. MsgBox 语句的返回值是一个整数
B. 执行 MsgBox 语句并出现信息框后,不用关闭信息框即可执行其他操作
C. MsgBox 语句的第一个参数不能省略
D. 如果省略 MsgBox 语句的第三个参数(Title),则信息框的标题为空

(5) 用来设置文字字体是否为粗体的属性是(   )。
A. FontItalic   B. FontUnderline

C. FontSize   D. FontBold

(6) 窗体上有一个名称为 Command1 的命令按钮，其事件过程如下：

```
Private Sub Command1_Click( )
    x = "VisualBasicProgramming"
    a = Right(x,11)
    b = Mid(x,7,5)
    c = MsgBox(a,,b)
End Sub
```

运行程序后单击命令按钮，以下叙述中错误的是(　　)。

A. 信息框的标题是 Basic

B. 信息框中的提示信息是 Programming

C. c 的值是函数的返回值

D. MsgBox 的使用格式有错

第 5 章 常用标准控件

控件是构成用户界面的基本元素,只有合理地使用控件的属性、事件和方法,才能编写出具有实用价值的应用程序。

Visual Basic 中的控件分为两大类,一类是标准控件(或称内部控件),另一类是 ActiveX 控件。启动 Visual Basic 后,工具箱中默认只显示标准控件,共有 20 个。本章将系统而深入地介绍部分标准控件的用法,包括标签、文本框、图片框、图像框、命令按钮、复选框、单选按钮、列表框等。

前面第 2 章已经详细介绍了控件的画法,以及属性的设置方式,本章主要介绍上述控件的常用属性。很多控件都具有相同的属性,属性功能也基本相同,因此,在介绍不同控件的相同属性时将不再重复说明。

5.1 文本控件

文本控件主要用来显示和编辑文本,与之相关的标准控件有两个,即标签和文本框,如图 5.1 所示。

图 5.1 标签和文本框图标

其中,标签主要用于显示文本信息,不能进行编辑,其默认名称(Name)和标题(Caption)均为"Labelx"(x 为 1、2、3…);文本框不仅可以显示文本,还可以输入文本,其默认名称和标题均为"Textx"(x 为 1、2、3…)。

5.1.1 标签

标签(Label)主要用来显示文本信息,它所显示的内容只能用 Caption 属性设置或修改,不能直接编辑。

标签的部分属性功能与窗体及其他控件相同,包括 FontBold(加粗)、FontItalic(倾斜)、FontName(字体)、FontSize(字号)、Height(高度)等,其他属性及其功能说明如表 5.1 所示。

表 5.1 标签的常用属性及功能

属性	功能说明
Caption	用于在标签中显示文本。其中的文本只能通过该属性显示
Alignment	用来确定标签中标题文本的对齐方式。0 为默认值,表示文本左对齐;1 表示文本右对齐;2 表示文本居中
AutoSize	用于设置是否自动调整标签的大小,其值有 True 和 False 两种。True 表示可根据 Caption 属性指定的标题自动调整标签的大小;False 表示标签保持设计时的大小,若标签的标题太长,则只能显示其中的一部分
BorderStyle	用来设置标签的边框,可以取两种值,即 0 和 1。默认情况下为 0,表示标签无边框;如果需要为标签加上边框,则应将该属性的值设置为 1
Enabled	该属性返回或设置一个值,用来确定标签是否可用。其值有 True 和 False 两种
BackStyle	该属性主要用来设置标签的背景透明与否。0 表示标签控件背景透明;1 为默认值,表示标签的背景不透明
WordWrap	用于决定标签标题(Caption)属性的显示方式,该属性有 True 和 False 两种。True 标签将在垂直方向上变化大小与标题相适应,水平方向的大小与原先设计时的大小相同;False 标签将在水平方向上扩展到标题中最长的一行,在垂直方向上显示标题的所有各行。该属性在 AutoSize 属性值为 True 的情况下才有效

和图片框、图像框一样,标签可触发 Click 和 DblClick 事件。此外,标签主要用于显示一小段文本,可通过 Caption 属性直接定义,不需要再使用其他方法。

5.1.2 文本框

文本框(TextBox)是一个文本编辑区域,主要用来输入编辑和显示文本信息。在程序设计阶段或运行期间,可以在文本框中输入、修改或输出文本,类似于一个简单的文本编辑器。

1. 文本框的属性

文本框主要用来显示或者接收输入的文本,它的常用属性主要是文本内容、文本长度和文本显示方式等。表 5.2 给出了文本框的常用属性、类型及其作用(其他属性在前面章节已经介绍)。

表 5.2 文本框的常用属性及其功能

属性	功能说明
Text	用来设置文本框中显示的内容。例如,语句"Text1.Text="Visual Basic""的作用是在文本框 Text1 中显示"Visual Basic"
MaxLength	用来设置允许在文本框中输入的字符数,默认值为 0,指在文本框中输入的字符数不能超过 32K,超过部分将不予显示
MultiLine	该属性值为 False 时,在文本框中只能输入单行文本;该属性值为 True 时,可以输入多行文本。按 Ctrl+Enter 快捷键,可以插入一个空行。该属性是"只读属性",只能通过属性窗口设置
PasswordChar	该属性用于口令输入。默认状态下,该属性被设置为空字符串(不是空格),用户从键盘输入内容时,每个字符都可以在文本框中显示出来。如果把该属性设置为一个字符(例如 *),则在文本框中输入字符时显示的不是输入的字符,而是被设置的字符(如 *)。只不过,文本框中的实际内容仍是输入的文本,只是显示结果被改变了

续表

属性	功能说明
Scrollbars	该属性用于确定文本框中有没有滚动条,该属性是"只读属性",而且只有当 MultiLine 属性值为 True 时才有效。其可以取 0、1、2 和 3 四个值,0 为 默认值,表示无滚动条;1 表示只有水平滚动条;2 表示只有垂直滚动条;3 表示同时具有水平和垂直滚动条
SelLength	该属性用于表示当前选中的字符数。当在文本框中选择文本时,该值会随着选择字符的多少而改变;也可以在程序代码中把该属性设置为一个整数值,由程序来改变选择。如果该属性值为 0,则表示未选中任何字符。该属性及下面的 SelStart、SelText 属性只有在运行期间才能设置
SelStart	该属性用于定义当前选择的文本起始位置。0 表示选择的开始位置在第一个字符之前,1 表示从第二个字符之前开始选择,依此类推。该属性也可以通过程序代码设置
SelText	该属性含有当前所选择的文本字符串,如果没有选择文本,则该属性含有一个空字符串;如果在程序中设置该属性,则用该值代替文本中选中的内容
Enable	该属性返回或设置一个值,用来确定控件是否可用
Locked	该属性用来设定文本框中的内容是否可以被编辑。默认值为 False,表示可编辑;当取值 True 时,表示不可编辑

2. 文本框事件和方法

文本框支持 Click 和 DblClick 等鼠标事件,同时支持 Change、GotFocus 和 LostFocus 等事件。

(1) Change 事件。当文本框的内容发生变化时所触发的事件。当程序运行后,在文本框中每输入一个字符就会引发一次 Change 事件。

(2) GotFocus 事件。当文本处于活动状态(获得输入焦点)时,键盘上输入的每个字符都将在该文本框中显示出来。只有当一个文本框被激活,并且可见性为 True 时才能接收到焦点。

(3) LostFocus 事件。当文本框失去焦点时触发该事件。用 Change 和 LostFocus 都可以检查文本框的 Text 属性值,但后者更有效。

(4) SetFocus 方法。该方法是文本框中较常用的方法,其格式为:

[对象.]SetFocus

用于将光标从其他位置移到所指的文本框中。例如,在窗体上建立了多个文本框控件后,可以使用该方法把光标移到所需要的文本框中。

【例 5.1】在名称为 Form1 的窗体上添加一个名称为 L1 的标签,标签上的标题为"请输入密码";添加一个名称为 Text1 的文本框,其宽、高分别为 2000 和 300,设置适当的属性,使得在输入密码时文本框中显示"*"字符;再把窗体的标题设置为"密码窗口",以上这些设置都必须在属性窗口中进行,程序运行时的界面效果如图 5.2 所示。

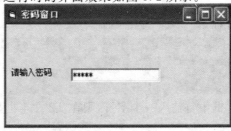

图 5.2 文本框示例

步骤1:新建一个窗体,按照图示要求向窗体中添加一个标签控件和一个文本框控件。
步骤2:按照表5.3的说明在属性窗口中设置各对象的属性。

表5.3 各控件属性及其值

对象	属性	设置值
窗体	Name	Form1
	Caption	密码窗口
标签	Name	L1
	Caption	请输入密码
文本框	Name	Text1
	Width	2000
	Height	300
	PasswordChar	*

程序运行后,在文本框中每输入一个字符即显示一个"*"。

【例5.2】在名称为Form1的窗体上画两个文本框,名称分别为T1、T2,初始情况下都没有内容。请编写适当的事件过程,使得运行时在T1中输入的任何字符立即显示在T2中(如图5.3所示)。

图5.3 文本框示例

步骤1:新建一个窗体,按照图示要求向窗体中添加两个文本框控件。
步骤2:按照表5.4的说明在属性窗口中设置各对象的属性。

表5.4 需设置的各个控件属性值

对象	属性	设置值
上文本框	Name	T1
	Text	
下文本框	Name	T2
	Text	

步骤3:编写如下事件过程。

```
Private Sub T1_Change( )
    T2.Text = T1.Text
End Sub
```

程序运行后,在T1文本框中每输入一个字符,则在T2文本框显示一个相同的字符。

5.2 图形控件

Visual Basic 中与图形有关的标准控件有 4 种,即图片框、图像框、直线和形状。本节将介绍这些控件的用法。

5.2.1 图片框与图像框

图片框(PictureBox)和图像框(Image)是 Visual Basic 中用来显示图形的两种基本控件,用于在窗体的指定位置显示相应的图形信息。图片框比图像框更灵活,且适用于动态环境,而图像框适用于静态情况,即不需要再修改的位图、图标等。在 Visual Basic 的工具箱中,图片框与图像框控件图标如图 5.4 所示。它们的默认名称分别为 Picturex 和 Imagex(x 为 1、2、3…)。

图片框　图像框

图 5.4　图片框和图像框图标

1. 图片框与图像框的属性

图片框和图像框的常用属性主要包括图片内容和图片位置的属性。表 5.5 给出了图片框和图像框的常用属性、类型及其功能。

表 5.5　图片框和图像框的常用属性、类型及其功能

属性	功能说明
Picture	该属性用于把图形放入窗体、图片框和图像框中,这里的图形是以文件形式存放在磁盘上的。Visual Basic 6.0 支持的图像文件格式包括 .bmp、.dib、.cur、.ico、.jpg、.gif、.wmf、.emf
CurrentX 和 CurrentY	用来设置下一个输出的水平或垂直坐标,只能在程序运行时使用。其格式为"对象.CurrentX[=x]"或"对象.CurrentY[=y]",这里的"对象"可以是窗体、图片框或打印机,x 和 y 表示横坐标值和纵坐标值,默认单位为 twip。若省略"=x"或"=y",则显示当前的坐标值。若省略"对象",则指当前窗体
Stretch	该属性只适用于图像框,用来自动调整图像框中图形内容的大小。它既可以通过属性窗口设置,也可以通过代码设置。该属性的取值为 True 或 False。若取值为 False,将自动改变图像框中的图形大小与图像框的大小相适应;若取值为 True,将自动改变图像框的大小与其中的图形大小相适应

2. 图片框与图像框事件和方法

图片框和图像框使用比较多的事件有 Click(单击)和 DblClick(双击)事件,图片框使用较多的方法有 Cls(清除)和 Print(输出)方法。

3. 图片框与图像框的区别

图像框占用的内存比较少,显示的速度比较快。通常,在用图片框和图像框都能满足需要的情况下,应优先考虑使用图像框。

图片框是一个"容器"控件,在其中可以放控件,而图像框不能。

图片框可以通过 Print 方法接收文本,并可接收由像素组成的图形;而图像框不能接收用 Print 方法输入的信息,也不能用绘图方法在图像框上绘制图形。

5.2.2 图形文件的装入

所谓图形文件的装入,就是把 Visual Basic 所能接受的图形文件装入窗体、图片框或图像框中。

1. 通过属性窗口装入

在窗体上画出一个图片框或者图像框后,通过图形控件的 Picture 属性把图形文件装入到图片框或图像框中。其操作步骤如下(以图片框为例):

在窗体中建立一个图片框。保持图片框为活动控件,在属性窗口中找到 Picture 属性,单击该属性条,其右端会出现一个带有 3 个点的按钮 。单击该按钮,显示加载图片对话框,"文件类型"用于显示可以装入的图形文件类型,如图 5.5 所示。

图 5.5 图片框和图像框图标

在中间的列表框中选择含有图形文件的目录,然后在该目录中选择要装入的图片,单击"打开"按钮即可(或者双击要装入的图片)。

2. 程序代码装入

在程序代码中可以用 LoadPicture 函数把图形文件装入图片框或图像框中。LoadPicture 函数的功能与 Picture 属性基本相同。

[对象.]Picture = LoadPicture("文件名")

"文件名"包括图形文件的文件名和路径。如果在 LoadPicture 函数后面不加任何参数,则该函数起删除图形控件中图形的作用。

【例 5.3】在名称为 Form1 的窗体上画一个图片框,名称为 P1、高为 1800、宽为 1700,通过属性窗口将图形文件 pic1.bmp 放到图片框中,如图 5.6 所示。

图 5.6 图片框示例

步骤1:新建一个窗体,按照图示要求向窗体中添加一个图片框控件。
步骤2:按照表5.6的说明在属性窗口中设置各对象的属性。

表5.6 需设置的各个控件属性值

对象	属性	设置值
图片框	Name	P1
	Height	1800
	Width	1700
	Picture	Pic1.bmp

程序运行后,指定文件pic1.bmp被装入窗体的图片框控件中。

5.2.3 直线和形状

在我们的日常生活中,直线、矩形、圆等形状随处可见,这些基本的图形组成元素按一定的规则组合后就可以形成一个生动的形象。在设计软件的过程中若想实现这些效果,需要用到直线(Line)和形状(Shape)控件,如图5.7所示。它们的默认名称分别为Linex和Shapex(x为1、2、3…)。

直线   形状

图5.7 直线和形状控件

直线和形状控件的属性主要包括位置、边界线宽度和颜色等。表5.7给出了直线和形状的常用属性、类型及其作用。

表5.7 直线和形状的常用属性、类型及其作用

属性	功能说明
BorderColor	该属性用来设置直线和形状的颜色,用6位十六进制数表示。当通过属性窗口设置该属性时,会显示调色板,用户可以从中选择所需要的颜色,不必考虑十六进制数值
BorderWidth	该属性用来指定直线的宽度或形状边界线的宽度,默认以像素为单位。该值不能设置为0
BorderStyle	该属性用来设置直线和形状的边界线的线型,有以下7种值可选:0—Transparent,表示透明;1—Solid,表示实线;2—Dash,表示虚线;3—Dot,表示点线;4—Dash-Dot,表示点划线;5.Dash-Dot-Dot,表示双点划线;6—Inside Solid,表示内实线
X1、Y1	用来设置直线第1个端点的横、纵坐标
X2、Y2	用来设置直线第2个端点的横、纵坐标
Shape	该属性用来设置形状控件中所显示的图形形状,有以下6种值可选:0—vbShapeRectangle,表示矩形(默认形状);1—vbShapeSquare,表示正方形;2—vbShapeOva,表示椭圆形;3—vbShapeCircle,表示圆形;4—vbShapeRoundRectangle,表示四角圆化的矩形;5—vbShapeRoundSquare,表示四角圆化的正方形

续表

属性	功能说明
BackStyle	该属性用于形状控件,其值为 0 或 1,用来决定形状是否被指定的颜色填充。当该属性值为 0(默认)时,形状边界内的区域是透明的;当值为 1 时,该区域由 BackColor 属性指定的颜色来填充
FillColor	该属性用来设置形状内部的填充颜色
FillStyle	该属性用来设置形状控件内部的填充图案

5.3 按钮控件

Visual Basic 中的按钮控件指的是命令按钮(CommandButton),它是 Visual Basic 应用程序中最常用的控件,提供了用户与应用程序交互最简便的方法。在工具箱中,命令按钮的图标如图 5.8 所示。其默认名称和标题(Caption 属性)均为 Commandx(x 为 1、2、3…)。

图 5.8 命令按钮图标

1. 命令按钮的属性

在应用程序中,命令按钮通常用于在单击时执行指定的操作。前面介绍的大多数属性,命令按钮都具备,例如 Caption、Enabled、Height、Left、Top 和 FontBold 等。表 5.8 列出了命令按钮的常用属性及其功能。

表 5.8 命令按钮的常用属性及其功能

属性	功能说明
Cancel	当该属性被设置为 True 时,单击该命令按钮与按下 Esc 键的作用相同。在一个窗体中,只允许一个命令按钮的 Cancel 属性被设置为 True
Default	当该属性被设置为 True 时,单击该命令按钮与按下回车键的效果相同。在一个窗体中,只允许一个命令按钮的 Default 属性被设置为 True
Style	该属性用来设定控件的显示类型为"只读属性"。该属性可以取两个值:0—vbButtonStandard,表示标准样式,命令按钮中只显示文本信息(Caption);1—vbButtonGraphical,表示图形格式,在命令按钮中不仅可以显示文本(Caption),还可以显示图形(Picture)
Picture	该属性可以给命令按钮指定一个图形。在 Style 属性值为 1 的情况下,Picture 属性才有效
DownPicture	该属性用来设置当命令按钮被单击且处于按下状态时在控件中显示的图形。在 Style 属性值为 1 的情况下,DownPicture 属性才有效
DisabledPicture	该属性用来设置对一个图形的引用,当命令按钮禁止使用(Enabled 属性被设置为 False)时在按钮中显示该图形。在 Style 属性值为 1 的情况下,DisabledPicture 属性才有效

2. 命令按钮事件

在使用命令按钮时,一般都是单击它,那么单击命令按钮时会产生哪些事件呢?命令按钮的主要事件是 Click(单击)。同时,单击命令按钮也将触发 MouseDown 和 MouseUp 事件,这 3 个事件的发生顺序为 MouseDown、Click、MouseUp。

【例 5.4】在名称为 Form1 的窗体上利用形状控件画一个矩形,名称为 Shape1,高和宽分别为 1000、1700,再画两个命令按钮,名称分别是 Command1、Command2,标题分别为"圆"、"椭圆"。请编写适当的事件过程使得在运行时单击"圆"按钮,矩形变为一个圆;单击"椭圆"按钮,矩形变为一个椭圆,如图 5.9 所示。要求程序中不得使用变量,每个事件过程中只能写一条语句。

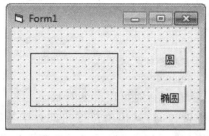 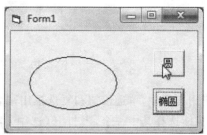

图 5.9 命令按钮控件的应用

步骤 1:新建一个窗体,按照图示要求向窗体中添加一个形状控件,再添加两个命令按钮控件。

步骤 2:按照表 5.9 的说明在属性窗口中设置各对象的属性。

表 5.9 需设置的各个控件的属性值

对象	属性	设置值
形状	Name	Shape1
	Height	1000
	Width	1700
上命令按钮	Name	Command1
	Caption	圆
下命令按钮	Name	Command2
	Caption	椭圆

步骤 3:编写程序代码如下。

```
Private Sub Command1_Click( )
    Shape1.Shape = 3
End Sub
Private Sub Command2_Click( )
    Shape1.Shape = 2
End Sub
```

上述程序包括两个过程,其中 Command1_Click 过程用于使形状变成圆,Command2_Click 过程用于使形状变成椭圆。程序运行后,单击"圆"按钮,左侧的图形变成圆,单击"椭圆"按钮,左侧的图形变成椭圆。执行情况如图 5.9 所示。

5.4 选择控件(单选按钮和复选框)

在应用程序中,有时候需要用户作出选择,这些选择有的很简单,有的比较复杂。为此,Visual Basic 提供了几个用于选择的标准控件包括复选框、单选按钮、列表框和组合框。本节介绍复选框和单选按钮,列表框和组合框将在下一节中介绍。

在 Visual Basic 工具箱中,单选按钮(OptionButton)和复选框(CheckBox)的图标如图 5.10 所示。其默认名称为 Optionx 和 Checkx(x 为 1、2、3…)。

单选按钮　复选框

图 5.10　单选按钮和复选框图标

在应用程序中,单选按钮和复选框用来表示状态,在运行时可以改变其状态。在一组单选按钮中,只能选择其中一个,当打开(选中)某个单选按钮时,其他单选按钮都处于关闭(未选中)状态。单选按钮一般用于对框架进行分组。复选框用"√"表示被选中,可以同时选择多个。

1. 选择控件的属性

通常用选择状态来确定设置的参数,因此单选按钮和复选框常用的属性是控件被选择的情况。表 5.10 列出了单选按钮和复选框的常用属性类型及其功能。

表 5.10　单选按钮和复选框的常用属性、类型及其功能

属性	功能说明
Value(单选按钮)	该属性用来返回或设置单选按钮的状态。True 表示单选按钮处于选中状态,按钮中心有一个小圆点;False 为默认值,表示单选按钮处于未选中状态
Value(复选框)	该属性用来返回或设置复选框的状态,其取值有以下 3 个:0—Unchecked,默认设置,表示没有选中该复选框;1—Checked,表示选中该复选框;2—Grayed,表示该复选框被禁止(显示为灰色)
Alignment	该属性用来设值复选框和单选按钮控件标题的对齐方式。0—LeftJustify 为默认值,表示控件居左,标题在控件右侧显示;1—RightJustify 表示控件居右,标题在控件左侧显示。该属性可以在设计时设置,也可以在运行期间设置,格式为"对象.Alignment［=值］",这里的"对象"是单选按钮和复选框(也可以是标签和文本框),"值"可以是 0 或 1
Style	该属性用来设置单选按钮的显示方式,为"只读属性"。0—Standard 为默认值,控件按标准方式显示,即同时显示控件和标题;1—Graphical 表示图形方式,控件用图形的样式显示,其外观类似于命令按钮,但作用与命令按钮不一样

2. 选择控件事件

单选按钮和复选框的主要事件是"单击(Click)"事件,但通常情况下不对其进行处理。当单击单选按钮或复选框时将自动变换其状态,一般不需要编写 Click 事件过程。

【例 5.5】在名称为 Form1 的窗体上画一个文本框,其名称为 Text1,初始内容为空白;然后再画 3 个单选按钮,其名称分别为 Op1、Op2 和 Op3,标题分别为"北京"、"西安"和"杭州",编写适当的事件过程。程序运行后,如果选择单选按钮 Op1,则在文本框中显示"颐和园";如果选择单选按钮 Op2,则在文本框中显示"兵马俑";如果选择单选按钮 Op3,则在文本框中显示"西湖"。程序的运行情况如图 5.11 所示。要求程序中不得使用变量,事件过程中只能写一条语句。

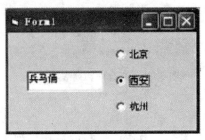

图 5.11 命令按钮控件的应用

步骤 1:建立界面,向窗体中添加一个文本框控件和 3 个单选按钮控件。
步骤 2:按照表 5.11 的说明在属性窗口中设置各对象的属性。

表 5.11 需设置的各个控件属性值

对象	属性	设置值
文本框	Name	Shape1
	Text	
上单选按钮	Name	Op1
	Caption	北京
中单选按钮	Name	Op2
	Caption	西安
下单选按钮	Name	Op3
	Caption	杭州

步骤 3:编写如下程序代码。

```
Private Sub Op1_Click( )
    Text1.Text = "颐和园"
End Sub
Private Sub Op2_Click( )
    Text1.Text = "兵马俑"
End Sub
Private Sub Op3_Click( )
    Text1.Text = "西湖"
End Sub
```

上述程序包括 3 个过程,其中,Op1_Click 过程用于将文本框中的值置为"颐和园",Op2_Click 过程用于将文本框中的值置为"兵马俑",Op3_Click 过程用于将文本框中的值置为"西湖"。程序运行后,单击图中的单选按钮,左侧文本框中的文字会按照设定的程序进行变化。

5.5 选择控件(列表框和组合框)

通过列表框可以选择所需要的项目,而组合框可以把一个文本框和列表框组合为单个控制窗口。在 Visual Basic 工具箱中,组合框和列表框的图标如图 5.12 所示。列表框和组合框的默认名称分别为 Listx 和 Combox(x 为 1、2、3…)。

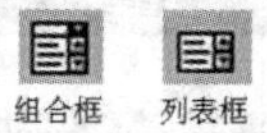

图 5.12 组合框和列表框图标

5.5.1 列表框

列表框(ListBox)用于在很多选项中作出选择的操作。列表框将所有选项都列在文本框中供用户选择,用户可以从中选择一个或多个选项。如果项目数超出列表框能够显示的项目数,控件上会自动出现滚动条,用户拖动滚动条就可以查看全部的选项。

1. 列表框的属性

列表框的常用属性为列表框的行列数、列表项的内容、列表框中项目的状态以及内容排列方式等。表 5.12 列出了列表框的常用属性及其功能。

表 5.12 列表框的常用属性及其功能

属性	功能说明
Columns	该属性用来确定列表框的列数。其取值为 0 和 1 等,0 为默认值,表示所有的项目呈单列显示;1 表示列表框呈多行多列显示;当属性值大于 1 且小于列表框中的项目数时,列表框呈单行多列显示
List	该属性用来列出表项内容,可以通过下标访问列表框中的内容(下标值从 0 到 ListCount-1),格式为"s $ =[列表框.]List(下标值)",例如执行"s $ =List1.List(3)"将列出列表框 List1 中的第 4 项内容
ListCount	该属性表示列表框中表项的个数,例如执行"a=List1.ListCount"后,a 的值为列表框 List1 的总项数
ListIndex	该属性表示在列表框控件中当前所选项目的索引号。列表框第 1 项的 ListIndex 值为 0;最后一项的 ListIndex 值为 ListCount-1;如果没有选择项目,ListIndex 的值为-1。此外,该属性只能在程序中设置或引用
MultiSelect	该属性用来设置一次可以选择的表项数。对于一个标准列表框,该属性的设置值决定了用户是否可以在列表框中选择多个项。其取值有以下 3 个:0—None,每次只能选择一项,如果选择另一项,则会取消对前一项的选择;1—Simple,可以同时选择多项,后续的选择不会取消前面所选择的项,可以用鼠标或空格键选择;2—Extended,可以选择指定范围内的表项
Selected	该属性表示列表框中的项目是否被选中。它和 List 属性一样有相同项数的逻辑型数组,各项的取值为 True 或 False。例如,Selected(0)=True 表示第 1 项被选中,Selected(1)=True 表示第 2 项被选中。此外,该属性只能在程序中设置或引用

续表

属性	功能说明
Style	该属性用于确定控件的外观,只能在设计时设置。其取值有两种,一是0,为标准形式,二是1,为复选框形式
Sorted	该属性指定控件中的项目是否自动按字母顺序排列,True 表示列表中的项目按字母顺序排列;False 为默认值,表示列表框中的项目不按字母顺序排列,而是按添加的先后次序排列

2. 列表框事件

列表框主要用来选择项目,在选择的过程中将会触发一些事件,其中主要有鼠标单击(Click)和双击(DblClick)两种事件。

3. 列表框方法

列表框可以使用 AddItem、Clear 和 RemoveItem 等方法,用于在运行期间修改列表框的内容。

(1) AddItem 方法。该方法主要用来在列表框中插入一行文本(即项目),格式为:

列表框.AddItem 项目字符串[,索引值]

该方法用于将"项目字符串"的文本内容放入"列表框"中。"索引值"用于指定插入项在列表框中的位置,如果省略,则文本被放在列表框的尾部;列表框中的项目从 0 开始计数,"索引值"不能大于表中"总项数-1"。此外,该方法只能单个地向表中添加项目。

(2) RemoveItem 方法。该方法用来删除列表框中的指定项目。

列表框.RemoveItem 索引值

该方法从列表框中删除以"索引值"为地址的项目,而且该方法每次只能删除一个项目。假如省略"索引值",则将删除列表框中的第一个项目。

(3) Clear 方法。该方法用来清除列表框的全部内容。

列表框.Clear

在执行 Clear 方法后,ListCount 属性重新被设置为 0。

5.5.2 组合框

组合框(ComboBox)是组合列表框和文本框的特性而成的控件。也就是说,组合框是一种独立的控件,但它兼有列表框和文本框的功能。它可以像列表框一样,允许用户通过鼠标选择所需的项目,也可以像文本框一样,通过输入的方式选择项目。如果组合框中的项目数超过了组合框的大小,那么控件上将自动出现滚动条。

1. 组合框的属性

组合框的常用属性、事件和方法与列表框相同。此外,组合框还有一些特有的属性,如 Style、Text 等属性。下面介绍组合框常用的这两种属性。

(1) Style 属性。该属性用于决定组合框的外观样式,可以取 0、1 和 2 这 3 个值,表示组合框的 3 种不同类型。

① 0。Dropdown ComboBox,称为"下拉式组合框",它看起来像一个下拉列表框,但可以输入文本或从下拉列表中选择列表项。

② 1。Simple ComboBox,称为"简单组合框",它可由输入文本的编辑区和一个标准列表

框组成。需要注意的是,列表不是下拉的,而是一直显示在屏幕上,可以选择表项,也可以在编辑区中输入文本。在程序运行期间,如果项目的总高度比组合框的高度大,将自动加上滚动条。

③ 2。Dropdown ListBox,称为"下拉式列表框",和下拉式组合框一样,它的右端也有一个箭头,可以"拉下"或"收起"列表框,可以选中列表框中的项目。它和第一种"下拉式组合框"的区别在于,它不允许输入文本,而第一种组合框允许在编辑区输入文本。

图 5.13 所示为 Style 取 3 种值的不同效果。

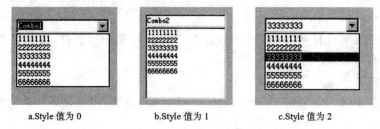

图 5.13 Style 取不同值的组合框效果

(2) Text 属性。该属性值是用户所选择的项目的文本或直接从编辑区输入的文本。

2. 组合框事件

组合框事件与其他控件事件有些不同,就是它依赖于 Style 属性。例如,只有简单组合框(即 Style=1)才能接收 DblClick 事件,而其他两种组合框可以接收 Click 事件和 DropDown 事件。下拉式组合框(即 Style=0)和简单组合框可以在编辑区输入文本,故它们能接收 Change 事件。通常情况下,用户选择项目之后只需读取组合框的 Text 属性。

3. 组合框方法

列表框中的 AddItem、RemoveItem 和 Clear 方法也适用于组合框,其用法与在列表框中的用法相同。

【例 5.6】在名称为 Form1、标题为"考试"的窗体上添加一个名称为 Combo1、初始文本为空的下拉式组合框,其中有"隶书"、"宋体"和"楷体"3 个项目。程序运行后的窗体如图 5.14 所示。

图 5.14 组合框示例

步骤 1:建立界面,向窗体中添加一个组合框控件。
步骤 2:按照表 5.13 的说明在属性窗口中设置各对象的属性。

表 5.13　需设置的各个控件属性值

对象	属性	设置值
窗体	Name	Form1
	Caption	考试
组合框	List	隶书、宋体、楷体
	Text	

运行程序,查看运行结果。

> 通过属性窗口对 List 属性进行设置时,需要注意每输入一项后按下 Ctrl+Enter 快捷键才能换行,然后再输入第 2 项。

5.6　滚 动 条

滚动条通常用来附在窗口上帮助用户观察数据或确定位置,也可用来作为数据输入的工具,被广泛使用在 Windows 应用程序中。在 Visual Basic 中,滚动条包括水平滚动条(HScrollBar)和垂直滚动条(VScrollBar)两种,如图 5.15 所示。除了方向不一样之外,两者的操作和作用是相同的。滚动条的默认名称分别为 HscollBarx 和 VScrollBarx(x 为 1、2、3…)。

图 5.15　滚动条图标

1. 滚动条的属性

一般情况下,垂直滚动条的值由上往下递增,最上端代表最小值(Min),最下端代表最大值(Max)。水平滚动条的值从左至右递增,最左端代表最小值,最右端代表最大值。

滚动条的坐标系与它当前的尺寸大小无关,可以把每个滚动条当作有数字刻度的直线,从一个整数到另一个整数。这条直线的最小值和最大值分别在该直线的左、右端点或上、下端点,其值分别赋给属性 Min 和 Max,直线上的点数为 Max-Min。

表 5.14 给出了滚动条的常用属性及其功能。

表 5.14　滚动条的常用属性及其功能

属性	功能说明
Value	该属性表示滚动块在滚动条中的当前位置,其值始终介于 Max 和 Min 属性值之间
Max	该属性表示滚动条能达到的最大值,取值范围为 -32768～32767。Max 属性的默认值为 32767
Min	该属性表示滚动条能达到的最小值,取值范围为 -32768～32767。Min 属性的默认值为 0
LargeChange	该属性用来设置单击滚动条前面或后面的部位时 Value 增加或减少的值
SmallChange	该属性用来设置单击滚动条两端的箭头时 Value 增加或减少的值

2. 滚动条事件

一般地,用户对滚动条的操作就是移动,相应地与滚动条相关的事件主要是 Scroll 和 Change 事件两种。当在滚动条内拖动滚动块时会触发 Scroll 事件,当滚动块的位置发生改变时会触发 Change 事件。

【例 5.7】在名称为 Form1 的窗体上添加一个水平滚动条,其名称为 HScroll1,然后在属性窗口中设置窗体和滚动条的属性实现以下功能。

(1) 窗体标题为"设置滚动条属性"。
(2) 滚动条所能表示的最大值和最小值分别为 200 和 0。
(3) 程序运行后,单击滚动条两端的箭头时,滚动框移动的值为 2。
(4) 程序运行后,单击滚动框前面或后面的部位时,滚动框移动的值为 10。
(5) 滚动框的初始位置为 100。

程序的运行情况如图 5.16 所示。

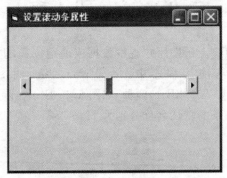

图 5.16 滚动条示例

步骤 1:建立界面,向窗体中添加一个水平滚动条控件。
步骤 2:按照表 5.15 的说明在属性窗口中设置各对象的属性。

表 5.15 需设置的控件属性值

对象	属性	设置值
窗体	Name	Form1
	Caption	设置滚动条属性
滚动条	Name	HScroll1
	Text	
	Min	0
	Max	200
	SmallChange	2
	LargeChange	10
	Value	100

运行程序,查看运行结果。

5.7 计 时 器

为了方便用户在程序中计时,Visual Basic 提供了一种系统内部计时器(Timer)控件。在 Visual Basic 工具箱中,计时器的图标如图 5.17 所示。本节就来介绍这种控件。

图 5.17 计时器图标

1. 计时器的属性

由于计时器在运行期间在程序界面上是不可见的,所以,它没有宽度(Width)、高度(Height)、上边距(Top)和左边距(Left)等用来设置大小和位置的属性。计时器的属性比较少,下面介绍两个最常用的属性。

(1) Enabled 属性。该属性用来设置计时器是否可用。其默认值为 True,即可用的状态;若将 Enabled 属性值设为 False,则计时器不能用,有时这是需要的。为了将计时器,可以增加一个命令按钮,通过单击该命令按钮启动计时器的 Enabled 属性设置为 True。例如:

```
Private Sub Command1_Click( )
    Timer1.Enabled = True
End Sub
```

或者是窗体在运行时,通过其 Load 事件将计时器的 Enabled 属性设置为 True。例如:

```
Private Sub Form_Load( )
    Timer1.Enabled = True
End Sub
```

(2) Interval 属性。该属性用来设置计时器事件之间所间隔的毫秒数(ms)。其默认值为 0,最大值可以设为 65535,相当于 1 分多钟。例如,把 Interval 属性值设为 1000,表示每隔 1000ms(即 1 秒钟)发生一个计时器事件。

2. 计时器事件

计时器只支持 Timer 事件。Timer 事件是指每经过一个由属性 Interval 指定的时间间隔所触发的事件。例如,对于一个含有计时器控件的窗体,每经过一个由属性 Interval 指定的时间间隔就执行一次 Timer 事件。

【例 5.8】在名称为 Form1 的窗体上添加一个名称为 Shape1 的形状控件,位置在窗体的顶部,在属性窗口中将其设置为圆形;添加一个名称为 Timer1 的计时器,在属性窗口中将其设置为禁用,时间间隔为 0.5 秒,窗体如图 5.18 所示。编写窗体的 Load 事件过程和计时器的事件过程,使得程序一开始运行计时器即变为可用,且每隔 0.5 秒形状控件向下移动 100。

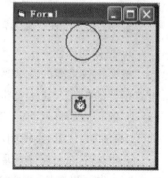

图 5.18 计时器控件实例

步骤 1:建立界面,向窗体中添加一个计时器控件和一个图形控件。

步骤 2:按照表 5.16 的说明在属性窗口中设置各对象的属性。
步骤 3:编写如下程序代码。

```
Private Sub Form_Load( )
    Timer1.Enabled = True
End Sub
Private Sub Timer1_Timer( )
    Shape1.Top = Shape1.Top + 100
End Sub
```

表 5.16　需设置控件的属性值

对象	属性	设置值
形状	Name	Shape1
	Shape	3 - Circle
	Top	0
计时器	Name	Timer1
	Enabled	False
	Interval	500

程序运行后,窗体中的圆形每隔 0.5 秒向下移动 100。

5.8　框　架

在编程中,有时为了方便管理和界面的美观,我们会将窗体上的一些控件分组管理。Visual Basic 提供了一种非常方便的将控件分组的控件——框架。在 Visual Basic 工具箱中,框架的图标如图 5.19 所示。

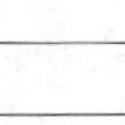

图 5.19　框架图标

框架(Frame)是一个窗口型控件,其默认名称和标题为 Framex(x 为 1、2、3…)。

1. 框架的属性

框架比较重要的两个属性是标题(Caption)和可用性(Enabled)。其中,Caption 属性用来设置框架的标题。通常把框架的 Enabled 属性设置为 True,这样才能保证框架内的对象是"活动"的。假如将框架的该属性设置为 False,其标题会变灰,框架中的所有对象将被屏蔽,即处于"非活动"状态,不能响应任何事件。

在框架中添加控件通常有以下两种方法。

(1) 先画出框架,再将其他控件摆放到框架中。

(2) 如果画框架之前已经在窗体上存在一些控件,用户想要将这些控件拖到框架中,可以先选中对应的控件,执行"编辑"|"剪切"命令(或按 Ctrl+X 快捷键),把选择的控件放入剪贴板;然后在窗体中画一个框架控件,并使它保持活动状态,执行"编辑"|"粘贴"命令(或按 Ctrl

+V 快捷键)粘贴到框架中。

2. 框架事件

框架常用的事件是鼠标单击(Click)和双击(DbClick),它不接收用户输入,不能显示文本和图形,也不能与图形相连。

> 如果在框架外画一个控件,然后把它拖到框架内,则该控件就不是框架的一部分,当移动框架时,该控件就不会移动。

【例 5.9】在考生文件夹下有一个工程文件 sjt4.vbp,Form1 窗体中有一个文本框,名称为 Text1,请先在窗体上添加两个框架控件,名称分别为 F1、F2,标题分别为"性别"、"身份",然后在 F1 中添加两个单选按钮控件 Op1、Op2,标题分别为"男"、"女",其次在 F2 中添加两个单选按钮控件 Op3、Op4,标题分别为"学生"、"教师",最后添加一个命令按钮,名称为 C1,标题为"确定",如图 5.20 所示。请编写适当的事件过程,使得运行时在 F1、F2 中各选一个单选按钮,然后单击"确定"按钮,就可以按照表 5.17 把结果显示在文本框中。

表 5.17 文本框中显示内容列表

性别	身份	在文本框中显示的内容
男	学生	我是男学生
男	教师	我是男教师
女	学生	我是女学生
女	教师	我是女教师

图 5.20 框架实例

步骤 1:打开本题工程文件,向窗体中添加两个框架;然后选中第一个框架,使其成为活动状态,向其中添加两个单选按钮控件;再选中第二个框架,使其成为活动状态,向其中添加两个单选按钮控件。最后向窗体中添加一个命令按钮控件。

步骤 2:按照表 5.18 的说明在属性窗口中设置各对象的属性。

表 5.18　需设置控件的属性值

对象	属性	设置值
上框架	Name	F1
	Caption	性别
左上单选按钮	Name	Op1
	Caption	男
右上单选按钮	Name	Op2
	Caption	女
下框架	Name	F2
	Caption	身份
左下单选按钮	Name	Op3
	Caption	学生
右下单选按钮	Name	Op4
	Caption	教师
命令按钮	Name	C1
	Caption	确定

步骤 3：打开代码编辑窗口，分析程序并在指定位置编写程序代码。

```
Private Sub C1_Click( )
    Text1.Text = "我是"
    If Op1.Value Then
        Text1.Text = Text1.Text & Op1.Caption
    Else
        Text1.Text = Text1.Text & Op2.Caption
    End If
    If Op3.Value Then
        Text1.Text = Text1.Text & Op3.Caption
    Else
        Text1.Text = Text1.Text & Op4.Caption
    End If
End Sub
```

该程序中使用了两个条件语句（将在下一章介绍），功能是分别对文本框的 Text 属性进行连接赋值（& 运行符的功能）。其中，第一个条件语句用于判断是将 Op1 还是 Op2 的值连接至 Text 属性值后，第二个条件语句用于判断是将 Op3 还是 Op4 的值连接至 Text 属性值后。程序运行后，选择不同的性别和身份，即可改变文本框中的值。

5.9　焦点和 Tab 顺序

通常，当一个程序处在活动状态下时，程序界面上都会有一个当前活动控件或者由用户指定某个控件作为当前活动控件，用于接收用户操作信息。在 Visual Basic 中，我们称这种状态为获得焦点。

5.9.1 焦点及其事件

焦点是指对象接收用户鼠标或键盘输入的能力。当一个对象获得焦点时,就可以接收用户的输入。例如,单击任务栏上的"开始"按钮时,按钮上会出现一个虚线框。我们称此时的"开始"按钮获得焦点。用下面的方法可以设置一个对象的焦点。

(1) 在运行时单击该对象;
(2) 在运行时用快捷键选择该对象;
(3) 在程序代码中使用 SetFocus 方法。

焦点只能在可视的窗体或控件上移动,因此,只有当一个对象的 Enabled 和 Visible 属性均为 True 时,它才能接收焦点。

与焦点相关的事件主要有以下两个。
(1) GetFocus 事件。当对象得到焦点时,将会触发该事件。
(2) LostFocus 事件。当对象失去焦点时,将会触发该事件。

窗体和大多数的标准控件都支持 GetFocus 和 LostFocus 事件,例如:CheckBox、ComboBox、CommandButton、DirListBox、FileListBox、HScrollBar、VScrollBar、ListBox、OptionButton、PictureBox、TextBox 等。

一些对象是否有焦点是可以看出来的。比如,当命令按钮具有焦点时,标题周围将有一个虚线框,当文本框具有焦点时,光标将在文本框内闪烁。

图 5.21 和图 5.22 所示为具有焦点时命令按钮的外观和具有焦点时文本框的外观。

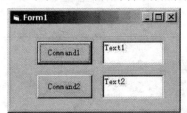
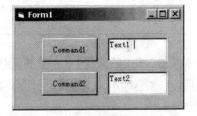

图 5.21　具有焦点时命令按钮的外观　　　　图 5.22　具有焦点时文本框的外观

5.9.2　Tab 顺序

Tab 顺序是指用户按 Tab 键时焦点在窗体上的控件之间移动的顺序。每个控件都有自己的 Tab 顺序。当窗体上有多个控件时,用鼠标单击某个控件也可以把焦点移动到该控件中,或者使该控件成为活动控件。

通常情况下,Tab 顺序由控件建立时的先后顺序确定。例如,先后在窗体上放置了 Text1、Command1、Command2、Check1、Check2,则当程序运行时,每一次按 Tab 键,焦点就按 Text1、Command1、Command2、Check1、Check2 的顺序移动,当移动到 Check2 后,再按下 Tab 键,则焦点又回到 Text1 对象上。

在程序的设计阶段,通过设置控件的 TabIndex 属性值可以改变其 Tab 顺序。控件的 TabIndex 属性决定了它在 Tab 顺序中的位置。在默认情况下,第 1 个建立的 TabIndex 属性值为 0,第 2 个建立的 TabIndex 属性值为 1,依此类推。当改变了某一个控件的 TabIndex 属性值时,就等于改变了其 Tab 顺序。

不能获得焦点的控件以及无效的、不可见的控件不具有 TabIndex 属性,因而不包含在 Tab 顺序中,按 Tab 键时,这样的控件将被跳过。

【例 5.10】在 Form1 的窗体上画一个文本框,名称为 Text1,再画一个命令按钮,名称为 C1,标题为"显示",TabIndex 属性为 0。请为

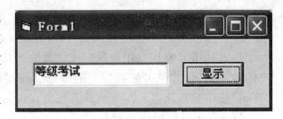

图 5.23 焦点实例

C1 设置适当的属性,使得按 Esc 键时可以调用 C1 的 Click 事件,该事件过程的作用是在文本框中显示"等级考试",程序运行结果如图 5.23 所示。

步骤 1:建立界面,向窗体中添加一个文本框控件和一个命令按钮,其名称设置为"Text1"。再向窗体中添加一个命令按钮控件,其名称设置为"C1",Caption 属性设置为"显示",TabIndex 属性设置为"0",Cancel 属性设置为"True"。

步骤 2:按照表 5.19 的说明在属性窗口中设置各对象的属性。

表 5.19 需设置的属性

对象	属性	设置值
文本框	Name	Text1
命令按钮	Name	C1
	Caption	显示
	Cancel	True
	TabIndex	0

步骤 3:打开代码编辑窗口,分析程序并在指定位置编写程序代码。

```
Private Sub C1_Click( )
    Text1.Text = "等级考试"
End Sub
```

当一个命令按钮控件的 Cancel 属性设置为 True 时,按 Esc 键与单击该命令的按钮的效果相同。该事件过程的作用是将字符串"等级考试"赋给文本框(Text1)的 Text 属性。

本章小结

本章主要介绍 Visual Basic 中几类常用的控件,读者应重点学习各类控件的属性、事件和方法的设置,尤其是编写事件过程的方法。另外,要特别注意各类控件之间的区别和联系。

本章将各类控件的属性放在表格里讲解,读者要注意参照表格里属性的说明结合实例来学习这些控件的使用方法。本章是 Visual Basic 课程中较为重要的一章,在考试中所占的分值也是最多的。

本章重点掌握以下内容：
(1) 常用属性的作用及其设置方法。
(2) 常用事件、方法的作用及其设置方法。

巩固练习

(1) 为了使文本框同时具有垂直和水平滚动条,应先把 MultiLine 属性设置为 True,然后再把 ScrollBars 属性设置为(　　)。
　　A. 0　　　　　　B. 1　　　　　　C. 2　　　　　　D. 3
(2) 若要使文本框能够输入多行文本,应该设置的属性是(　　)。
　　A. MultiLine　　　　　　　　B. WordWrap
　　C. ScrollBars　　　　　　　 D. AutoSize
(3) 窗体上有名称为 Command1 的命令按钮和名称为 Text1 的文本框。

```
Private Sub Command1_Click( )
    Text1.Text = "程序设计"
    Text1.SetFocus
End Sub
Private Sub Text1_GotFocus( )
    Text1.Text = "等级考试"
End Sub
```

运行以上程序,单击命令按钮后(　　)。
A. 文本框中显示的是"程序设计",且焦点在文本框中
B. 文本框中显示的是"等级考试",且焦点在文本框中
C. 文本框中显示的是"程序设计",且焦点在命令按钮上
D. 文本框中显示的是"等级考试",且焦点在命令按钮上
(4) 以下能够触发文本框 Change 事件的操作是(　　)。
　　A. 文本框失去焦点　　　　　　B. 文本框获得焦点
　　C. 设置文本框的焦点　　　　　D. 改变文本框的内容
(5) 以下关于图片框控件的说法中错误的是(　　)。
　　A. 可以通过 Print 方法在图片框中输出文本
　　B. 图片框控件中的图形可以在程序运行过程中被清除
　　C. 图片框控件中可以放置其他控件
　　D. 用 Stretch 属性可以自动调整图片框中图形的大小
(6) 设窗体上有两个直线控件 Line1 和 Line2,若使两条直线相连接,需满足的条件是(　　)。
　　A. Line1.X1＝Line2.X2 且 Line1.Y1＝Line2.Y2
　　B. Line1.X1＝Line2.Y1 且 Line1.Y1＝Line2.X1
　　C. Line1.X2＝Line2.X1 且 Line1.Y1＝Line2.Y2
　　D. Line1.X2＝Line2.X1 且 Line1.Y2＝Line2.Y2

(7) 下列说法中错误的是（　　）。

A. 将焦点移至命令按钮上,按 Enter 键,则引发命令按钮的 Click 事件

B. 单击命令按钮,将引发命令按钮的 Click 事件

C. 命令按钮没有 Picture 属性

D. 命令按钮不支持 DblClick 事件

(8) 设窗体上有名称为 Option1 的单选按钮,且程序中有语句:

```
If Option1.Value = True Then
```

下面语句中与该语句不等价的是（　　）。

A. If Option1.Value Then

B. If Option1＝True Then

C. If Value＝True Then

D. If Option1 Then

(9) 窗体上有名称为 Command1 的命令按钮,名称分别为 List1、List2 的列表框,其中 List1 的 MultiSelect 属性设置为 1(Simple),并有以下事件过程:

```
Private Sub Command1_Click( )
    For i = 0 To List1.ListCount - 1
        If List1.Selected(i) = True Then
            List2.AddItem Text
        End If
    Next
End Sub
```

上述事件过程的功能是将 List1 中被选中的列表项添加到 List2 中。运行程序时,发现不能达到预期目的,应做修改,下列修改中正确的是（　　）。

A. 将 For 循环的终值改为 List1.ListCount

B. 将 List1.Selected(i)＝True 改为 List1.List(i).Selected＝True

C. 将 List2.AddItem Text 改为 List2.AddItem List1.List(i)

D. 将 List2.AddItem Text 改为 List2.AddItem List1.ListIndex

(10) 下列控件中,没有 Caption 属性的是（　　）。

A. 单选按钮　　　B. 复选框　　　C. 列表框　　　D. 框架

(11) 设窗体上有一个列表框控件 List1,含有若干列表项。以下能表示当前被选中的列表项内容的是（　　）。

A. List1.List　　　　　　　　B. List1.ListIndex

C. List1.Text　　　　　　　　D. List1.Index

(12) 要删除列表框中最后一个列表项,正确的语句是（　　）。

A. List1.RemoveItem ListCount

B. List1.RemoveItem List1.ListCount

C. List1.RemoveItem ListCount －1

D. List1.RemoveItem List1.ListCount －1

(13) 为了将"联想电脑"作为数据项添加到列表框 List1 的最前面,可以使用语句（　　）。

A. List1. AddItem "联想电脑",0
B. List1. AddItem "联想电脑",1
C. List1. AddItem 0,"联想电脑"
D. List1. AddItem 1,"联想电脑"

(14) 窗体上有一个名称为 HScroll1 的滚动条,程序运行后,当单击滚动条两端的箭头时立即在窗体上显示滚动框的位置(即刻度值)。下面能够实现上述操作的事件过程是(   )。

A. Private Sub HScroll1_Change( )
    Print HScroll1. Value
End Sub

B. Private Sub HScroll1_Change( )
    Print HScroll1. SmallChange
End Sub

C. Private Sub HScroll1_Scroll( )
    Print HScroll1. Value
End Sub

D. Private Sub HScroll1_Scroll( )
    Print HScroll1. SmallChange
End Sub

(15) 关于水平滚动条,以下叙述中错误的是(   )。
A. 当滚动框的位置改变时触发 Change 事件
B. 当拖动滚动条中的滚动框时触发 Scroll 事件
C. LargeChange 属性是滚动条的最大值
D. Value 是滚动条中滚动框的当前值

(16) 设窗体上有一个标签 Label1 和一个计时器 Timer1,Timer1 的 Interval 属性被设置为 1000,Enabled 属性被设置为 True。要求程序运行时每秒在标签中显示一次系统当前时间。以下可以实现上述要求的事件过程是(   )。

A. Private Sub Timer1_Timer( )
    Label1. Caption=True
End Sub

B. Private Sub Timer1_Timer( )
    Label1. Caption=Time $
End Sub

C. Private Sub Timer1_Timer( )
    Label1. Interval=1
End Sub

D. Private Sub Timer1_Timer( )
    For k=1 To Timer1. Interval
        Label1. Caption=Timer
    Next k
End Sub

(17) 为了使每秒钟发生一次计时器事件,可以将其 Interval 属性设置为(   )。
A. 1   B. 10   C. 100   D. 1000

(18) 窗体上有一个名称为 Text1 的文本框,一个名称为 Timer1 的计时器,且已在属性窗口中将 Timer1 的 Interval 属性设置为 2000、将 Enabled 属性设置为 False,以下程序的功能是单击窗体时每隔两秒钟在 Text1 中显示一次当前时间。

```
Private Sub Form_Click( )
    Timer1._____
End Sub
Private Sub Timer1_Timer( )
    Text1.Text = Time( )
End Sub
```

为了实现上述功能,应该在_____处填入的内容为(　　)。
A. Enabled=True　　　　　　　　　B. Enabled=False
C. Visible=True　　　　　　　　　D. Visible=False

(19) 要使两个单选按钮属于同一个框架,下面3种操作方法中正确的是(　　)。
① 先画一个框架,再在框架中画两个单选按钮
② 先画一个框架,再在框架外画两个单选按钮,然后把单选按钮拖到框架中
③ 先画两个单选按钮,再画框架将单选按钮框起来
A. ①　　　　　B. ①、②　　　　　C. ③　　　　　D. ①、②、③

(20) 以下关于单选按钮和复选框的叙述中正确的是(　　)。
A. 单选按钮和复选框都能从多个选项中选择一项
B. 单选按钮和复选框被选中时,选中控件的Value属性值为True
C. 是否使用框架控件将单选按钮分组对选项没有影响
D. 是否使用框架控件将复选框分组对选项没有影响

(21) 如果在框架中画了两个复选框,且框架的Enabled属性被设置为False,两个复选框的Enabled属性被设置为True,则下面叙述中正确的是(　　)。
A. 两个复选框可用　　　　　　　　B. 两个复选框不可用
C. 两个复选框不显示　　　　　　　D. 上述都不对

第6章 Visual Basic控制结构

结构化程序设计的基本控制结构有3种,即顺序结构、选择结构和循环结构。从这3种基本结构还可以派生出"多分支结构",即根据给定条件从多个分支路径中选择执行一个。

前面章节中编写的一些简单的程序(事件过程)大多为顺序结构,即整个程序按书写顺序依次执行。在本章中主要讨论顺序结构之外的流程控制语句,即选择结构、多分支结构和循环结构。读者掌握了这些语句,就可以编写较复杂的程序了。

6.1 选择结构

选择结构是一种常用的程序结构,是计算机科学中用来描述自然界和社会生活中分支现象的重要手段。其特点是对给定的条件进行分析、比较和判断,并根据判断结果采取不同的操作。在 Visual Basic 中,若碰到这样的问题通过选择结构来解决,而选择结构通过条件语句来实现。条件语句又称 IF 语句,IF 语句有两种格式,即单行结构和块结构。

6.1.1 单行结构条件语句

单行条件选择结构是最常用的双分支选择结构,其基本特点是如果给定选择条件的值为真,则执行"then 部分"语句,否则执行"else 部分"语句。其格式为:

```
If 条件 Then then部分 [Else else部分]
```

其中,"条件"为一个逻辑表达式,程序根据这个表达式的值(True 或 False)执行相应的操作。If 语句中的"else 部分"是可选的,当该项省略时,If 语句可以简化。其格式为:

```
If 条件 Then then部分
```

它所实现的过程为如果条件为真(True),则执行"then 部分",否则执行程序的下一行。单行结构条件语句的执行过程如图 6.1 所示。

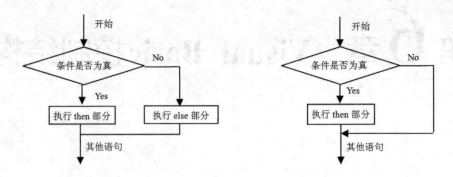

图 6.1 单行条件选择结构

单行结构条件语句的 Then 和 then 部分在同一行;而且单行结构条件语句的后面没有 End If 关键字;条件语句中的"then 部分"和"else 部分"都可以是条件语句,即条件语句可以嵌套使用。

例如:

If x >= y Then Print "x>=y"
Print "x<y"

如果 $x \geq y$,则执行"Print "x>=y""语句,否则执行"Print "x<y""语句。其中,第 2 个 Print 语句不属于 If 语句。如果加上"else 部分",则上面的语句可以改为:

If x >= y Then Print "x>=y" Else Print "x<y"

再如,有下面的函数:

$$y = \begin{cases} 1 & (x>0) \\ 0 & (x=0) \\ -1 & (x<0) \end{cases}$$

输入 x,要求输出 y 的值。该问题可以通过嵌套的 If 语句来解决,代码如下:

```
Private Sub Form_Click( )
    Dim x As Single, y As Single
    x = InputBox("请输入 x 的值:")
    If x > 0 Then y = 1 Else If x = 0 Then y = 0 Else y = -1
    Print "x = "; x, "y = "; y
End Sub
```

在上面的程序中,"If x=0 Then y=0 Else y=-1"是 Else 语句的一部分,但其本身也是一个 If 语句,即 If 嵌套语句。If 嵌套语句既可以出现在"Else 部分",也可以出现在"Then 部分",上例中的 If 语句可以改写为:

If x >= 0 Then If x > 0 Then y = 1 Else y = 0 Else y = -1

当嵌套层数较多时,应注意嵌套的正确性,一般原则为每一个"Else 部分"都与它前面最近的、未被配对的"If-Then"配对。

6.1.2 块结构条件语句

块结构条件语句可以看作单行 If 语句的一种"延伸"。其格式为:

```
If 条件 1 Then
    语句块 1
[ElseIf 条件 2 Then
    语句块 2]
[ElseIf 条件 3 Then
    语句块 3]
[ElseIf 条件 4 Then
    语句块 4]
...
[Else
    语句块 n]
End If
```

它所实现的选择过程为如果条件 1 为真(True),执行"语句块 1";如果条件 2 为真(True),执行语句块 2……否则执行语句块 n。注意最后的 Else 没有 Then,即如果上面的条件都不符合,则执行最后语句块的程序代码。

在使用该结构的选择语句时,需要注意以下几点:

(1) 各个语句块可以是一个语句,也可以是多条语句。当有多条语句时,可以分别写在多行,也可以写在一行(各语句之间要用冒号隔开)。

(2) "条件 1"、"条件 2"等都是逻辑表达式(通常的数值表达式和关系表达式可以看作是逻辑表达式的特例)。当"条件"为数值表达式时,非 0 值表示 True,0 值表示 False;当"条件"为关系或逻辑表达式时,−1 表示 True,0 表示 False。

(3) 在该结构中,ElseIf 子句的数量没有限制,可以根据需要加入任意多个 ElseIf 子句。

(4) 在该结构中,每个"块语句"不能与前面的 Then 写在同一行,以区别于单行结构条件语句。此外,对于块结构,必须以 End If 结束,而单行的 If 结构没有 End If。

(5) 在该结构中,ElseIf 子句和 Else 子句都是可选的。如果省略这些子句,则块形式的条件语句简化为:

```
If 条件 Then
    语句块
End If
```

(6) 在该结构中,语句的执行过程是从上到下依次检测条件是否为真,如果有一个条件为真(True),则执行其后的语句块,然后跳出该选择结构,执行 End If 后面的语句。也就是说,程序将执行最先遇到的条件为真(True)下面的语句块。如果所有的条件都为假(False),则执行 Else 后面的语句块。然后跳出该选择结构,执行 End If 后面的语句。

例如,在窗体单击事件中输入以下代码:

```
Private Sub Form_Click( )
    Dim Num As Integer
    Num = InputBox("请输入数值:")
    If Num > 4 Then
        Print "该数值大于 4!"
    ElseIf Num > 8 Then
        Print "该数值大于 8!"
    ElseIf Num > 12 Then
        Print "该数值大于 12!"
    End If
End Sub
```

然后单击窗体分别输入 5、9、13,可得到如图 6.2 所示的结果。

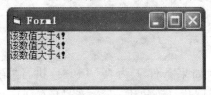

图 6.2 选择输出结果

如果将上述代码做以下修改:

```
Private Sub Form_Click( )
    Dim Num As Integer
    Num = InputBox("请输入数值:")
    If Num > 12 Then
        Print "该数值大于 12!"
    ElseIf Num > 8 Then
        Print "该数值大于 8!"
    ElseIf Num > 4 Then
        Print "该数值大于 4!"
    End If
End Sub
```

单击窗体,分别输入 5、9、13,可得到如图 6.3 所示的结果。

图 6.3 选择输出结果

这就说明,当 If 结构内有多个条件为 True 时,程序在遇到第一个为 True 的条件时执行相应的语句块后跳出 If 结构。故在图 6.2 所示的例子中,输入 9 时,本来 Num>8 条件也成立,应执行"Print "该数值大于 8!""语句,但事实上,在执行完"Print"该数值大于 4!""语句后就跳出了 If 结构,输入 12 时也是同样的道理,在此例中的"Print "该数值大于 8!""和"Print "该数值大于 12!""永远不会被执行到,因为它们所对应的条件为真(True)时,前面语句"Print "该数值大于 4!""的对应条件也为真(True),在实际编程的过程中编程人员需要注意这一点,避免写出无实际用处的代码。因此,单从程序效率的角度考虑,图 6.3 所示的例子比图 6.2 所示的例子更有实际意义。

(7) 块形式的条件语句可以嵌套,即把一个 If…Then…Else 块放在另一个 If…Then…Else 内。但需注意嵌套结构的对应性,不能互相"骑跨",以免产生歧义。

【例 6.1】设计一个程序,如图 6.4 所示(该图为运行后的界面)。运行程序时,"古典音乐"和"篮球"单选按钮初始为选中状态。单击"选择"按钮,将把选中的单选按钮的标题显示在标签 Label2 中。如果"音乐"或"体育"未被选中,相应的单选按钮不可用。

图 6.4 选择输出结果

步骤 1:新建窗体,在窗体中添加两个复选框,名称分别设置为"Check1"和"Check2",Caption 属性分别设置为"音乐"和"体育";添加两个标签控件,名称分别为"Label1"和"Label2",Caption 属性分别为"爱好是"和"Label2",其中,"Label2"的 BordStyle 属性设置为"1— Fixed Single";添加两个框架控件,名称分别设置为"Frame1"和"Frame2",Caption 属性均设置为空;在框架 Frame1 中添加两个单选按钮,名称分别设置为"Option1"和"Option2",Caption 属性分别设置为"古典音乐"和"流行音乐";在框架 Frame2 中添加两个单选按钮,名称分别设置为"Option3"和"Option4",Caption 属性分别设置为"篮球"和"羽毛球",将"古典音乐"和"篮球"对应的单选按钮的 Value 属性均设置为 True。

步骤 2:编写如下事件过程。

```
Private Sub Check1_Click( )
    If Check1.Value = 1 Then
        Frame1.Enabled = True
    Else
        Frame1.Enabled = False
    End If
End Sub
Private Sub Check2_Click( )
    If Check2.Value = 1 Then
        Frame2.Enabled = True
    Else
        Frame2.Enabled = False
    End If
End Sub
```

```
Private Sub Command1_Click( )
    If Check1.Value = 1 Then
        If Option1.Value = True Then
            s = "古典音乐"
        Else
            s = "流行音乐"
        End If
    End If
    If Check2.Value = 1 Then
        If Option2.Value = True Then
            s = s & "篮球"
        Else
            s = s & "羽毛球"
        End If
    End If
    Label2.Caption = s
End Sub

Private Sub Form_Load( )
    Check1.Value = 1
    Check2.Value = 1
End Sub
```

在以上事件过程中，Form_Load 过程使两个复选框处于选中状态；Check1 和 Check2 两个控件的单击事件过程先判断各自是否被选中，如果被选中，则使与其对应的框架可用，否则与其对应的框架不可用，以控制相应的单选按钮是否可用；在命令按钮的单击事件过程中，通过嵌套的选择结构先判断两个复选框（外层选择结构）和相应的单选按钮（内层选择结构）的选中情况，然后将对应的字符串进行连接，最后再将连接后的字符串赋给标签 2（Label2）的 Caption。

6.1.3 IIf 函数

IIf 函数实际上可以理解成"If-Then-Else"的另一种表现形式。IIf 是"Immediate If"的英文缩写。

其格式为：

result = IIf(条件,True 部分,False 部分)

"result"是函数返回值，"条件"是一个逻辑表达式。当条件为真（True）时，IIf 函数返回"True 部分"；当"条件"为假（False）时，返回"False 部分"。

条件后的"True 部分"和"False 部分"可以是表达式、变量或其他函数。IIF 函数中的 3 个参数都不能省略，而且要求条件后面的"True 部分"和"False 部分"与函数返回值的类型一致。

在简单的选择结构中，If…Then…Else 与 IIf 可以相互转换，如下例所示。

【例 6.2】在窗体的单击事件中输入以下代码。

```
Private Sub Form_Click( )
    x = 101
    Print "使用 IIf 输出选择结构"
    Print IIf(x > 100, "x 大于 100", "x 小于 100")
    Print
    Print "使用 If Else Then 输出选择结构"
    If x > 100 Then
        Print "x 大于 100"
    Else
        Print "x 小于 100"
    End If
End Sub
```

运行程序后单击窗体,程序的输出结果如图 6.5 所示。该程序代码说明在比较简单的选择结构中使用 IIf 可以简化程序,而且运行效果一样。

图 6.5　不同选择结构的输出

6.2　多分支控制结构

通常情况下,单条件选择只适合于描述较简单的双分支现象,Select Case 语句(又称 Case 语句或情况语句)可描述比较复杂的多分支现象,因此多分支结构比单条件选择具有更大的实用性和重要性。

这种结构的特点是从多个选择结构中选择条件为真(True)的语句块,如果条件都不为真,则执行其他语句块 Case Else,然后结束多分支结构。

其格式为:

```
Select Case 测试表达式
    Case 表达式表列 1
        语句块 1
    Case 表达式表列 2
        语句块 2
    ...
    Case Else
        语句块 n
End Select
```

该结构所实现的选择过程为根据"测试表达式"的值从多个语句块中选择一个符合条件的"表达式表列"后的语句块来执行。

其中,"测试表达式"可以是数值表达式或字符串表达式,通常为变量或常量。"表达式表列"称为域值,可以是数值的形式(Case 1,3,5),也可以是表达式 To 的形式(Case 1 To 5),还可以是 Is 关系运算表达式的形式(Case Is＜18)。其中,"表达式表列"中的表达式必须与测试表达式的数据类型相同。

说明:

(1)"表达式表列"有上面所说的 3 种形式,用户在具体使用时应注意以下几点:

① 关键字 To 用来指定一个范围。在这种情况下,必须把较小的值写在前面,把较大的值写在后面,字符串常量的范围必须按字母的顺序写出。

② 如果使用关键字 Is,则只能用关系运算符,例如"Case Is＜8",表示测试表达式小于 8 时执行相应的语句块;并且,这里的条件语句不能用逻辑运算符将两个或多个简单条件组合在一起,例如"Case Is＞10 And Is＜20"就是不合法的。

③ 在一个 Select Case 语句中,3 种形式可以混用。例如:

Case Is＜13, 17 To 16

(2) 语句的执行过程是先对"测试表达式"求值,然后将该值与 Case 子句中的表达式表列相匹配;如果匹配,则执行与该 Case 子句相关的语句块,然后跳出选择结构,执行 End Select 后面的程序代码。

(3) 如果同一个域值的范围在多个 Case 子句中出现,或"测试表达式"的值符合多个 Case 语句后的"表达式表列",则只执行符合要求的第一个 Case 语句的语句块。

(4) Select Case 语句 0 与 If…Then…Else 语句块的功能相似。在一般情况下,它们之间可以相互替代。

(5) 在 Select Case 语句中,Case 子句的顺序对程序的执行结果没有影响,需要特别注意的是,Case Else 子句必须放在所有 Case 子句的后面。如果在 Select Case 结构中没有任何一个表达式表列符合测试表达式的值,而且该结构中也没有 Case Else 子句,则不执行任何操作,跳出该选择结构,继续执行程序后面的代码。

【例 6.3】在窗体上画一个名称为 Command1 的命令按钮和两个名称分别为 Text1、Text2 的文本框,然后编写如下的事件过程:

```
Private Sub Command1_Click( )
    n = Text1.Text
    Select Case n
        Case 1 To 40
            x = 10
        Case 2, 10, 20
            x = 20
        Case Is ＜ 10
            x = 30
        Case 8
            x = 40
        Case Else
            x = 50
    End Select
    Text2.Text = x
End Sub
```

程序运行后,如果在文本框 Text1 中输入 8,则在 Text2 中显示的内容如图 6.6 所示。

图 6.6 Select Case 输出

分析程序,此结构在执行的时候按先后顺序判断条件,如果遇到第一个符合条件的 Case 子句,就执行其后的语句,后面的 Case 子句便不再判断,直接退出 Select 结构。在本程序中输入 8,经判断符合第一个条件,输出得到 x 的值 10,即使 x 也满足 Case 8 的条件,但不会执行 "x=40" 的语句。

6.3 循环结构

在实际应用中,用户经常遇到一些操作并不复杂但需要反复多次处理的问题,例如人口增长统计、国民经济发展计划增长情况、银行存款税率的计算等。对于这类问题,如果用顺序结构的程序来处理,将是十分烦琐的,有时候可能是难以实现的。为此,Visual Basic 提供了循环语句,使用循环语句可以实现循环结构程序设计。

循环语句产生一个重复执行的语句序列,直到指定的条件满足为止。Visual Basic 提供了 3 种不同风格的循环结构,分别是计数循环(For-Next)、当循环(While-Wend)和 Do 循环(Do-Loop)。其中,For-Next 循环按规定的次数执行循环体,而 While-Wend 循环和 Do-Loop 循环是在给定的条件满足时执行循环体。本节将对这几种循环结构语句进行详细介绍。

6.3.1 For 循环控制结构

For 循环又称 For-Next 循环或计数循环,其特点是事先可以规定循环的次数。
其格式为:

```
For 循环变量 = 初值 To 终值 [Step 步长]
    [循环体]
    [Exit For]
Next [循环变量][,循环变量]…
```

例如:

```
For i = 1 To 300 Step 1
    Total = Total + i
Next i
```

在该段代码中,从 1 到 300,步长为 1,共执行 300 次"Total=Total+i"语句,其中 i 是循环变量,1 是初值,300 是终值,Step 后面的 1 是步长值,"Total=Total+i"是循环体。
说明:

(1) 该结构的语句中有多个变量,它们的含义如下。

① 循环变量。循环变量又称"循环控制变量"、"控制变量"或"循环计数器"。它是一个数值变量,但不能是下标变量或记录元素。

② 初值。初值是一个数值表达式,它决定了循环变量的初始值。

③ 终值。终值是一个数值表达式,它决定了循环变量的终止值。

④ 步长。步长是一个数值表达式,它决定了循环变量的增量。需要注意的是,它可以是正值(递增循环)也可以是负值(递减循环),但不能为 0。如果步长为 1,可以省略不写。

⑤ 循环体。循环体是在 For 语句和 Next 语句之间的语句序列,可以是一个或多个语句。

⑥ Exit For。Exit For 用于退出循环。

⑦ Next。循环终端语句,在 Next 后面的"循环变量"与 For 语句中的"循环变量"必须相同。

格式中的初值、终值、步长均为数值表达式,但其值不一定是整数,也可以是实数,Visual Basic 会自动对其取整。

(2) 该结构语句的执行过程是首先将"初值"赋给"循环变量",然后检查其值是否超过了终值,如果超过就跳出循环体,否则执行循环体内的语句块,然后再将"循环变量"的值增加一个步长,重复上一过程。注意,如果步长为负值,则"减少一个步长"相当于将循环变量的值变小了。

这里所指的超过有两层含义,即大于或小于。当步长为正数时,检查循环变量是否大于终值;当步长为负数时,检查循环变量是否小于终值。图 6.7 所示为该循环结构的逻辑流程。

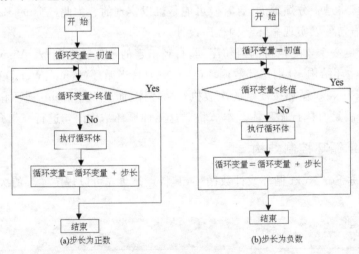

图 6.7 For 循环的结构流程

下面通过具体实例说明 For-Next 循环语句的执行过程:

```
t = 0
For i = 2 To 10 Step 2
    t = t + i
    Print t
Next i
```

其中,i 是循环变量,循环初值为 2,终值为 10,步长为 2,"t=t+i"和"Print t"是循环体。

执行过程如下:
① 把初值 2 赋给循环变量 i;
② 将 i 的值与终值进行比较,若 $i>10$,则转到⑤,否则执行循环体;
③ i 增加一个步长的值,$i=i+2$;
④ 返回②继续执行;
⑤ 执行 Next 后面的语句。

(3) For 循环遵循"先检查,后执行"的原则,即先检查循环体变量是否超过终值,然后决定是否执行循环体。但在以下两种情况下循环体将不被执行。
① 步长为正数而且初值大于终值;
② 步长为负数而且初值小于终值;
当初值等于终值时,无论步长是正数还是负数,循环体均只被执行一次。

(4) For 语句和 Next 语句必须成对出现,不能单独使用,而且 Next 语句必须在 For 语句之后。

(5) 循环次数由初值、终值和步长 3 个参数确定,计算公式为"循环次数=Int(终值-初值)/步长+1"。

(6) For 循环控制结构可以嵌套使用,嵌套层数没有具体限制,但需要注意的是,每个循环必须有一个唯一的变量名作为循环变量,内层的 Next 语句必须放在外层 Next 语句里面。其形式通常有以下 3 种。

① 一般形式。

```
For i1 = 1 To 10
    For i2 = 1 To 10
        For i3 = 1 To 10
            ...
        Next i3
    Next i2
Next i1
```

② 省略 Next 后面的 i1、i2 和 i3。

```
For i1 = 1 To 10
    For i2 = 1 To 10
        For i3 = 1 To 10
            ...
        Next
    Next
Next
```

③ 当嵌套循环体的各层循环变量有相同的终点时,可以共用一个 Next 语句,但此时的循环变量名不能省略。此外,在不共用一个 Next 语句时还可以省略每个 Next 语句后的变量名。

```
For i1 = 1 To 10
    For i2 = 1 To 10
        For i3 = 1 To 10
            ...
Next i3, i2, i1
```

(7) 在 Visual Basic 中,循环控制值不仅可以是整数和单精度数,还可以是双精度数。例如:

```
For i = 1 To 10 Step 0.5
    Total = Total + i
Next i
```

(8) 一般情况下,当循环变量达到终值时,For-Next 循环正常结束。而在某些情况下,可能需要在循环变量达到终值前退出循环,这就需要通过 Exit For 语句来实现。在一个 For-Next 循环中,可以含有一个或多个 Exit For 语句,并且可以出现在循环体的任何位置。此外,用 Exit For 只能退出当前循环。例如:

```
For i_out = 1 To 10
    For i_in = 1 To 20
        If i_in > 10 Then
            Exit For '退出内层的循环
        End If
    Next i_in
    If i_out > 5 Then
        Exit For '退出外层的循环
    End If
Next i_out
```

在该段代码中使用了两个 Exit For 语句,需要注意的是,用该语句只能退出当前的循环,即当 i_in > 10 时退出内层循环;当 i_out > 5 时退出外层循环,即退出整个循环。

【例6.4】在窗体上画一个名称为 Command1 的命令按钮,然后编写以下事件过程:

```
Private Sub Command1_Click( )
    x = 0
    n = InputBox("输入一个数字")
    For i = 1 To n
        For j = 1 To i
            x = x + 1
        Next j
    Next i
    Print
    Print "您输入的数字为:"; n
    Print
    Print "内层循环体的执行次数为:"; x
End Sub
```

程序运行后,单击命令按钮,然后在弹出的消息框中输入数值(如输入4),则在窗体上显示的内容如图 6.8 所示。

分析程序,在本例中使用了 For 循环语句的嵌套格式,在输入了 4 之后,通过外层循环的控制使内层循环体共执行了 10 次。

6.3.2 当循环控制结构

在编程过程中,编程人员有时事先不知道需要进行的循环次数。换句话说,就是在特定的条件下进行循环,此时,使用 For 循环控制结构显得不太适合。在 Visual Basic 中,可以用当循环描述这类问题。

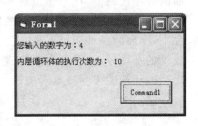

图 6.8 For 循环的输出结果

其格式如下:

```
While 条件
    [语句块]
Wend
```

其中,"条件"为一个布尔(Boolean)表达式。该循环的执行过程为如果"条件"为 True(非 0),执行语句块,然后返回对"条件"进行测试;如果为 False(0 值),则不执行语句块,而执行 Wend 后面的程序代码。其结构流程如图 6.9 所示。

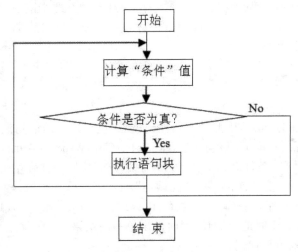

图 6.9 当循环流程

例如,有以下一段程序代码:

```
While a < 100
    a = InputBox("输入数据")
    …
Wend
```

结合程序结构图分析该循环的过程,当循环开始时先计算"条件"值,即 $a < 100$,如果该条件为真,则执行循环体中的语句,然后返回到"While a < 100",计算"条件"值并判断,直到 $a >= 100$ 时退出该循环。

当循环与 For 循环相比,For 循环对循环体的执行事先指定了次数,而当循环则是在给定的"条件"为真时执行循环体中的语句块,也就是说,事先不知道循环体执行的次数。例如,上面的程序代码中,在不知道输入值 a 的情况下不能确定其循环的总次数。

在事先知道循环次数,且循环变量的变化比较有规律的时候适合用 For 循环。在某些情况下,循环的条件变化不是"由大到小"或者"由小到大"。例如在输入的学生成绩中统计学生成绩的平均分,而且事先不知道有几个学生,如果用 For 循环来实现这一程序比较麻烦,但使用当循环就能很容易地解决这一问题,实现该过程的程序代码如下:

```
While Score < 100 And Score > 0
    Num = Num + 1
    Total = Total + Score
Wend
Average = Total / Num
```

在使用当循环结构时需要注意以下几点:
(1) 如果"条件"永远为真(True),将不停地重复执行循环体,即死循环。例如:

```
x = 1
While x
    循环体
Wend
```

这是死循环的一个特例。程序运行后,只能通过人工干预的方式或由操作系统强迫其停止执行。
(2) While 循环是在对"条件"进行测试后才决定是否执行循环体,只有在"条件"为真(True)的情况下执行循环体。

```
While a<>a
    循环体
Wend
```

条件"a<>a"永远为 false,因此不执行循环体。所以,这样的语句没有任何实用价值。
(3) 当循环结构可以嵌套,层数没有限制,但要注意每个 Wend 和最近的 While 相匹配的原则。
(4) 在设置循环体的"条件"时,要使循环体的执行能够使条件发生变化,即条件最终会变成假(False),使当循环终止,从而避免了"死循环"。

【例 6.5】设计一个程序,用来计算分数数组 1/1,1/2,1/3,1/4,1/5,1/6…的总和,直到相邻分数之间的差小于 0.01 时退出循环,同时输出总和的结果。

在窗体事件中输入以下代码:

```
Private Sub Form_Click( )
    i = 1
    Sum = 0
    a = 1: b = 0
    While a - b >= 0.01
        Print "累加到第"; i; "个分数"
        a = 1 / i
        b = 1 /(i + 1)
        i = i + 1
        Sum = Sum + a
    Wend
    Print "分数数列的总和为:"; Sum
End Sub
```

运行程序并单击窗体后,程序的运行结果如图 6.10 所示。

图 6.10 数列求和输出

6.3.3 Do 循环控制结构

Do 循环不仅可以不按照限定的次数执行循环体内的语句块,而且可以根据循环条件的真(True)或假(False)来决定是否结束循环。

其格式有以下两种:

(1) Do While…Loop 结构

```
Do
    [语句块]
    [Exit Do]
Loop[While | Until 循环条件]
```

(2) Do…Loop While 结构

```
Do[While | Until 循环条件]
    [语句块]
    [Exit Do]
Loop
```

Do 循环语句的功能是当指定的"循环条件"为 True 或直到指定的"循环条件"变为 True 之前,重复执行一组语句(即循环体)。

说明:

(1) Do、Loop、While 和 Until 都是关键字,"语句块"是指需要重复执行的一条或多条语句,即循环体,"循环条件"为一个逻辑表达式。

(2) Do 和 Loop 构成了 Do 循环。当只有这两个关键字时,其格式简化为:

```
Do
    [语句块]
Loop
```

在这种情况下,程序将不停地执行 Do 和 Loop 之间的"语句块"。为了使程序按指定的次数执行循环,必须使用可选的关键字 While 或 Until 以及 Exit Do。While 是当条件为 True 时执行循环,Until 则是在条件变为 True 之前重复。

(3) 在格式 1 中,While 和 Until 放在循环的末尾,分别叫作 Do…Loop While 和 Do…Loop Until 循环,它们的逻辑流程如图 6.11 所示。

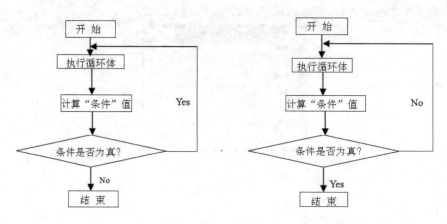

图 6.11 Do…Loop While 和 Do…Loop Until 循环结构图

结合图 6.11 所示的循环结构图来分析这两种循环结构的循环过程,它们有一个显著的特点,就是循环体至少被执行了一次,即在执行完一次循环体后才开始进行条件值的计算、判断,然后再进行下一次的循环或退出循环。当用关键词"While"时,条件值为"假"时退出循环;当用关键词"Until"时,条件值为"真"时退出循环。

【例 6.6】在窗体上画一个名称为 Command1 的命令按钮,然后编写如下事件过程:

```
Private Sub Command1_Click( )
    Dim a As Integer, s As Integer
    a = 8
    s = 1
    Do
        s = s + a
        a = a - 1
    Loop While a <= 0
    Print " Test Do-loop-While"
    Print
    Print "s = :"; s
    Print "a = :"; a
End Sub
```

程序运行后单击命令按钮,程序的运行结果如图 6.12 所示。

图 6.12 Do Loop… While 循环实例

(4) 在格式 2 中，While 和 Until 放在循环的开头，即紧跟在关键字 Do 之后，组成两种循环，分别叫作 Do While…Loop 和 Do Until…Loop 循环，它们的执行过程如图 6.13 所示。

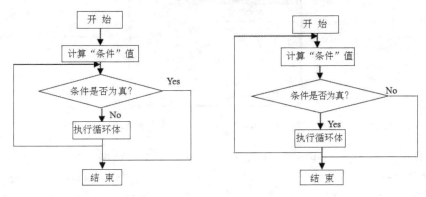

图 6.13　Do Until…Loop 和 Do While…Loop 循环结构图

例如：

```
Do while x < 10
    x = x + 1
    …
Loop

Do Until x > 10
    x = x + 1
    …
Loop
```

以上两个循环表达的循环过程实际上大同小异，当用 While 时，表示该循环的条件为假时退出循环；当用 Until 时，表示循环条件为真时退出循环。

结合循环的结构框图来分析循环的过程，这两种循环与当循环很相似，需要注意的地方是，当用关键词"While"时，条件值为"假"时退出循环；当用关键词"Until"时，条件值为"真"时退出循环。

【例 6.7】在窗体上画两个名称为 Text1、Text2 的文本框和一个名称为 Command1 的命令按钮，然后编写如下事件过程：

```
Private Sub Command1_Click( )
    Dim x As Integer, n As Integer
    x = 1
    n = 0
    Do While x < 20
        x = x * 3
        n = n + 1
    Loop
    Text1.Text = Str(x)
    Text2.Text = Str(n)
End Sub
```

运行程序后单击命令按钮,在两个文本框中显示的值如图 6.14 所示。

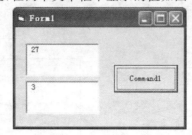

图 6.14　Do While…Loop 循环实例

分析程序,在本程序中采用的是 Do While…Loop 循环结构,循环条件是 $x<20$。当 $x=1<20$ 时执行"$x=x*3=3$,$n=n+1=1$";当 $x=3<20$ 时执行"$x=x*3=9$,$n=n+1=2$";当 $x=9<20$ 时执行"$x=x*3=27$,$n=n+1=3$";当 $x=27>20$ 退出循环。

在使用 Do 循环时需要注意以下几点:

(1) 与当循环一样,如果条件永远为真(True),Do 循环也会陷入"死循环"。在这种情况下,可以使用 Exit Do 语句跳出循环。在一个 Do 循环中可以有一个或多个 Exit Do 语句,并且 Exit Do 语句可以在循环体的任何地方出现,程序执行到该语句时结束循环,但用 Exit Do 语句只能从它所在的循环中退出。

(2) Do 循环可以嵌套,但需要注意"Do"和"Loop"相匹配。

(3) Do 循环又可分为先判断条件形式的 Do While | Until…Loop 语句和后判断条件形式的 Do…Loop While | Until 语句。

【例 6.8】设计一个程序,用来计算存入银行账户的存款总数,已知银行按月结算利息,利息率为 1‰,即每月存入 100 元,到月末总额为 101 元。现在每月存入 1000 元,要求计算多少个月后就能买一辆价格为 88888 元的 SUV 汽车,并在存款超过 80000 元时输出每月的账户信息。

向窗体中的命令按钮的单击事件中输入以下代码:

```
Private Sub Form_Click( )
    Dim i As Integer
    Dim sum As Single
    Dim enough As Single
    enough = 88888
    sum = 1000
    i = 1
    Do
        sum = sum + 1000
        sum = sum + 0.01 * sum
        If sum > 80000 Then
            Print "第"; i; "个月后存款为:"; sum
        End If
        i = i + 1
    Loop Until sum >= 88888
    Print
    Print "第"; i; "个月就可以买一辆雪佛兰了!"
End Sub
```

运行以上程序,单击窗体,程序的输出结果如图 6.15 所示。

图 6.15 Do Loop…Until 循环实例

分析程序,在该程序中使用了 Do…Loop Until 的结构,用 Until 来判断何时跳出循环,其中用一个选择控制结构来控制存款超过 80000 时的输出。需要注意的是,在用关键词 Until 时,条件应该是 Until sum >= 88888;只有在使用 While 时,条件才可以是 While sum < 88888。

6.3.4 多重循环

通常把循环体内不含有循环语句的循环叫作单层循环,而把循环体内含有循环语句的循环称为多重循环。例如在一个循环体内含有一个循环语句的循环称为二重循环。多重循环又称多层循环或嵌套循环。

【例 6.9】在窗体上画一个名称为 Command1 的命令按钮和一个名称为 Text1 的文本框,然后编写如下事件过程:

```
Private Sub Command1_Click( )
    n = Val(Text1.Text)
    For i = 2 To n
        For j = 2 To Sqr(i)
            If i Mod j = 0 Then Exit For
        Next j
        If j > Sqr(i) Then Print i; "是一个素数"
    Next i
End Sub
```

运行程序后,在文本框中输入 40,然后单击 Command1 命令按钮,程序运行结果如图 6.16 所示。

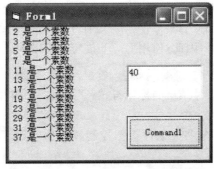

图 6.16 多重循环实例

分析该程序,在命令按钮的单击事件中使用了多重 For 循环,其中内层循环主要用于测试小于 40 的一个数是否能被"2 To Sqr(i)"之间的数整除,如果都不能则表示该数是一个素数,并通过条件语句"If j > Sqr(i)"来判断。如果条件为真,则输出素数结果。

通常情况下,前面几节所介绍的 3 种循环都不能在循环过程中退出循环,只能从头到尾执行。在 Visual Basic 中以出口语句的形式提供了更进一步的中止功能,与循环结构配合使用,可以根据需要退出各自层的循环。

此外,出口语句还可以在过程中使用,具体将在后续内容中介绍。出口语句分为两种形式,一种为无条件形式,另一种为条件形式,具体见表 6.1 所示。

表 6.1　出口语句的形式

无条件形式出口	条件形式出口
Exit For	If 条件 Then Exit For
Exit Do	If 条件 Then Exit Do
Exit Sub	If 条件 Then Exit Sub
Exit Function	If 条件 Then Exit Function

其中,无条件出口语句不需要测试条件,执行到该语句后将强行退出循环;而条件形式出口语句要对语句中的条件进行测试,只有当前指定的条件为 True 时才能退出循环,如果条件为 False,则出口语句不起作用。

在本节中需要注意以下几点:
(1) 层次要分明,即"大循环"包含"小循环",切不可出现循环体的局部相互包含的情况。
(2) 设置合理的出口语句。它具有两方面的意义:首先,出口语句显式地标出了循环的出口点,这样就大大改善了某些循环的可读性,便于用户编写代码;其次,给程序的编写过程带来了更大的方便,可以在循环体的任何地方设置一个或多个中止循环的条件。

6.4　GoTo 型控制

在 Visual Basic 中保留了传统的 GoTo 型控制语句,包括 GoTo 语句和 On-GoTo 语句。在某些特定的情况下,它能起到一定的作用,但过多地使用该 GoTo 型控制语句会影响程序的可读性。

6.4.1　GoTo 语句

GoTo 语句用来改变程序执行的顺序,即跳过程序的某一部分执行另一部分,或者返回已经执行的某语句使之重复执行,因此,使用 GoTo 语句也可以构成循环。其格式如下:

GoTo {标号 | 行号}

其中的"标号"是一个以冒号结尾的标识符;"行号"是一个整型数,它不以冒号结尾。例如"Begin:"是一个标号,"123"是一个行号。

GoTo 语句的执行过程为它将无条件地把控制转移到"标号"或"行号"所在的程序行,并且从该行开始向下执行。

在使用 GoTo 语句时需要注意以下几点:

(1) 在 Visual Basic 中，GoTo 语句只能在一个过程中使用。

(2) 标号和行号格式一定要正确。标号必须以英文字母开头，以冒号结束；行号由整型数组成，而且后面不能跟冒号。此外，GoTo 语句中的标号或行号必须在程序中存在，并且是唯一的，否则会产生错误。标号或行号可在 GoTo 语句前面，也可在 GoTo 语句后面。

6.4.2　On-GoTo 语句

该语句的功能类似于 Select Case 语句，可用来实现多分支的选择控制，可以根据不同条件从多种处理方案中选择一种。

其格式如下：

On 数值表达式 GoTo 行号表列 | 标号表列

其中，"数值表达式"可以为变量或常量；"行号表列"和"标号表列"可以是程序中存在的多个行号或标号，它们之间用逗号隔开。

On-GoTo 语句的执行过程为先计算"数值表达式"的值，如果不是整数，将其四舍五入得到整数后，再根据该整数值决定转移到第几个行号或标号执行。例如值为 1 时，转向第一个行号或标号所指出的语句行；值为 3 时，转向第 3 个行号或标号所在的语句行。当出现表达式的值为 0 或大于"行号表列"或"标号表列"的项数，程序找不到适当的语句行时，将自动跳到 On-GoTo 语句的下一个程序语句继续执行程序。

在使用 On-GoTo 语句时需要注意的一点是，行号"33"或"55"不一定表示第 33 行或第 55 行，只表示标上"33"或"55"行号的那一行，可能由于程序代码的不断修改，"33"行号所标的那一行在程序代码中实际上是第 36 行。

本章小结

本章重点介绍 Visual Basic 的基本控制结构，读者应重点学习选择结构和循环结构的格式及功能，以及在这两种基本控制结构基础上延伸出来的嵌套结构。

本章重点掌握以下内容：

(1) 选择控制结构的 3 种格式，以及选择结构的嵌套。

(2) 多分支控制结构的格式。

(3) 循环控制结构的 3 种格式，以及循环结构的嵌套。

(4) GoTo 语句和 On-GoTo 语句的用法。

巩 固 练 习

(1) 在窗体上画一个名称为 Command1 的命令按钮,并编写如下程序:
```
Function Fun(x)
    y = 0
    If x < 10 Then
        y = x
    Else
        y = y + 10
    End If
    Fun = y
End Function
Private Sub Command1_Click( )
    n = InputBox("请输入一个数")
    n = Val(n)
    P = Fun(n)
    Print P
End Sub
```
运行程序,单击命令按钮,将显示输入对话框,如果在对话框中输入 100,并单击"确定"按钮,则输出结果为(　　)。
A. 10　　　　　　B. 100　　　　　　C. 110　　　　　　D. 出错信息

(2) 设有如下函数:
```
Function DelSpace(ch As String) As Integer
    Dim n%, st$, c$
    st = ""
    n = 0
    For k = 1 To Len(ch)
        c = Mid(ch,k,1)
        If c <> " " Then
            st = st & c
        Else
            n = n + 1
        End If
    Next k
    ch = st
    DelSpace = n
End Function
```
函数的功能是(　　)。
A. 统计并返回字符串 ch 中字符的个数

B. 删除字符串 ch 中的空格符,返回删除字符的个数
C. 统计并返回字符串 ch 中的非空格字符数
D. 删除字符串 ch 中除空格符以外的其他字符,返回删除字符的个数

(3) 现有如下语句:

```
x = IIf(a > 50, Int(a \ 3), a Mod 2)
```

当 $a=52$ 时,x 的值是(　　)。

A. 0　　　　　　　B. 1　　　　　　　C. 17　　　　　　　D. 18

(4) 设有下面的语句:

```
Print IIf(x>0,1,IIf(x<0,-1,0))
```

与此语句输出结果不同的程序段是(　　)。

A. If x > 0 Then
　　　x=1
　　ElseIf x < 0 Then
　　　x=-1
　　End If
　　Print x

B. If x > 0 Then
　　　Print 1
　　ElseIf x < 0 Then
　　　Print -1
　　Else
　　　Print 0
　　End If

C. Select Case x
　　　Case Is > 0
　　　　Print 1
　　　Case Is < 0
　　　　Print -1
　　　Case Else
　　　　Print 0
　　End Select

D. If x <> 0 Then
　　　If x > 0 Then Print 1
　　ElseIf x < 0 Then
　　　Print -1
　　Else
　　　Print 0

(5) 设 x 为一个整型变量,且语句的开始为 Select Case x,则不符合语法规则的 Case 子句是(　　)。

A. Case Is > 20　　　　　　　　B. Case 1 To 10
C. Case 0 < Is And Is < 20　　　D. Case 2,3,4

(6) 在窗体上画一个名称为 Text1 的文本框和一个名称为 Command1 的命令按钮,然后编写如下事件过程:

```
Private Sub Command1_Click( )
    Dim i As Integer, n As Integer
    For i = 0 To 50
        i = i + 3
        n = n + 1
        If i > 10 Then Exit For
    Next
    Text1.Text = Str(n)
End Sub
```

程序运行后单击命令按钮,在文本框中显示的值是(   )。
A. 2   B. 3   C. 4   D. 5

(7) 阅读下面的程序:

```
Private Sub Form_Click( )
    a = 0
    For j = 1 To 15
        a = a + j Mod 3
    Next j
    Print a
End Sub
```

程序运行后单击窗体,输出结果是(   )。
A. 105   B. 1   C. 120   D. 15

(8) 为计算 $1+2+2^2+2^3+2^4+\cdots+2^{10}$ 的值,并把结果显示在文本框 Text1 中,若编写如下事件过程:

```
Private Sub Command1_Click( )
    Dim a&, s&, k&
    s = 1
    a = 2
    For k = 2 To 10
        a = a * 2
        s = s + a
    Next k
    Text1.Text = s
End Sub
```

执行此事件过程后发现结果是错误的,为了能得到正确的结果,应做的修改是(   )。
A. 把 s＝1 改为 s＝0
B. 把 For k＝2 To 10 改为 For k＝1 To 10
C. 交换语句 s＝s＋a 和 a＝a＊2 的顺序
D. 把 For k＝2 To 10 改为 For k＝1 To 10,交换语句 s＝s＋a 和 a＝a＊2 的顺序

(9) 在窗体上画一个名称为 Command1 的命令按钮和一个名称为 Label1 的标签,然后编写如下事件过程:

```
Private Sub Command1_Click( )
    s = 0
    For i = 1 To 15
        x = 2 * i - 1
        If x Mod 3 = 0 Then s = s + 1
    Next i
    Label1.Caption = s
End Sub
```

程序运行后单击命令按钮,则标签中显示的内容是(   )。
A. 1   B. 5   C. 27   D. 45

(10) 有如下程序：

```
Private Sub Form_Click( )
    Dim i As Integer,n As Integer
    For i = 1 To 20
        i = i + 4
        n = n + i
        If i > 10 Then Exit For
    Next
    Print n
End Sub
```

程序运行后单击窗体，则输出结果是（　　）。
A. 14　　　　　　B. 15　　　　　　C. 29　　　　　　D. 30

(11) 设有如下事件过程：

```
Private Sub Form_Click( )
    Sum = 0
    For k = 1 To 3
        If k <= 1 Then
            x = 1
        ElseIf k <= 2 Then
            x = 2
        ElseIf k <= 3 Then
            x = 3
        Else
            x = 4
        End If
        Sum = Sum + x
    Next k
    Print Sum
End Sub
```

程序运行后单击窗体，输出结果是（　　）。
A. 9　　　　　　B. 6　　　　　　C. 3　　　　　　D. 10

(12) 在窗体上画两个文本框（名称分别为 Text1 和 Text2）和一个命令按钮（名称为 Command1），然后编写如下事件过程：

```
Private Sub Command1_Click( )
    x = 0
    Do While x < 50
        x = (x + 2) * (x + 3)
        n = n + 1
    Loop
    Text1.Text = Str(n)
    Text2.Text = Str(x)
End Sub
```

程序运行后单击命令按钮,在两个文本框中显示的值分别为(　　)。
A. 1 和 0　　　　B. 2 和 72　　　　C. 3 和 50　　　　D. 4 和 168

(13) 设有如下事件过程:

```
Private Sub Command1_Click( )
    For i = 1 To 5
        j = i
        Do
            Print " * "
            j = j - 1
        Loop Until j = 0
    Next i
End Sub
```

运行程序,输出的"*"的个数是(　　)。
A. 5　　　　　　B. 15　　　　　　C. 20　　　　　　D. 25

(14) 假定有以下程序段:

```
For i = 1 To 3
    For j = 5 To 1 Step -1
        Print i * j
    Next j
Next i
```

则语句 Print i * j 的执行次数是(　　)。
A. 15　　　　　B. 16　　　　　　C. 17　　　　　　D. 18

(15) 设有如下程序段:

```
n = 0
For i = 1 To 3
    For j = 1 To i
        For k = j To 3
            n = n + 1
        Next k
    Next j
Next i
```

执行上面的程序段后, n 的值为(　　)。
A. 3　　　　　　B. 21　　　　　　C. 9　　　　　　D. 14

第7章 数组

迄今为止，我们使用的都是基本数据类型（字符串、整型、实型等）的数据，通过简单变量名来访问它们的元素。除基本数据类型外，Visual Basic 还提供了数组类型。利用数组，可以方便、灵活地组织和使用数据。对于数组来说，不能用一个简单变量名访问它的某个元素。

数组是有序数据的集合。在其他语言中，数组中的所有元素都属于同一个数据类型，而在 Visual Basic 中，一个数组中的元素可以是相同类型的数据，也可以是不同类型的数据。

7.1 数组的概念

在使用 Visual Basic 进行程序设计的过程中，用户经常会碰到需要处理大批量的同一类型数据的情况。例如需要处理 50 个学生的数学成绩，若在程序中定义 50 个简单变量来记录这样一批数据，显然是不太合适的。为此，Visual Basic 中提供了解决这一问题的有效途径——定义一个数组。数组是指由一定数目的同类元素按一定顺序排列而成的结构类型数据。换句话说，把一组具有相同名字、不同下标的变量称为数组。例如 Math(n)，其中 Math 是数组名，n 是下标。在上述情况下，可以定义 Math(50)这一数组来记录并处理 50 个学生的数学成绩，分别用 Math(1)、Math(2)…Math(50)来表示每个学生的数学成绩，方便在程序中成批地处理数据。

一个数组如果只用一个下标就能确定一个个数组元素在数组中的位置，则称为一维数组。也可以说，由具有一个下标的下标变量所组成的数组称为一维数组，而由具有两个或多个下标的下标变量所组成的数组称为二维数组或多维数组。

7.1.1 数组的定义

与基本数据类型相同，数组也应当"先定义，后使用"。在程序的运行中，数组占用一个内存区域，数组名就是这个区域的名称，区域的每个单元都有自己的地址，该地址用下标表示。定义数组的目的就是事先通知计算机为其留出所需要的内存空间。

在定义数组的时候，与定义基本数据类型的方式相似，由于相比之下数组多出一个"下标"，在定义时按下标的表示方式的不同可分为如下两种格式：

1. 第 1 种格式

该格式与传统数组的定义格式相同，对于数组中的下标，只给出其上界，即用下标的最大值来表示。

其格式为：

```
Dim 数组名(下标上界) As 类型名称
```

例如：

```
Dim Math(50) As Single
```

定义了一个一维数组，该数组名为 Math，类型为 Single(单精度型)，共有 51 个数组元素(0~50)，共占据 204 个字节(每个单精度型变量占 4 个字节)。

注意在上面的定义语句中，数组的下标是从默认的"0"开始。如果希望数组的下标从"1"开始，以方便计数，可以在定义语句的前面加上如下语句：

```
Option Base 1
```

这时同样定义了一个一维数组，该数组名为 Math，类型为 Single(单精度型)，但是它有 50 个数组元素(1~50)，共占据 200 个字节(每个单精度型变量占 4 个字节)。

用"Option Base n"语句指定数组下标的默认下界，需要注意的是，格式中的"n"只能是 0 或 1，如果不使用该语句，则默认值为 0。此外，Option Base 语句只能出现在窗体层或模块层，不能出现在过程中，并且必须放在数组定义之前。假如定义的是多维数组，则下标的默认下界对每一维都有效。

2. 第 2 种格式

用第 1 种格式定义的数组，其下标的下界只能是 0 或 1，但如果采用下面的"To"格式来定义，用户可以指定数组下标的下界。

其格式为：

```
Dim 数组名([下界 To] 上界[,下界 To] 上界…)As 类型名称
```

例如：

```
Dim Num(-2 To 10) As Integer
```

定义了一个一维数组 Num，其下标的下界为-2，上界为 10，即该数组可以使用的数组下标值在-2~10 之间，共有 13 个数组元素。

比较这两种定义方式会发现，第二种格式包含了第一种格式，只要省略"下界 To"，即变为第一种格式。

在一定的情况下，第二种格式的定义方式可以更加直观地表示数据的含义，使程序的可读性得到一定的提高。例如，需要定义 6 月到 12 月份的收入，可以用如下方式来定义：

```
Dim Income(6 To 12) As Integer
```

而用第一种格式，其下标的下界只能为 0 或 1，故在某些情况下，使用"To"能更好地反映对象及数据的特性。

除了用"Dim"来定义数组以外，在 Visual Basic 中还可以用"ReDim"、"Static"和"Public"来定义，但它们的适用范围不尽相同，如表 7.1 所示。

表 7.1 数组定义的关键字及范围

关键字	适用范围
Dim	在窗体模块或标准模块中定义窗体或标准模块数组，也可用于过程中
ReDim	用于过程中
Static	用于过程中
Public	在标准模块中用于定义全局数组

在定义数组的时候需要注意以下几点：

（1）当用 Dim 语句定义数组时,定义语句会对所定义数组的元素进行初始化,把数值数组中的元素全都初始化为 0,而把字符串数组中的元素全都初始化为空字符串。

（2）定义格式中的"数组名"与简单变量相同,必须遵循标识符命名规则,可以是 Visual Basic 中任何合法的标识符。数组的"类型"表明的是数组中元素的类型,可以是 Integer、Long、Single、Double、Currency、String 等基本类型,也可以是用户自定义类型,在省略"As 类型名称"的情况下,数组的类型为 Variant 型。

（3）给数组命名时,在同一个过程中不能与变量名相同,否则程序会出现错误。

例如：

```
Private Sub Form_Click( )
    Dim Age(8)
    Dim Age
    Age = 9
    Age(8) = 30
    Debug.Print Age, Age(8)
End Sub
```

在程序运行后单击窗体,系统将提示声明重复的错误,提示的对话框如图 7.1 所示。

图 7.1 声明重复提示

（4）在定义数组时,每一维的下标必须是常数,不能是变量或表达式,但在使用关键字 ReDim 时除外。

例如：

```
Private Sub Form_Click( )
    Dim n As Integer
    n = InputBox("输入 n 的值")
    Dim Age(n)
    Age(3) = 15
    Print Age(3)
End Sub
```

在程序运行后单击窗体,系统将提示数组定义错误,提示的对话框如图 7.2 所示。

程序代码中的 n 是一个变量,它不能用来当数组声明中的下标上界。如果将程序中定义数组时的"Dim"换成"ReDim",则程序不会出现错误。

（5）数组的类型通常在 As 后面给出,如果省略"As 类型名称",但又想定义其类型,可以通过与定义基本类型变量时相仿的方式。

图 7.2 声明数组个数的错误提示

例如：

```
Dim m%(10),n!(7),s#(2 To 10)
```

表示分别定义了整型、单精度、双精度3种数据类型的数组。
（6）在定义数组的时候，其下标的下界必须小于上界。
例如：

```
Private Sub Form_Click( )
Dim Num(3 To -2)
    Print Num(0)
End Sub
```

运行程序后单击窗体，系统将提示数组定义的错误，提示的对话框如图7.3所示。

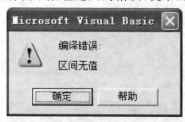

图7.3 数组定义下标的错误

分析程序，在定义数组的时候，"3 To -2"分别代表下标的下界和上界，但此时的下界却大于上界，因此系统将提示数组定义下标的错误。

此外，还可以通过LBound和UBound函数得到数组的上、下界值。

【例7.1】在窗体单击事件中输入以下代码。

```
Private Sub Form_Click( )
Dim Arr1(-5 To 20)
Dim Arr2(-5 To 5, 30 To 50)
    Print "Arr1数组下界为:"; LBound(Arr1, 1)
    Print "Arr1数组上界为:"; UBound(Arr1, 1)
    Print "Arr2数组第一维下界为:"; LBound(Arr2, 1)
    Print "Arr2数组第一维上界为:"; UBound(Arr2, 1)
    Print "Arr2数组第二维下界为:"; LBound(Arr2, 2)
    Print "Arr2数组第二维上界为:"; UBound(Arr2, 2)
End Sub
```

运行程序，单击窗体后，程序的运行结果如图7.4所示。

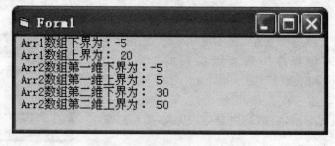

图7.4 求数组的上、下界

分析程序，通过 LBound 函数和 UBound 函数可以很方便地求得数组下标的上、下界。在编程的过程中，通常将数组的上、下界当作循环变量的初值和终值。

7.1.2 默认数组

当省略"As 类型名称"时，默认的数据类型为 Variant，这样的数组我们称之为默认数组。在程序设计中，有时需要在同一时间内对不同数据类型进行操作，而在几乎所有的程序设计语言中，定义好一个数组后，同一个数组只能存放同一种类型的数据。在 Visual Basic 中，对于默认数组而言，在同一个数组中可以存放各种类型的数据，有时能发挥其特有的作用。

在通常情况下，定义数组应指出其类型。

例如：

```
Static Math(1 To 50) As Single
```

定义了一个单精度型数组 Math，它有 50 个元素，每个元素对应的都是一个单精度数。

假如将上面的定义改为：

```
Static Math(1 To 50)
```

此时定义的数组就是默认数组，它与以下定义效果相同：

```
Static Math(1 To 50) As Variant
```

【例 7.2】在窗体上画一个命令按钮控件，并在窗体单击事件和命令按钮单击事件中输入以下程序代码。

```
Private Sub Command1_Click( )
Dim T1(3) As Integer
    T1(1) = 5
    T1(2) = "Visual Basic"
    T1(3) = Time
    Print T1(1), T1(2), T1(3)
End Sub

Private Sub Form_Click( )
Static T2(6)
    T2(1) = 5
    T2(2) = "Visual Basic"
    T2(3) = Time
    T2(4) = 2.71828
    T2(5) = &H1ABCDEF
    T2(6) = #12/12/2012#
    For i = 1 To 6
        Print " T2(";I; ")的值为:"; T2(i)
    Next
End Sub
```

运行程序后单击窗体，程序运行结果如图 7.5 所示。

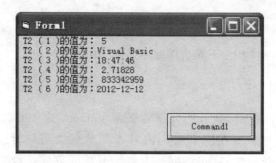

图 7.5　默认数组的输出结果

单击 Command1 按钮,程序将弹出如图 7.6 所示的提示对话框。

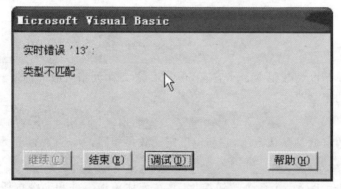

图 7.6　程序提示信息

分析程序,在窗体的单击事件中定义的是默认数组,所以可以给数组赋不同类型的数据,包括整型、字符串型、时间类型、实型、日期类型及十六进制型等;而在命令按钮 Command1 的单击事件中定义了整型数组,然后对其赋字符串类型的数据等,程序会提示数据的类型不匹配。因此在程序设计过程中,如果用户不知道数据的返回类型,可以先将其定义为静态的默认数组,由于该数组能接收不同类型的数据而不会发生错误。

7.1.3　一维数组和二维数组

在 Visual Basic 中定义的数组可以是一维、二维或二维以上的多维数组,下面重点介绍一维数组和二维数组。

1. 一维数组

一个数组如果只用一个下标就能确定一个数组元素在整个数组中的位置,则称该数组为一维数组。它相当于数学中的一个"向量"。

一维数组在编程过程中的使用频率比较高。例如,同一类型的、大批量的数据记录及处理;在程序的循环控制结构中,几乎每一个循环体语句都需要用到一维数组。

【例 7.3】设计一个程序,实现分别输入两组数据(每组 10 个)、将两组数据对应位置上的数据中较大的数保存下来、将保存下来的数据输出,其中的 3 组数据用 3 个一维数组来存储。数据使用 InputBox 函数输入。在窗体上画一个命令按钮控件,名称为 Command1,单击窗体后通过 InputBox 输入两组数据,输入完毕后,单击命令按钮进行比较并保存及输出。

分析题意,因为其中用到了两个过程,它们都会用到这 3 个数组,所以需要在窗体层定义窗体模块变量。

在窗体的单击事件和命令按钮的单击事件中分别输入以下代码:

```
Dim a(10) As Integer '在窗体层定义窗体模块变量
Dim b(10) As Integer
Dim c(10) As Integer
Private Sub Form_Click( )
    Dim i As Integer, j As Integer
    Print "第一组数据输入:"
    For i = 1 To 10
        a(i) = InputBox("数据输入")
    Next i
    Print "第二组数据输入:"
    For i = 1 To 10
        b(i) = InputBox("数据输入")
    Next i
    Print "第一组数据输出:"
    For i = 1 To 10
        Print a(i);spc(1);
    Next i
    Print
    Print "第二组数据输出:"
    For i = 1 To 10
        Print b(i);spc(1);
    Next i
End Sub
Private Sub Command1_Click( )
    Dim i As Integer, j As Integer
    For i = 1 To 10
        If a(i) < b(i) Then
            c(i) = b(i)
        Else
            c(i) = a(i)
        End If
    Next i
    Print "比较后:"
    For i = 1 To 10
        Print c(i);spc(1);
    Next i
End Sub
```

运行程序后,单击窗体将出现如图 7.7 的左图所示的输入对话框,然后输入两组数据。再单击 Command1 按钮,程序运行结果如图 7.7 的右图所示。

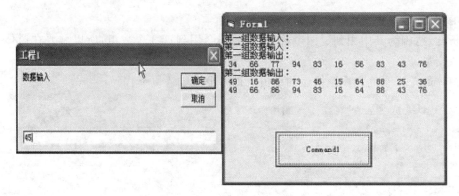

图 7.7　程序的输入及输出

分析程序,先通过两个循环将两组数据输入。输入的数据存放在名为 a、b 的两个数组中,输入后在窗体上显示输入的结果,然后单击命令按钮,通过该事件过程中的 For 循环来实现比较及保存的过程。其具体实现过程是在循环中比较两个数组对应元素的大小,将较大者存放在 c 数组对应的位置,最后输出 c 数组的存放结果。

2. 二维数组

一个数组如果需要两个下标才能确定一个数组元素在整个数组中的位置,则称该数组为二维数组。它相当于数学中的"矩阵"。

用户在编程的过程中会经常碰到这样的情形,黑板上的一个点需要用两个参量来表示其位置(x,y);或者是数学中的矩阵间的运算等,一维数组不能很好地解决这一类问题,而二维数组正好符合这一要求。

【例 7.4】利用二维数组实现矩阵数据的设置,要求单击命令按钮,对矩阵主对角线上的元素赋值为 -1,对主对角线上以及下部的数据赋值为 1,并在屏幕输出。程序代码如下:

```
Private Sub Command1_Click( )
    Dim x(3, 3)
    For i = 1 To 3
        For j = 1 To 3
            If j <= i Then x(i, j) = 1
            If j > i Then x(i, j) = -1
        Next j
    Next i
    For i = 1 To 3
        For j = 1 To 3
            Print x(i, j);
        Next j
        Print
    Next i
End Sub
```

运行程序后,单击 Command1 按钮进行矩阵数据的设置并输出,程序运行结果如图 7.8 所示。

图 7.8 矩阵的输入及输出

分析该程序,通过定义二维数组可以很方便地进行矩阵数据的设置。在上面的程序中,数组 x 的第一维下标代表的是矩阵的行号,第二维下标代表的是矩阵的列号。因此,当在矩阵数据有一定规律时,可以利用下标之间的关系对元素进行相应的设置并输出。

7.1.4 静态数组和动态数组

在 Visual Basic 中定义数组后,在使用数组的过程中必须为数组开辟所需要的内存空间。在不同时间段开辟内存空间的数组的类型是不同的,其中需要在编译时就开辟内存空间的数组称为静态(Static)数组,需要在运行时再开辟内存空间的数组称为动态(Dynamic)数组。

1. 静态数组

用数值常数或符号常量作为下标定界的数组都是静态数组。

例如:

```
Static Math(1 To 50) As Integer
Dim Math(1 To 50) As Integer
Static Math(1 To 50)
Dim Math(1 To 50)
Dim Arr(1 To 50,1 To 30) As Integer
```

以上定义的都是静态数组。

2. 动态数组

用变量作为下标定界的数组是动态数组。

定义一个动态数组,一般分为两步,首先在窗体层、标准模块或过程中用 Dim 或 Public 声明一个没有下标的数组,但要注意括号不能省略;然后在过程中用 ReDim 语句重新定义带下标的数组。

ReDim 语句的格式为:

```
ReDim [Preserve] 数组名(下标) As 类型名称
```

该语句用来重新定义数组,按定义的上、下界重新分配存储单元,但不可以为定义的数组改变存储类型。当重新定义动态数组时,数组中的内容将被清除,但如果 ReDim 中使用了 Preserve 选择项,则不清除数组内容。在 ReDim 语句中可以定义多个动态数组,但每个数组必须事先用"Dim"或"Public"形式进行声明,在括号中省略上、下界。

【例 7.5】在窗体模块层定义一个动态数组,即只定义类型不定义数组维数,然后在窗体的单击事件中输入以下代码:

```
Dim This( ) As String '在窗体层先定义动态数组类型
Private Sub Form_Click( )
    ReDim This(4)
    Print "第 1 次重新定义的动态数组的下标上界为:"; UBound(This)
    This(2) = "Microsoft"
    Print "This(2):"; This(2)
    Print
    ReDim This(6)
    Print "第 2 次重新定义的动态数组的下标上界为:"; UBound(This)
    Print "第一次重新定义后的 This(2):"; This(2)
    Print
    This(2) = "Visual Basic"
    ReDim Preserve This(8)
    Print "第 3 次重新定义的动态数组的下标上界为:"; UBound(This)
    Print "重新定义后的 This(2):"; This(2)
End Sub
```

运行程序,再单击窗体,其输出结果如图 7.9 所示。

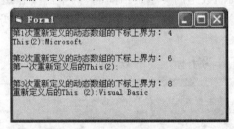

图 7.9　动态数组的使用

分析该程序的运行过程,首先是在窗体层定义了动态数组的类型,但没有指定其维数;第一次将动态数组的下标上界定义为 4,并给 This(2)赋值为"Microsoft",然后通过 UBound 函数及 Print 语句输出相应的信息检验动态数组定义及赋值的结果;第二次将动态数组的下标上界定义为 6,再通过 UBound 函数及 Print 语句输出相应的信息检验动态数组定义及赋值的结果,可以看出 This(2)的输出为空字符,这表示当重新分配动态数组时数组中的内容将被清除;在第三次定义动态数组的时候使用了 Preserve 关键字,则在定义后将保存上次数组中的内容,在上面的例子中,第二次定义后又将 This(2)赋值为"Visual Basic",可以看到第三次定义后的 This(2)的输出为"Visual Basic",即 Preserve 关键字所产生的作用。

【例 7.6】再来熟悉一下 Preserve 关键字的作用,有以下程序:

```
Option Base 1
Dim arr( ) As Integer
Private Sub Form_Click( )
    Dim i As Integer, j As Integer
    ReDim arr(3,2)
    For i = 1 To 3
```

```
        For j = 1 To 2
            arr(i,j) = i * 2 + j
        Next j
    Next i
    ReDim Preserve arr(3,4)
    For j = 3 To 4
        arr(3,j) = j + 9
    Next j
    Print arr(3,2);arr(3,4)
End Sub
```

在窗体模块层定义一个动态数组,只定义了类型没有定义数组维数,第一次重定义该数组为 3 行 2 列,并用 for 循环为所有元素赋值,由运算可知 arr(3,2)的值为 $3*2+2=8$;第二次重定义该数组为 3 行 4 列,但使用了 Preserve 关键字,并用 for 循环为第三行中新增加的元素赋值,由运算可知 arr(3,4)的值为 $4+9=13$,运行程序,再单击窗体,其输出结果如图 7.10 所示。

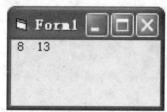

图 7.10 Preserve 关键字的作用

可见第二次的重定义因为 Preserve 关键字的作用并没有将元素 arr(3,2)的值 8 去掉,而是保留下来。

在使用动态数组时需要注意以下几点:

(1) ReDim 只能出现在事件过程或通用过程中,用它定义的数组是一个"临时"数组,即在执行数组所在的过程时将为数组开辟一定的内存空间,当过程结束时,这些内存即被释放。

(2) 在窗体层或模块层定义的动态数组只有类型,没有指定的维数,其维数在 ReDim 语句中给出,要注意的是它的维数最多不能超过 8 维。用户也可以用 ReDim 语句直接定义数组。如果在窗体层或标准模块层没有用 Public 或 Dim 声明过同名的数组,则用 ReDim 语句定义的数组最多可达 60 维。

(3) 在一个程序中,可以多次用 ReDim 语句重新定义同一个数组,可以随时修改数组中元素的个数,但不能改变数组的维数和数据类型。

(4) 如果使用了 Preserve 关键字,则只能调整数组最后一维的大小。

3. 数组的清除和数组的重新定义

通常在一个程序中,同一个数组只能定义一次。但有时候,可能需要清除数组中的内容或对数组进行重新定义,这时可以使用 Erase 语句。

其格式为:

Erase 数组名[,数组名]…

该语句用来重新初始化静态数组的元素,或用来释放动态数组的存储空间。

【例7.7】在窗体的单击事件中定义一个静态数组,然后用一个For循环对数组进行初始化,并在窗体上输出;再通过一个Erase语句清除该数组内容,然后在窗体上显示其结果。在窗体事件中编写以下程序代码:

```
Private Sub Form_Click( )
    Dim Test(1 to 5) As Integer
    Print "数组初始化后的值:"
    For i = 1 To 5
        Test(i) = i
        Print " Test("; i; ") = "; Test(i);
    Next i
    Print
    Print "用Erase语句清除后:"
    Erase Test '清除该数组
    For i = 1 To 5
        Print " Test("; i; ") = "; Test(i);
    Next i
End Sub
```

运行程序后单击窗体,程序的运行结果如图7.11所示。

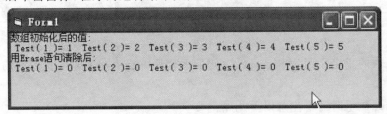

图7.11 Erase语句的清除功能

分析该程序,首先在窗体单击事件中定义了一个静态数组a,然后通过一个For循环进行数组数据的初始化,并在窗体上输出;使用Erase语句清除其内容后,每个数组元素的值被重新置为0。

注意:

(1) 在Erase语句中,只给出数组名,且不带括号和下标。

(2) 将Erase语句用于静态数组时,如果这个数组是数值数组,会把该数组中的所有元素置为0;如果该数组是字符串数组,则把所有的元素置为空字符串;如果该数组是Variant型数组,则把所有元素置为Empty。

(3) 将Erase语句用于动态数组后,该动态数组将不复存在。在下次引用该动态数组之前,必须用ReDim语句重新定义该数组。

7.2 数组的基本操作

在编程过程中,需要对数组元素进行操作。在 Visual Basic 中,除了有输入、输出、复制及初始化等基本操作外,还提供了 For Each…Next 语句,可用于对数组进行操作。

7.2.1 数组元素的输入、输出和复制

1. 数组元素的引用和输入

在对数组元素进行操作之前,需要定义数组元素,例如 $x(5)$、$y\sharp(4,4)$ 等。一般来说,凡是简单变量出现的地方,都可以用数组元素来代替。数组元素可以参加表达式的运算,也可以被赋值。

其中在引用数组元素时,数组名、类型和维数必须和定义数组时一致;在引用多维数组的时候,要给出相应的多个下标;引用数组的下标值不能超出上下界。例如:

```
Dim Arr(8) As Integer
…
Print Arr(9)
```

分析程序代码,一开始定义了一个整型的数组 Arr(8),即数组下标的范围为 0~8。在上面的代码中,引用的数组元素下标为 9,而允许的最大下标值(即上界)为 8,这就造成了"下标越界"的错误。

通常情况下,数组元素以 For 循环的方式用 InputBox 函数输入。对于一维数组,用一层 For 循环就能实现数据输入的过程,对于二维或多维数组则需多层的 For 循环。

在用 InputBox 函数进行数据输入的时候,假如需要输入的数据是数值型,则应显式地定义数组的类型,或者把输入元素转换为相应的数值。在默认情况下,用 InputBox 函数输入的是字符串类型。

【例 7.8】在窗体的代码编辑窗口中输入以下代码:

```
Option Base 1
Private Sub Form_Click( )
Dim a(4, 4) As Integer
Dim Sum As Integer
Dim i As Integer, j As Integer
    Print "输入矩阵的数据:"
    For i = 1 To 4
      For j = 1 To 4
        a(i,j) = InputBox("输入数据:")
        Print a(i,j);Spc(2);
      Next j
      Print
    Next i
    Print
    For i = 1 To 4
      For j = 1 To 4
```

```
            If i = j Then Sum = Sum + a(i, j)
        Next j
    Next i
    Print "主对角线元素之和:"; Sum
End Sub
```

程序运行后单击窗体,在输入对话框中依次输入 16 个整数,程序以矩阵的形式显示这些数,并计算矩阵中主对角线上元素的和,其运行结果如图 7.12 所示。

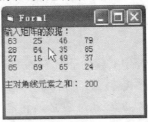

图 7.12 一维数组的输入

分析程序,程序代码的第一行"Option Base 1"规定了数组下标的下界从 1 开始;在窗体单击事件中,首先通过 For 循环和 InputBox 函数输入数组元素,在输入时,InputBox 函数返回的是由数字构成的字符串,但是我们定义的数组为 Integer 类型,将 InputBox 函数的返回值赋给数组元素时,计算机会帮助我们将字符串中的数字取出转换为整型存放到数组元素中。如果我们输入的有非数字字符,将会发生类型不兼容的错误。在输入完数组元素后,通过一个 For 循环的双层嵌套对数组的两个下标值相同的元素(也就是矩阵中的主对角线元素)进行求和,并输出这个和值。

【例 7.9】在窗体上画一个名称为 Command1 的命令按钮,然后编写如下事件过程:

```
Private Sub Command1_Click( )
    Dim arr(10, 10) As Integer
    Dim i As Integer, j As Integer
    For i = 1 To 10
        For j = 1 To i
            If j = 1 Or j = i Then arr(i, j) = 1
        Next j
    Next i
    For i = 3 To 10
        For j = 2 To i - 1
            arr(i, j) = arr(i - 1, j - 1) + arr(i - 1, j)
        Next j
    Next i
    For i = 1 To 10
        For j = 1 To i
            Print Format(arr(i, j), "@@@@@");
        Next j
        Print
    Next i
End Sub
```

运行程序后单击命令按钮,在窗体上将显示程序的运行结果,如图 7.13 所示。

图 7.13　二维数组的输入

分析程序,首先在按钮的单击事件中定义了一个二维数组,然后通过两个多层的 For 循环进行数组元素的输入。一般情况下,数组有多少维,所需要的 For 循环就有多少层。在程序代码中可以发现,我们只使用了主对角线下部的元素,上部元素并没有使用,所赋值正好与杨辉三角形中的数据相同,因此,很容易在运行程序之前就能预知程序的输出结果应该是 10 层的杨辉三角形。

2. 数组元素的输出

其实在上例中已经用到了数组元素的输出,通常可以用 Print 方法来输出。例如,要求在窗体上显示"可变正方形图案",用输入框输入可变数;在输入可变数后,将根据可变数在窗体上显示可变正方形图案;图案的最外层为第 1 层,且每层上显示的数字与其所处的层数相同。

【例 7.10】在窗体上画一个名称为 Command1 的命令按钮,然后编写如下程序:

```
Option Base 1
Private Sub Cmd1_Click( )
    Dim a( )
    n = InputBox("请输入控制正方形图案层数的可变数")
    ReDim a(n, n)
    For k = 1 To(n + 1)2
        For i = k To n − k + 1
            For j = k To n − k + 1
                a(i, j) = k
            Next j
        Next i
    Next k
    For i = 1 To n
        For j = 1 To n
            Print Tab(j * 3); a(i, j);
        Next j
        Print
    Next i
End Sub
```

运行程序后单击命令按钮,在 InputBox 对话框中输入 10,窗体上显示的输出结果如图

7.14所示。

图7.14 数组输出

3. 数组的复制

在特定的编程中,例如排序时,需要对同一个数组元素进行反复的操作,其中就有数组元素复制的操作。

数组元素的复制就像变量的赋值一样,可以在同一个数组中进行复制,也可以在不同数组间进行复制。

当需要复制整个数组的时候,需要用 For 循环来实现。

7.2.2 数组的初始化

所谓数组的初始化,就是指给数组的各元素赋初值。除了前面介绍的用赋值语句或 InputBox 函数对数组元素进行赋值(这两种方法都需要占用运行时间,影响效率),在 Visual Basic 中还有 Array 函数可以用来对数组进行初始化。

用 Array 函数对一个数组进行赋值的过程是把一个数据集读入到数组中。

其格式为:

数组变量名 = Array(数组元素值)

其中,"数组变量名"是程序中预定义的数组名,要注意数组名的后面不带括号和下标;"数组元素值"是指需要赋给数组各元素的值,各个值之间用逗号分开。

数组变量不能是某一个具体的数据类型,只能是变体。可以通过显式地声明为 Variant、声明时不指明类型或不定义直接用这3种方式得到数组变量名。

相比用 InputBox 的方法对数组进行初始化,Array 函数的方法可以使程序大为简化,从而提高编程的效率。

【例7.11】在窗体的命令按钮控件的代码窗口中输入以下程序代码:

```
Option Base 1
Private Sub Command1_Click( )
    Dim Arr1
    Dim Max As Integer
    Arr1 = Array(12, 435, 76, 24, 78, 54, 855, 43)
    Max = Arr1(1)
    For i = 1 To 8
```

```
            Print "Arr1("; i; ") = "; arr1(i)
        Next i
        For i = 1 To 8
            If Arr1(i) > Max Then
                Max = Arr1(i)
            End If
        Next i
        Print "最大值为:"; Max
    End Sub
```

运行程序后单击命令按钮,其输出结果如图 7.15 所示。

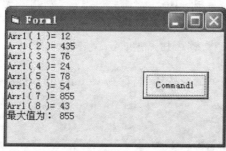

图 7.15　使用 Array 函数初始化

分析程序,在命令按钮的事件过程中首先定义了一个变体(Variant)的数组变量 Arr1,然后通过 Array 函数为数组赋值。需要注意的是,在用"Dim Arr1"语句声明的时候,既没有标出其下标上界,又没有指明其类型;此外,还有两种方式可以定义数组变量,一种是显式的定义方式,例如 Dim Arr1 As Variant;另一种则是不用定义直接在程序中用到的地方写出其变量名。

如果在使用 Array 对数组进行赋值之前已经定义了该数组的类型,例如在上面的例子中如果使用了下面的语句定义变量 Arr1,则会发生错误。

```
Dim Arr1 As Integer
Static Arr1 As Double
```

Array 函数只适用于一维数组,只能对一维数组进行初始化,不能对二维或多维数组进行初始化。

【例 7.12】在窗体的命令按钮控件的代码窗口中输入以下程序代码:

```
Private Sub Command1_Click( )
    Dim x As Variant
    n = 0
    x = Array(1, 2, 3, 4, 5, 6, 7, 8, 9,10)
    While n <= 4
        x(n) = x(n + 5)
        Print x(n)
        n = n + 1
    Wend
End Sub
```

运行程序后单击命令按钮,其输出结果如图 7.16 所示。

图 7.16　使用 Array 函数初始化

【例 7.13】在窗体上画一个命令按钮,名称为 Command1,然后编写如下事件过程:

```
Private Sub Command1_Click( )
Dim work As Variant
    Print "测试用 Array 函数输入的默认下标"
    Print
    work = Array("教师","工程师","演员","农民")
    Print "work(0) = "; work(0)
    Print "work(1) = "; work(1)
End Sub
```

运行程序后单击命令按钮,程序的结果如图 7.17 所示。

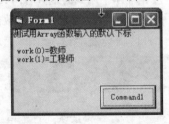

图 7.17　Array 函数默认下标

分析程序,从输出的数组数据可以推断 Array 函数给数组赋值时,默认情况下是从数组下标的 0 开始,在本程序中 work(0)的值为"教师"。如果需要设定数组下标的下界,可以利用 Option Base 语句来实现。

7.2.3　For Each…Next 语句

For Each…Next 语句与 For…Next 语句功能类似,只是 For Each…Next 不是将语句运行指定次数,而是对于数组中的每个元素或对象集合中的每一项重复一组语句。这在用户不知道集合中元素的数目时非常有用。

其格式为:

```
For Each 成员 In 数组
    循环体
    [Exit For]
Next 成员
```

其中,"成员"是一个变体变量,在该循环中重复使用,代表数组中的每个元素;"数组"是一个数组名,没有括号和下标。

如果数组中至少有一个元素,就会进入 For Each 块执行。一旦进入循环,首先针对数组中的第一个元素执行循环中的所有语句。如果数组中还有其他元素,则会逐个针对它们执行循环中的语句,当数组中的所有元素都执行完时,便会退出循环,然后从 Next 语句之后的语句继续执行。

例如:

```
Dim Array1(1 to 3)
For Each x In Array1
    Print x
Next x
```

该程序中循环会执行 3 次(因为数组有 3 个元素),每次输出数组的一个元素的值。这里的 x 是一个变体变量,循环通过它遍历数组中的每一个元素。可以看出,本循环语句比 For…Next 语句更方便,因为它不需要指明循环的结束条件。

7.3 控件数组

前几节中所介绍的数组,多数情况下为数值数组或字符串数组。此外,还有一种特殊的数组,即控件数组。在编程中,如果大量地用到某一个控件,例如命令按钮控件,就可以通过创建一个控件数组来提高编程的效率。

7.3.1 基本概念

在一般数组中,所有的数组元素共享一个数组名称。控件数组也是如此,拥有一个共同的控件名字。控件数组是指由一组相同类型的控件组成的数组。控件数组中的每一个控件(相当于数组元素)都有一个唯一的索引号(Index,相当于数组元素的下标),所有控件数组中元素的 Name 属性必须相同。

控件数组的意义在于:当若干个控件执行大致相同的操作时,控件数组是很有用的,因为控件数组共享一个事件过程,从而提高了编写代码的效率。

当然,需要有一个标志来区分到底是哪一个控件触发了该事件过程。这一个标志就是控件数组元素的下标,或称索引(Index)属性。由于每个控件元素共享一个 Name 属性,所以由索引(Index)属性来来区分每个控件元素。在触发事件的过程中程序会将索引(Index)属性传递给过程,从而就可以知道是哪一个控件元素触发了共有的事件过程。例如:

```
Private Sub Text1_Change(Index As Integer)
    Label1.Caption = Text1(Index).Text
End Sub
```

在该段代码中,"Index As Integer"就是用来区分每个控件元素的索引。

控件下标的表示方式和一般数组相同,例如 CommandButton1(2)。通常情况下,第一个控件元素的下标(索引)为 0,第二个为 1,依此类推。用户可以在属性窗口的 Index 属性中查看下标的值。此外,下标值不能在程序运行时更改,但是可以在程序的设计阶段修改。

用户可以在相应控件的属性窗口中改变 Index 值,如图 7.18 所示。

图 7.18　Index 属性值的设置

7.3.2　如何建立控件数组

一般的数组通过预定义的方法来建立,控件数组不能通过这一方法来建立。在 Visual Basic 中,一般可以通过以下两种方式来建立控件数组。

第一种方式:

(1) 从工具箱中选择一个控件,在窗体上画出该控件。

(2) 选中该控件,通过菜单、鼠标右键或工具栏的方法进行复制。

(3) 在窗体上进行粘贴操作,此时会出现如图 7.19 所示的询问式对话框。

图 7.19　创建控件数组

(4) 单击"是"按钮,然后重复步骤 2、3,就可以创建包含一定数量、同类型控件的控件数组。

第二种方式:

(1) 从工具箱中选择一种控件,在窗体上画出多个该类型的控件。

(2) 选择其中的一个控件,将其 Name 属性修改为一个已存在控件的 Name,此时会弹出如图 7.19 所示的询问式对话框。

(3) 单击"是"按钮,然后重复步骤 2,就可以创建包含一定数量、同类型控件的控件数组。

有时在建立一个控件数组后,需要删除其中几个控件数组元素,可以通过下面几步来完成:首先改变该控件的 Name 属性,使之与控件组的 Name 属性不同,然后通过属性窗口将其 Index 属性置为空(不是 0)。这样就能把该控件从控件数组删除。

【例7.14】在窗体上建立一个含有4个文本框的控件数组,如图7.20所示。

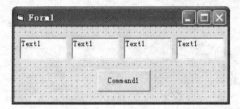

图7.20　文本框控件数组

然后编写如下事件过程：

```
Private Sub Command1_Click( )
    For Each TextBox In Text1
        TextBox.Text = TextBox.Index
    Next TextBox
End Sub
```

运行程序后单击命令按钮,4个文本框中显示的内容如图7.21所示。

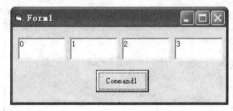

图7.21　控件数组的输出

分析该程序,在For Each … Next结构中,实际上通过语句"TextBox.Text = TextBox.Index"将每个索引(Index)的值赋给每个控件元素的Text属性。

【例7.15】下面是一个比赛评分程序,在窗体上建立一个含有7个文本框的控件数组Text1,再加入两个标签和一个命令按钮显示相应文字,如图7.22所示。

图7.22　文本框控件数组

然后编写如下事件过程：

```
Private Sub Command1_Click( )
    Dim k As Integer
    Dim sum As Single, max As Single, min As Single
    sum = Text1(0)
```

```
        max = Text1(0)
        min = Text1(0)
        For k = 1 To 6
            If max < Text1(k) Then
                max = Text1(k)
            End If
            If min > Text1(k) Then
                min = Text1(k)
            End If
            sum = sum + Text1(k)
        Next k
        Text2 = (sum - max - min)/ 5
End Sub
```

程序运行后,在文本框数组中输入 7 个分数,单击"计算得分"命令按钮,则最后得分显示在 Text2 文本框中(去掉一个最高分和一个最低分后的平均分即为最后得分),如图 7.23 所示。

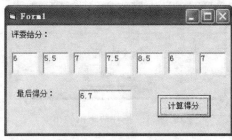

图 7.23　控件数组的使用

分析该程序,在 For 循环中通过控件的索引值访问不同的控件,通过访问取得用户输入的数据并进行处理,如果比 max 的值大,则让 max 记住这个大值;如果比 min 的值小,则让 min 记住这个小值,并对所有控件数组成员的值进行求和,最后用所求的和减去最小值和最大值除以 5,得到平均分并显示在文本框 Text2 中。

本 章 小 结

本章主要介绍数组的概念和分类、数组的基本操作及控件数组。

本章重点掌握以下内容:

(1) 数组的定义。

(2) 一维数组和二维数组的概念。

(3) 静态数组和动态数组的概念。

(4) 控件数组的概念和建立。

巩 固 练 习

(1) 语句"Dim a(-3 To 4,3 To 6) As Integer"定义的数组元素个数是(　　)。
A. 18　　　　　B. 28　　　　　C. 21　　　　　D. 32

(2) 下列数组定义中错误的是(　　)。
A. Dim a(-5 To -3)　　　　　B. Dim a(3 To 5)
C. Dim a(-3 To -5)　　　　　D. Dim a(-3 To 3)

(3) 在窗体上画一个名为 Command1 的命令按钮,然后编写以下程序:

```
Private Sub Command1_Click( )
    Dim M(10) As Integer
    For k = 1 To 10
        M(k) = 12 - k
    Next k
    x = 8
    Print M(2 + M(x))
End Sub
```

运行程序,单击命令按钮,在窗体上显示的是(　　)。
A. 6　　　　　B. 5　　　　　C. 7　　　　　D. 8

(4) 编写如下程序:

```
Private Sub Command1_Click( )
    Dim a(3,3) As Integer
    Dim s As Integer
    For i = 1 To 3
        For j = 1 To 3
            a(i,j) = i * j + i
        Next j
    Next i
    s = 0
    For i = 1 To 3
        s = s + a(i,4 - i)
    Next i
    Print s
End Sub
```

程序运行后,单击命令按钮 Command1,输出结果为(　　)。
A. 7　　　　　B. 13　　　　　C. 16　　　　　D. 20

(5) 以下关于变体类型变量的叙述中错误的是(　　)。
A. 变体类型数组中只能存放同类型数据

B. 使用 Array 初始化的数组变量必须是 Variant 类型
C. 没有声明直接使用的变量其默认类型均是 Variant
D. 在同一程序中,变体类型的变量可以被多次赋予不同类型的数据

(6) 设有如下一段程序:

```
Private Sub Command1_Click( )
    Static a As Variant
    a = Array("one","two","three","four","five")
    Print a(3)
End Sub
```

针对上述事件过程,以下叙述中正确的是(   )。

A. 变量声明语句有错,应改为 Static a(5) As Variant
B. 变量声明语句有错,应改为 Static a
C. 可以正常运行,在窗体上显示 three
D. 可以正常运行,在窗体上显示 four

(7) 在窗体上画一个名为 Command1 的命令按钮,然后编写如下程序:

```
Option Base 1
Private Sub Command1_Click( )
    d = 0
    c = 10
    x = Array(10,12,21,32,24)
    For i = 1 To 5
        If x(i) > c Then
            d = d + x(i)
            c = x(i)
        Else
            d = d - c
        End If
    Next i
    Print d
End Sub
```

程序运行后,单击命令按钮,则在窗体上输出的内容为(   )。

A. 89　　　　　B. 99　　　　　C. 23　　　　　D. 77

(8) 在窗体上画一个命令按钮和一个标签,其名称分别为 Command1 和 Label1,然后编写如下事件过程:

```
Private Sub Command1_Click( )
    Dim arr(10)
    For i = 6 To 10
        arr(i) = i - 5
    Next i
    Label1.Caption = arr(0) + arr(arr(10)/arr(6))
End Sub
```

运行程序,单击命令按钮,则在标签中显示的是(   )。
A. 0   B. 1   C. 2   D. 3

(9) 编写如下程序:

```
Option Base 1
Private Sub Command1_Click( )
    Dim a
    a = Array(1,2,3,4)
    s = 0: j = 1
    For i = 4 To 1 Step - 1
        s = s + a(i) * j
        j = j * 10
    Next i
    Print s
End Sub
```

程序运行后,单击命令按钮 Command1,输出结果为(   )。
A. 110   B. 123   C. 1234   D. 4321

(10) 窗体上有一个由两个文本框组成的控件数组,名称为 Text1,并有如下事件过程:

```
Private Sub Text1_Change(Index As Integer)
    Select Case Index
        Case 0
            Text1(1).FontSize = Text1(0).FontSize * 2
            Text1(1).Text = Text1(0).Text
        Case 1
            Text1(0).FontSize = Text1(1).FontSize / 2
            Text1(0).Text = Text1(1).Text
        Case Else
            MsgBox "执行 Else 分支"
    End Select
End Sub
```

关于上述程序,以下叙述中错误的是(   )。
A. Index 用于标识数组元素
B. 本程序中 Case Else 分支的语句永远不会被执行
C. 向任何一个文本框输入字符都会在另一个文本框中显示该字符
D. 下标为 0 的文本框中显示的字符尺寸将越来越小

(11) 假定通过复制、粘贴操作建立了一个命令按钮数组 Command1,以下说法中错误的是(   )。
A. 数组中每个命令按钮的名称(Name 属性)均为 Command1
B. 若未做修改,数组中每个命令按钮的大小都一样
C. 数组中的各个命令按钮使用同一个 Click 事件过程
D. 数组中每个命令按钮的 Index 属性值都相同

第 8 章 过 程

Visual Basic 应用程序是由过程组成的。在用 Visual Basic 设计应用程序时,除了定义常量和变量外,其他工作就是编写过程。Visual Basic 中的过程可以看作是编写程序的功能模块。从本质上说,使用过程是在扩充 Visual Basic 的功能以适应某种需要。

在前面各章中已多次出现事件过程,这样的过程是当发生某个事件(例如 Click、Load、Change)时对该事件做出响应的程序段,这种事件过程构成了 Visual Basic 应用程序的主体。有时,多个不同的事件过程可能需要使用一段相同的程序代码,因此可以把这段代码独立出来作为一个过程,这样的过程叫作"通用过程"(General Procedure),它可以单独建立,供事件过程或其他通用过程调用。

在 Visual Basic 中,通用过程分为两类,即子程序过程和函数过程,前者叫作 Sub 过程,后者叫作 Function 过程。此外,Visual Basic 也允许用 Gosub…Return 语句实现子程序调用,但它不能作为 Visual Basic 的过程。

本章介绍如何在 Visual Basic 应用程序中使用通用过程。

8.1 Sub 过程

Sub 过程又称为子程序过程,它类似于 Pascal、C 等语言的子程序,在程序运行过程中可以相互调用。事件过程也是一种特殊的 Sub 过程。本节介绍过程中的子程序过程,函数过程将在下一节中介绍。

8.1.1 事件过程

当用户对一个对象进行操作(动作)时,将会触发一个事件,然后程序会自动调用与该事件相关的过程。事件过程是在响应事件时执行的代码块。事件过程一般是由 Visual Basic 创建的,用户不能增加或删除。在默认时,事件过程是私有的。

事件过程也是 Sub 过程,但它是一个特殊的过程,附加在窗体和控件上。一个控件的事件过程由控件的实际名字(Name)、下划线和事件名组成;而窗体事件过程由 Form、下划线和事件名组成。

控件事件过程的一般格式为:

```
[Private | Public] Sub 控件名_事件名([参数表])
    语句组
End Sub
```

窗体事件过程的一般格式为:

```
[Private | Public] Sub Form_事件名([参数表])
    语句组
End Sub
```

通过比较可以得出,除名字以外,控件事件过程和窗体事件过程的格式基本上是一样的。通常情况下,在事件过程中调用通用过程。事实上,事件过程也是过程,因此也可以被其他过程调用。

用户可通过输入的方式来键入事件的过程名,但使用 Visual Basic 提供的模板会更加方便。操作步骤如下:

首先打开代码编辑器窗口(如图 8.1 所示),然后在该窗口左上角的"对象"下拉列表框中选择一个控件对象,最后在右上角的"过程"下拉列表框中选择一个事件过程,系统就会在代码编辑器窗口中生成该对象事件的过程代码模板,用户只需在其中输入代码即可,提高了程序代码的输入效率。

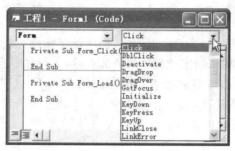

图 8.1　代码编辑器窗口

例如:

```
Private Sub Form_Click( )
    Print "Hello,Visual Basic !"
End Sub
```

该段代码响应窗体的单击事件,当用户或程序触发该事件后将执行事件过程中的代码,即"Print "Hello,Visual Basic !""。

8.1.2　通用过程

通用过程是指必须由其他过程显式调用的代码块,通用过程一般由用户自己创建。该过程作为一个程序代码的公共部分,可以被其他过程(包括事件过程和通用过程)调用,这样会提高代码的利用率。通用过程又可以分为 Sub 过程和 Function 过程,其中的 Function 过程将在下一节中介绍。

通用过程中 Sub 过程的一般格式为:

```
[Static][Private][Public] Sub 过程名[(参数列表)]
    语句组
End Sub
```

通用过程可以放在标准模块中,也可以放在窗体模块中,而事件过程只能放在窗体模块中,不同模块中的过程(包括事件过程和通用过程)可以相互调用。当过程名唯一时,可以直接通过过程名来调用,否则在调用时必须用模块名限定。

其格式为：

模块名.过程名([参数表])

8.1.3 Sub 过程的建立

1. Sub 过程的定义

上面介绍的事件过程和通用过程都属于 Sub 过程，下面介绍如何定义一个 Sub 过程，Sub 过程的结构和事件过程的结构类似。

其格式为：

```
[Static][Private][Public] Sub 过程名[(参数列表)]
    语句块
    [Exit Sub]
    [语句块]
End Sub
```

其中以"Sub"开头，以"End Sub"结束，在它们之间是描述过程操作的语句块，称为"过程体"或"子程序体"；"Static"用来指定过程中的局部变量，在内存中的默认存储方式为 Static 类型，即在每次调用过程时局部变量的值不会被初始化。"Private"表示 Sub 过程是私有过程，只能被本模块中的其他过程访问，而不能被其他模块中的过程访问；"Public"表示 Sub 过程是公有过程，可以在程序的任何地方调用。各窗体通用的过程一般在标准模块中用 Public 定义。"过程名"是一个长度不超过 255 个字符的变量名。"参数列表"是指在调用时传送给该过程的简单变量名或数组名。

例如：

```
Sub Example1( )
    For i = 1 To 10
        a(i) = 2 * i
    Next i
End Sub
'在 Example1 过程中没有参数,在调用的时候直接写过程名即可
Sub Example2(x As Integer, y As Double)
    For i = 1 To x
        a(i) = y ^ i
    Next i
End Sub
```

在 Example2 过程中有两个形式参数，所以在调用该过程的时候需要提供两个参数，其中第一个参数的类型为 Integer，第二个参数的类型为 Double。

在定义 Sub 过程时需要注意以下几点：

(1) 在窗体层定义的通用过程通常在本窗体模块中使用，如果要在其他窗体模块中使用，则应在前面加上窗体名作为前缀。

(2) 在同一个模块中，同一个变量名不能既作为 Sub 过程名又作为 Function 过程名。

(3) 在参数列表中不能用定长字符串变量或定长字符串数组作为形式参数。

(4) End Sub 标志一个 Sub 过程的结束。为了能正确运行，每个 Sub 过程必须有一个

End Sub 子句。当程序执行到 End Sub 时,将退出该过程,并立即返回到调用语句下面的语句。此外,在过程体中可以有一个或多个 Exit Sub 语句退出该过程。

(5) Sub 过程不能嵌套,即在 Sub 过程中不能定义 Sub 过程或 Function 过程,不能用 GoTo 语句进入或转出一个 Sub 过程,只能通过调用执行 Sub 过程,但可以嵌套调用。例如:

```
Sub Example1(x As Integer, y As Double)
    For i = 1 To x
        a(i) = y ^ i
    Next i
    GoTo ABC
End Sub
Sub Example2( )
    ABC:
    Print "This is ABC"
End Sub
```

分析上面的程序代码,在 Example1 中使用了 GoTo 语句,并且标号"ABC"不在自身的过程代码中,而是在 Example2 过程代码中。在 Visual Basic 中,不能使用 GoTo 方式进入或转出一个 Sub 过程,因此该段程序代码是错误的。

2. Sub 过程的建立方式

通用过程不属于任何一个事件过程,因此不能放在事件过程中。通用过程可以在标准模块中建立,也可以在窗体模块中建立。在标准模块中建立通用过程通常有两种方式。

第一种方式(直接输入法):

(1) 执行"工程"菜单中的"添加模块"命令,打开如图 8.2 所示的对话框。

(2) 在添加完标准模块后,打开模块代码窗口,然后输入所要建立的过程名。例如输入 Sub Test( )后按回车键,代码窗口中将显示如图 8.3 所示的代码。

用户可以在"Sub Test( )"和"End Sub"之间输入需要的程序代码。

第二种方式(对话框法):

(1) 执行"工程"菜单中的"添加模块"命令,打开"添加模块"对话框,添加完模块后打开模块代码窗口。

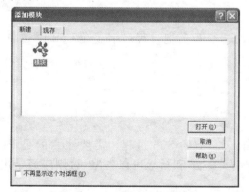

图 8.2 添加模块对话框

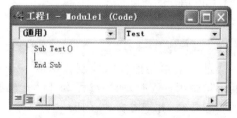

图 8.3 模块代码窗口

(2) 执行"工具"菜单中的"添加过程"命令,打开如图 8.4 所示的对话框。

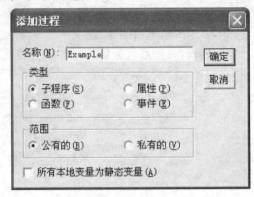

图 8.4　添加过程对话框

(3) 在"名称"框中输入所需建立的过程名(例如 Example);在"类型"栏中选择要建立的过程类型(例如子程序);在"范围"栏中选择过程的适用范围,可以选择"公有的"或"私有的",如果选择公有的,则建立的过程可用于本工程内的所有窗体模块;如果选择私有的,则建立的过程只能用于本标准模块。

(4) 在选择完后单击"确定"按钮,即可回到代码窗口,如图 8.5 所示。

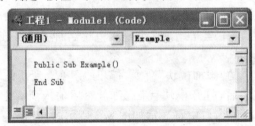

图 8.5　模块代码窗口

此时,用户可以在 Public Sub Example( )和 End Sub 之间输入需要的程序代码。

8.1.4　Sub 过程的调用

在 Visual Basic 中,Sub 过程的调用有两种方式,一种是把过程名字放在 Call 语句中,另一种是把过程名作为一条语句来使用。

1. Call 语句的调用方式

其格式为:

```
Call 过程名[(实际参数)]
```

通过 Call 语句把程序控制传送到一个 Visual Basic 的 Sub 过程。需要注意的是,在用 Call 语句调用过程时,如果过程本身没有参数,"实际参数"和括号可以省略,否则应当给出相应的实际参数,并把参数放在括号中。

例如:

```
Call Example1(2, b)
```

其中,Example1 是过程名,2 和 b 是传送给 Sub 过程的常数和变量。

2. "过程名"的调用方式

如果在调用 Sub 过程的时候,将关键字(Call)省略,就成为"过程名"的调用方式。它有两个特点,即没有关键字(Call)和去掉了"实际参数"的括号。

例如:

```
Example1 2, b
```

其中在语句的前面省略了关键字(Call),2 和 b 分别表示传送给 Sub 过程的常数和变量。该语句与"Call Example1(2,b)"语句的效果相同。

【例 8.1】在窗体上画一个文本框,名称为 Text1,一个列表框,名称为 List1,一个框架,Caption 属性值为"除数",框架上放一个单选按钮数组,分别是 Option1(0)(Caption 属性值为"3")、Option1(1)(Caption 属性值为"5")、Option1(2)(Caption 属性值为"7"),名称为 Command1 的命令按钮,Caption 属性值为"处理数据"。然后编写如下程序;程序的功能是通过键盘输入正整数到文本框中。在"除数"框架中选择一个单选按钮,然后单击"处理数据"命令按钮,将大于文本框中的正整数并且能够被所选除数整除的 5 个数添加到列表框 List1 中,如图 8.6 所示。

```
Private Sub Command1_Click( )
    Dim y As Integer
    For i = 0 To 2
        If Option1(i).Value = True Then
            y = Val(Option1(i).Caption)
        End If
    Next
    Call calc(y) '用 Call 语句调用过程 calc 并将 y 作为参数传给子过程
End Sub
Private Sub calc(y As Integer)
    ClearList '用"过程名"的调用方式调用过程 ClearList,没有参数
    i = 1
    x = Val(Text1.Text) + 1
    Do While i <= 5
        If x Mod y = 0 Then
            List1.AddItem x
            i = i + 1
        End If
        x = x + 1
    Loop
End Sub
Private Sub ClearList( )
    For k = List1.ListCount - 1 To 0 Step -1
        List1.RemoveItem k
    Next k
End Sub
```

运行程序后,单击命令按钮,程序的输出结果如图 8.6 所示。

图 8.6 Sub 调用

分析上面的程序,在 Command1 的事件过程中调用了过程 calc,分析该子程序的代码得知,它实现的功能是将大于文本框中的正整数并且能够被所选除数整除的 5 个数添加到列表框 List1 中,在 calc 过程中又调用了 ClearList 过程,该过程的功能为清空列表框。

8.2 Function 过程

前面介绍了 Sub 过程,它不直接返回值,可以作为独立的基本语句使用。而 Function 过程需要返回一个值,所以通常会出现在表达式中。Function 过程即函数过程,它是通用过程的另一种形式。当在程序中需要多次用到某一个公式或要处理某一个函数关系但没有现成的内部函数可以使用时,用户可以自己定义一些所需的函数并调用它们。

8.2.1 Function 过程的建立

与 Sub 过程的定义结构格式相似,Function 过程的定义格式如下:

```
[Static][Private][Public] Function 过程名 [(参数表列)][As 类型]
    [语句块]
    [过程名 = 表达式]
    [Exit Function]
    [语句块]
End Function
```

相比 Sub 过程的定义,Function 过程的不同之处在于:用 Function 关键字代替 Sub 关键字;在定义第一行的后面有"[As 类型]",而 Sub 定义中没有;在语句块中有"[过程名=表达式]"而 Sub 定义中没有。

例如:

```
Private Sub Form_Click( )
    x = Max(5, 6)    '调用的时候一般是在一个赋值表达式中
    Print x
End Sub
Function Max(a As Integer, b As Integer) As Integer
    If a > b then
        Max = a    '将最终的值赋给函数名
    Else
        Max = b    '将最终的值赋给函数名
    End IF
End Function
```

分析上面的程序代码,可以明显地看出 Function 过程和 Sub 过程的区别,除了关键字 Function 和 Sub 不同外,还有两点:一是在函数名后面有"As Integer"类型声明,然后通过 "Max=a 或 Max=b"语句将最终的值赋给函数名;二是一般在调用函数过程后将值赋给一个变量,例如上面的"x＝Max(5,6)"。

在定义 Function 过程时需要注意以下几点:

(1)"As 类型"是 Function 过程返回值的数据类型,可以是 Integer、Long、Single、Double、Currency 或 String,如果省略,则为 Variant。

(2)假如在 Function 过程中省略"过程名＝表达式",则该过程返回一个默认值(数值函数过程返回 0,字符函数过程返回空字符串),为了能使一个 Function 过程完成指定的操作,通常要在过程体中为"过程名"赋值。

(3)Function 过程不能嵌套,即不能在事件过程中定义通用过程(包括 Sub 过程和 Function 过程),只能在事件过程内调用通用过程。

通常有两种方式在标准模块中建立 Function 过程。

第一种方式(直接输入法):

(1)执行"工程"菜单中的"添加模块"命令,打开如图 8.7 所示的对话框。

(2)添加完标准模块后打开模块代码窗口,然后输入过程名。例如输入"Public Function Test(x as Integer)As Integer"后按回车键,代码窗口中将显示如图 8.8 所示的代码。

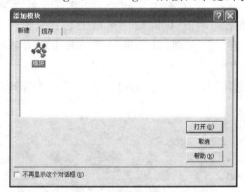

图 8.7 添加模块对话框

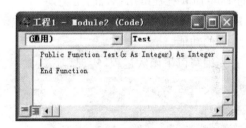

图 8.8 代码编写窗口

用户可以在"Function"和"End Function"之间输入所需要的程序代码。

第二种方式(对话框法):

(1)执行"工程"菜单中的"添加模块"命令,打开添加模块对话框,添加完模块后打开模块代码窗口。

(2)执行"工具"菜单中的"添加过程"命令,打开如图 8.9 所示的对话框。

图 8.9 添加函数过程

(3) 在"名称"框中输入所需建立的函数名(例如 Example);在"类型"栏中选择要建立的过程类型为函数;在"范围"栏中选择过程的适用范围,可以选择"公有的"或"私有的",如果选择"公有的",则建立的过程可用于本工程内的所有窗体模块;如果选择"私有的",则建立的过程只能用于本标准模块。

(4) 在选择完后单击"确定"按钮,即可回到代码窗口,如图 8.10 所示。

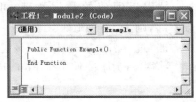

图 8.10　相应函数的代码窗口

此时,用户可以在"Function"和"End Function"之间输入所需要的程序代码。此外,使用同样的两种方式可以在窗体代码窗口中添加及编写函数过程。

8.2.2　Function 过程的调用

Function 过程的调用比较简单,因为可以像使用 Visual Basic 内部函数一样来调用 Function 过程。实际上,由于 Function 过程能返回一个值,因此完全可以把它看成是一个函数,它与内部函数(例如 Sqr、Str \$、Chr \$ 等)没有什么区别,只不过内部函数由语言系统提供,而 Function 过程由用户自己定义。

【例 8.2】编写一个求阶乘的函数,并在主函数中调用该函数,实现对 2、3、4 三个连续数字求阶乘和的功能。

首先编写以下函数过程,实现程序中的求阶乘的功能。

```
Function fac(ByVal n As Integer) As Integer
    Dim temp As Integer
    temp = 1
    For i% = 1 To n
        temp = temp * i%
    Next i%
    fac = temp
End Function
```

然后在窗体的单击事件中编写以下代码:

```
Private Sub Form_Click( )
    Dim nsum As Integer
    nsum = 0
    For i% = 2 To 4
        nsum = nsum + fac(i%)
    Next i%
    Print nsum
End Sub
```

运行程序后,单击窗体,程序将会在窗体上输出 2、3、4 三个连续数字的阶乘的和,如图 8.11 所示。

图 8.11 函数调用

分析该程序代码,因为需要处理整型数据,所以在定义函数时将其类型声明为 Integer 型,在求阶乘的过程中通过一个 For 循环让 temp 乘以从 1 到 n 的所有整数,求出 n 的阶乘。在函数的调用上使用实参 i 将所要求阶乘整数传递给函数过程,再让变量 nsum 对函数过程处理的结果进行求和,最终在窗体上输出结果。

8.3 参 数 传 送

在程序中调用过程或函数的目的是,在特定条件下完成某一项工作或计算某一函数的值。在调用一个过程时,必须把实际参数传送给过程,完成形式参数与实际参数的结合,然后用实际参数执行调用的过程。

调用过程时可以把数据传递给过程,也可以把过程中的数据传递回来。在 Visual Basic 中,通常将形式参数称为"形参",而把实际参数称为"实参"。在调用的过程中,需要考虑调用程序和被调用程序之间的数据是如何传递的。通常,在编写子程序时要考虑它需要输入哪些量,进行处理后又会输出哪些量。为子程序提供正确的输入数据和引用其正确地输出数据是使用子程序的关键问题,也就是调用程序和被调用程序之间的数据传递问题。在调用一个过程时必须完成形式参数与实际参数的结合,即把"实参"传送给"形参",然后按"实参"执行调用的过程。

8.3.1 形参与实参

形参是指在 Sub、Function 过程定义中出现的变量名;实参是指在调用 Sub 或 Function 过程时传送给 Sub 或 Function 过程的常数、变量、表达式或数组。

通常,在 Visual Basic 中有两种方式传送参数,即按位置传送与按名传送。

1. 按位置传送

该传送方式是大多数语言处理子程序调用时所使用的方式,在使用这种传送方式时,要求实参的次序必须和形参的次序相匹配,即它们之间的位置必须相对应。

在传送参数时,要求形参表与实参表中对应变量的名字不必相同,但是它们所包含的参数的个数必须相同;当然,也要求实参与相应形参的类型必须相同。

例如:

```
Function Example1(x As Integer, y As Single, z As String) As String
    ...
```

```
End Function
Sub Example 2(a As Single, b As Integer, c As Integer)
    …
End Sub
```

可以通过以下语句调用 Function 过程和 Sub 过程：

```
m = Example 1(m1%, m2!, "VB")
Call Example 2(n1!, n2%, n3%)
```

分别将实参 m1、m2、VB 传送给过程中定义的形参 x、y、z，将实参 n1、n2、n3 传送给过程中定义的形参 a、b、c，这样就完成了形参与实参的结合。

在使用按位置传送参数时需要注意以下几点：

（1）形参表中各个变量之间用逗号隔开，表中的变量可以是除定长字符串以外的合法变量名和带有左、右括号的数组名。

（2）定长字符串不能用于形参中，但可以作为实际参数传送给过程。

（3）实际参数表中的各项用逗号隔开，可以是常数、表达式、合法的变量名和带有左、右括号的数组名。

2. 按名传送

按名传送是指显式地指出与形参结合的实参，通过":="把形参与实参连接起来。

例如：

```
Sub Example(x As Integer, y As Single, z As Integer)
    …
End Sub
```

可以通过以下方式调用函数：

```
Example x: = 1, y: = 2, z: = 3
Example y: = 2, x: = 1, z: = 3
Example z: = 3, y: = 2, x: = 1
```

上面 3 条语句的调用结果是相同的，注意在过程名后面的排列顺序都不一样，但实参与形参结合的相对位置不变。

按名传送方式和按位置传送方式的不同在于按名传送方式不受位置次序的限制。它的缺点是比较烦琐，要多写一些东西；它的优点是能改善过程调用的可读性，使程序出错的概率降低。

8.3.2 按地址传递和按值传递

按照变量在传递过程结束后本身的值是不是不变为标准，参数传递又可以分为按地址传递和按值传递。

1. 按地址传递（引用）

按地址传递也称为引用，是指让过程根据变量的内存地址去访问实际变量的内容，即形参与实参使用相同的内存地址单元，这种方式通过子过程就可以改变变量本身的值。系统默认的是按地址传递参数。在 Visual Basic 中通过关键字 ByRef（通常省略）来实现。

在通常情况下，变量（简单变量、数组或数组元素以及记录）都是通过"地址"传送给 Sub 或 Function 过程。在这种情况下，可以通过改变过程中相应的参数来改变该变量的值。也就是说,当通过按地址的方式传送实参时,可以改变传送过程中变量的值。

【例 8.3】在窗体代码窗口中输入以下代码:

```
Sub tryout(x As Integer, y As Integer)
    Print "开始调用函数"
    Print "x = "; x, "y = "; y
    x = x + 100
    y = y * 6
    Print "函数作用后:"
    Print "x = ";x, "y = ";y
    Print
End Sub
Private Sub Form_Click( )
    Dim aAs Integer, bAs Integer
    a = 100
    b = 200
    Print "操作前的数值:"
    Print "a = "; a, "b = "; b
    Print
    Call tryout(a, b) '通过地址的方式传送参数
    Print "操作后的数值:"
    Print "a = "; a, "b = "; b
End Sub
```

运行程序后单击窗体,程序的输出结果如图 8.12 所示。

图 8.12　按地址传送

分析上面的程序代码,在程序中定义函数时采用了"Sub tryout(x As Integer, y As Integer)",省略了关键字"ByRef",则调用语句的参数是通过传地址的方式来传送的。在调用该 Sub 过程时,先向该过程传送实参 a、b 的地址,然后过程对该地址的变量进行操作,操作完后,该地址的变量值也随之改变,如上面所输出的 a 变成了 200,b 变成了 1200。

可以看出,按地址传递能很容易地改变变量的值。

2. 按值传递

在一定的情况下,传地址的方式并不能带来预期的效果,这时还可以用另一种参数传递的方式,即按值传递。

顾名思义,按值传递是指将实参中的变量值传递给形参,即传送的是实参的值而不是地

址。这个过程相当于传递了一个实参变量的副本,虽然这个过程可以改变副本的值,但并不会影响实参变量本身的值,即实参变量的值保持不变。

在 Visual Basic 中,可以通过关键字 ByVal 实现传值的方式。即在定义通用过程的时候,在形参前面加上关键字 ByVal,表示该参数将使用传值的方式,否则将使用传地址的方式。

【例 8.4】假设有如下程序:

```
Private Sub Form_Click( )
Dim a As Integer, b As Integer
    a = 20
    b = 50
    Call p1(a, b)
    Print "调用 p1 后:"
    Print "a = "; a, "b = "; b
    Call p2(a, b)
    Print "调用 p2 后:"
    Print "a = "; a, "b = "; b
    Call p3(a, b)
    Print "调用 p3 后:"
    Print "a = "; a, "b = "; b
End Sub
Sub p1(x As Integer, ByVal y As Integer)
    x = x + 10
    y = y + 20
End Sub

Sub p2(x As Integer, y As Integer)
    x = x + 10
    y = y + 20
End Sub
Sub p3(ByVal x As Integer, y As Integer)
    x = x + 10
    y = y + 20
End Sub
```

该程序运行后单击窗体,则在窗体上显示的内容如图 8.13 所示。

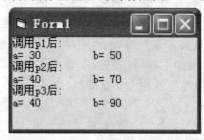

图 8.13 函数调用结果

分析该程序结果,在调用 p1 过程后,a 的值变为 30,b 的值仍保持为 50,这是因为在定义 p1 过程时,在形参 y 前面加了 ByVal 关键字表示按值传递,从而不影响 b 的初值。在调用 p2 过程后,因为 p2 的形参都是默认的按传地址操作,故 a 和 b 的值都发生了变化。在调用 p3 过程后,a 没有变化但 b 发生了变化,同样的道理,因为调用 a 变量时是按值传递的,而 b 参数是按地址传递的。

从上面几个例子,可以看出,"传地址"和"传值"的方式各有利弊,用户在实际编程中使用哪种方式传递参数,可以从以下几个方面来考虑:

（1）为了提高程序的效率,字符串和数组应该通过地址来传递。此外,用户自定义的类型和控件只能通过地址的方式来传递。

（2）对于整型、长整型或单精度等类型的参数,如果不希望修改实参的值,则可以通过传值的方式来传递。

（3）因为 Sub 过程不能通过过程名返回值,但可以通过参数返回值,并且可以返回多个值。所以,当需要用 Sub 过程返回值时,相应的参数要用传地址的方式。

8.3.3 数组参数的传送

在编程过程中,有时会调用一个数组并对它进行处理,这时过程需要将整个数组调进去处理。在该情况下,可以将数组作为实参传送到过程中。

例如:

```
Sub Test(a( ), b( ))
    ...
End Sub
```

由参数形式可以发现,该过程的两个形参都是数组,在用数组作为过程的参数时,应在数组名的后面加上一对括号,以免与普通变量相混淆。

上面的过程可以通过以下语句来调用:

```
Call Test(x( ), y( ))
```

在调用的时候,将 x 数组的首地址传送给参数 a,将 y 数组的首地址传送给参数 b。

数组一般通过传地址的方式来传送,除了要遵守参数传送的一般规则以外,用户还应该注意以下几点:

（1）如果不需要把整个数组传送给过程,可以只传送指定的单个元素,这时只需要在数组名后面的括号中写上指定的元素下标。

【例 8.5】在窗体的单击事件中输入以下代码:

```
Private arr(100) As Integer
Public Function prime(x As Integer)
    k = Int(Sqr(x) + 5)
    For i = 2 To k
        If x Mod i = 0 Then
            prime = False
            Exit Function
        End If
    Next
```

```
        prime = True
End Function
Private Sub Command1_Click( )
    Randomize
    For i = 1 To 100
        arr(i) = Rnd( ) * 10000
    Next
End Sub
Private Sub Command2_Click( )
    Dim a As Integer
    Dim b As Integer
    a = 0
    b = arr(1)
    For i = 1 To 100
        If prime(arr(i)) Then a = a + 1
        Label2.Caption = a
    Next
End Sub
```

运行程序后单击窗体,程序的输出结果如图 8.14 所示。

(2) 假如需要将整个数组的全部元素都传递给一个过程,应将实参表和形参表中的相应位置上的参数设置为数组名的形式,并略去数组的上、下界,但括号不能省略。

【例 8.6】设计一个程序,实现整个数组的传送和操作。

在窗体代码编辑窗口中输入以下代码:

```
Sub subP(b( )As Integer)
    For i = 1 To 4
        b(i) = 2 * i
    Next i
End Sub
Private Sub Command 1_Click( )
    Dim a(1 To 4)As Integer
    a(1) = 5:a(2) = 6:a(3) = 7:a(4) = 8
    subP a( )
    For i = 1 To 4
      Print a(i)
    Next i
End Sub
```

运行程序后单击命令按钮,程序的输出结果如图 8.15 所示。

图 8.14　指定数组元素　　　图 8.15　数组整体传送

分析该程序,首先程序对数组 a 进行初始化;然后通过 subP 过程对数组 a 进行操作,从 subP 过程的参数列表中可以发现,该过程将调用一个数组的全部元素,在调用的时候略去了数组的上、下界,但括号不能省略;再在过程中将 a 数组中的每个元素重新赋值为下标值乘 2,最后在主函数中输出每个元素的值。

(3) 可以利用 LBound 函数和 UBound 函数确定传送给过程的数组的大小,即用 LBound 函数可以求出数组最小的下标值,而用 UBound 函数可以求出数组的最大下标值。

8.4 可选参数与可变参数

在编程过程中,用户可能遇到有些参数不是每次都会用到的情况,这时可以使用 Visual Basic 提供的"可选参数",用到时就传递实参,不用时就不传递实参;此外,在调用过程时,需要向过程传递的实参个数有时不固定,这时可以使用"可变参数"。

8.4.1 可选参数

通常情况下,一个过程中的形式参数是固定的,调用时提供的实参也是固定的。但特殊情况下,通过在过程的形参表中加入"Optional"关键字,就可以指定过程中某个形式参数为可选项。在带有可选参数的过程中经常用到"IsMissing"函数,该函数的作用是用来检查是否向可选参数传送了实参值,假如没有向可选参数传送实参,则该函数返回 True,否则返回 False;并根据检查结果进行不同的过程操作。

【例 8.7】在窗体上画两个命令按钮,名称为 Command1 和 Command2,Caption 属性设置为"3 个参数调用"和"2 个参数调用",然后编写以下代码:

```
Sub Opt(fir As Integer, sec As Integer, Optional third)
    Dim sum As Integer
    sum = fir + sec
    If Not IsMissing(third) Then
        sum = sum + third
    End If
    Print "结果为:",sum
End Sub
Private Sub Command1_Click( )
    Print "3 个参数调用"
    Print "输入的实参为:"; "234", "432", "333"
    Call Opt(234, 432, 333)
    Print
End Sub
Private Sub Command2_Click( )
    Print "2 个参数调用"
    Print "输入的实参为:"; "234", "432"
    Call Opt(234, 432)
    Print
End Sub
```

运行程序后,分别单击上、下两个命令按钮,程序将在窗体上输出如图 8.16 所示的结果。

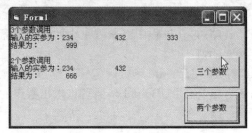

图 8.16 可选参数

分析上面的程序代码,在定义 Opt 过程的时候,在参数列表中有 3 个形参,其中 third 前面用了"Optional"关键字,表示该参数为可选参数;该过程所要进行的操作是首先将 fir 加上 sec 的值赋给 sum,然后判断是否向可选参数传送了实参,假如有则继续累加,然后输出结果,否则输出之前的累加结果。在通过 Command1 调用该过程时,向 Opt 过程传送了 3 个实参,即 234、432、333,则应输出它们的和为 999;而 Command2 调用该过程时,向 Opt 过程传送了两个实参,即 234、432,没有向可选参数传送实参,所以应输出它们的和为 666。

在指定可选参数时需要注意以下两点:

(1) 可选参数可以有多个,但它们必须放在参数表的后面,即可选参数的后面不能再有一般"固定"的参数。

(2) 通过 Optional 指定的可选参数其类型必须是 Variant 型。

8.4.2 可变参数

一般来说,过程中调用的参数个数应等于过程说明中的参数个数。但在有特殊需求的时候,可以用"ParamArray"关键字来定义可变参数,使调用时可传递的参数个数成为可变的。

其格式为:

```
Sub 过程名(ParamArray 数组名)
```

其中,"数组名"是一个形式参数,只有名字和括号,没有上、下界。由于其中省略了"数组"的类型,因此默认为 Variant 型。

【例 8.8】在窗体上画 3 个命令按钮,名称为 Command1、Command2 和 Command3,然后编写以下程序代码:

```
Sub Parr(ParamArray Num( ))
    n = 1
    For Each x In Num
        n = n * x
    Next x
    Print "阶乘为:"; n
    Print
End Sub
Private Sub Command1_Click( )
```

```
        Print "输入的参数为:1,2,3,4"
        Call Parr(1, 2, 3, 4)
        Print
    End Sub
    Private Sub Command2_Click( )
        Print "输入的参数为:1,2,3,4,5"
        Call Parr(1, 2, 3, 4, 5)
        Print
    End Sub
    Private Sub Command3_Click( )
        Print "输入的参数为:1,2,3,4,5,6,7"
        Call Parr(1, 2, 3, 4, 5, 6, 7)
        Print
    End Sub
```

运行程序后,依次单击命令按钮,程序的输出结果如图 8.17 所示。

图 8.17 可变参数的应用

分析程序,首先定义了带有可变参数的 Parr 过程,Parr 过程实现的功能是将传送给该过程的实参依次相乘,即实参的个数可能有变化,但都是将所有的实参相乘,这一步骤通过 For Each…Next 来实现。在上面的例子中,3 个命令按钮事件中分别使用了 4 个、5 个和 7 个参数,并得到了相应的正确结果。此外,由于可变参数过程中的参数是 Variant 类型,因此可以把任何类型的实参传送给此过程。

8.5 对象参数

前面介绍的参数传递一般是用变量作为形式参数,这和传统的结构化程序设计语言相似,但结构化程序设计语言中没有"对象"、"控件"等概念。Visual Basic 还允许使用对象,即窗体或控件作为通用过程的参数。这种参数方式在某些情况下可以简化程序设计,提高效率。

使用对象作为参数与使用其他数据类型作为参数的过程相似。

其格式为:

```
Sub 过程名(形参表)
    语句块
    [Exit Sub]
    …
End Sub
```

其中,"形参表"中形参的类型通常为 Control 或 Form。与其他类型数据的传递方式不同的是,在对象参数的传递中只能通过传地址的方式,而不能用关键字 ByVal 定义按值传递的方式。

8.5.1 窗体参数

窗体参数即将上面形参表中的类型定义为"Form"。下面将通过一个实例来说明窗体参数的使用方法。

【例 8.9】 假设一个工程由两个窗体组成,其名称分别为 Form1 和 Form2,在 Form1 上有一个名称为 Command1 的命令按钮。窗体 Form1 的程序代码如下:

```
Private Sub Command1_Click( )
    Dim m As Integer
    m = 500
    Call Change(Form2, m)
End Sub
Private Sub Change(formn As Form, x As Integer)
    formn.Width = formn.Width + 200
    formn.Height = formn.Height + 200
    formn.Show
    formn.Print
    formn.Print "通过窗体参数设置窗体属性并使其增大"
End Sub
```

运行程序后,会出现窗体 Form1(如图 8.18(a)所示),单击 Form1 上的命令按钮,将第一次出现窗体 Form2(如图 8.18(b)所示),并在每次单击按钮时使窗体 Form2 逐渐增大(图 8.18(c)所示为第七次单击按钮后的窗体 Form2)。

分析程序,在过程 Change 中使用了窗体参数,并在该过程中将定义的 formn 的窗体的宽度与高度增加 200;在 Form1 的命令按钮的单击事件过程中调用 Change 过程并将实参 Form2 传送给该过程,经过 Change 过程代码的作用,将 Form2 逐渐增大,同时在窗体上显示相应的信息;在 Change 过程中的形参 m 在这一程序中可有可无,将它放在参数列表中可以和窗体参数有一个对比,说明窗体参数与一般类型的形参有相似之处,当然,用户也可以利用形参 m 进行有关程序代码的编写。

(a)窗体 Form1

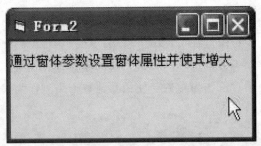

(b)窗体 Form2 第一次显示

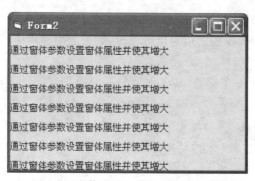

(c)窗体 Form2 第七次显示

图 8.18　窗体 Form2 的不同显示

8.5.2　控件参数

控件参数即将形参表中的类型定义为 Control,在一个通用过程中设置相同性质控件所需要的属性,然后用不同的控件来调用此过程。

【例 8.10】编写一个 Sub 过程 ShowName,在该过程中判断传过来的是哪个控件,如果是Command1,则在 Label2 中显示单击了命令按钮;如果是 Label1,则在 Label2 中显示单击了标签。先在窗体上画两个标签控件和一个命令按钮,并将 Label1 的 Caption 属性设置为"标签控件",将 Command1 的 Caption 属性设置为"命令按钮",然后编写以下程序代码。

```
Private Sub Command1_Click( )
    Call ShowName(Command1)
End Sub
Private Sub Label1_Click( )
    Call ShowName(Label1)
End Sub
Private Sub ShowName(c As Control)
    If c = Command1 Then
        Label2.Caption = "单击" & Command1.Caption
    End If
    If c = Label1 Then
        Label2.Caption = "单击" & Label1.Caption
    End If
End Sub
```

运行程序后分别单击 Label1 和 Command1,程序的运行过程如图 8.19 所示。

图 8.19　控件参数

在使用控件参数时需要注意,控件参数的使用比窗体参数复杂一些,因为不同的控件所具有的属性不同。在用指定的控件调用通用过程时,如果通用过程中的属性不属于这种控件,则会发生错误。

【例8.11】在窗体上画一个标签,其名称为Label1,写入以下代码:

```
Sub Err(Textn As Control)
    Textn.Text = "文本内容"
End Sub
Private Sub Form_Click( )
    Call Err(Command1)
End Sub
```

运行该程序,再单击窗体,将会出现如图8.20所示的错误信息提示。

图8.20 错误提示

分析程序,由于在定义Err过程的代码中是对控件的Text属性进行赋值,但是在调用的时候,传送给过程的是控件Command1,而该类型的控件没有Text属性,所以会发生错误。

为解决上述问题,在Visual Basic中提供了一个TypeOf语句,可以用来防止该类错误的发生。其格式为:

[If | ElseIf] TypeOf 控件名称 Is 控件类型

其中,"控件名称"是指控件参数(形参)的名字,即"As Control"前面的参数名;"控件类型"是代表各种不同控件的关键字,例如TextBox、CheckBox、Frame、Label、ListBox、Timer、ComboBox等。

【例8.12】如果仅仅区分是不是某一类控件,而不需要判断是不是某一个控件,对例8.10中的两个判断语句可以进行如下修改:

```
Private Sub ShowName(c As Control)
    If TypeOf c Is CommandButton Then
        Label2.Caption = "单击" & Command1.Caption
    End If
    If TypeOf c Is Label Then
        Label2.Caption = "单击" & Label1.Caption
    End If
End Sub
```

运行程序后,分别单击Label1和Command1,程序的运行结果与例8.10的结果完全一样,如图8.21所示。

图 8.21 TypeOf 语句的使用

8.6 局部内存分配和 Shell 函数

8.6.1 局部内存分配

Visual Basic 程序运行后,系统将知道程序中有多少全局变量,并为它们分配相应的内存空间。但程序中的局部变量是不可预知的,因为只有在调用一个过程时才建立该过程所包含的局部变量和参数,并为其分配内存空间,而在这一过程结束的时候将清除这些局部变量。假如要再次调用该过程,则会重新建立这些局部变量。即局部变量的内存在需要时分配,在释放后可以被其他过程的变量使用。所以,同一个应用程序在每一次运行时,可能由于触发事件的不同而会建立不同的局部变量。

通常情况下,要使数据的值在过程结束时并不消失,可以将其定义为全局变量或模块级变量,但这一方法往往带来占有内存的缺点。为此,在 Visual Basic 中提供了一个 Static 语句来解决这一问题。

其格式为:

```
Static 变量表
```

其中,"变量表"的格式为:

```
变量[( )][As 类型][,变量[( )][As 类型]]…
```

Static 语句和 Dim 语句的格式一样,有一点不同的是,Static 语句只能出现在事件过程、Sub 过程或 Function 过程中。在过程中的 Static 变量的作用域和一般的局部变量相同,但该变量可以和模块级变量一样,在过程结束后,其值仍然保留。

【例 8.13】在窗体上画 3 个文本框控件,名称为 Text1、Text2 和 Text3;3 个命令按钮,名称为 Command1、Command2 和 Command3,标题为"开关测试"、"计数器设计"和"局部变量",然后编写以下程序代码:

```
Private Sub Command1_Click( )
    Static State As Boolean
    If State = True Then
        State = False
        Text1.Text = "打开"
    Else
        State = True
        Text1.Text = "关闭"
```

```
        End If
End Sub
Private Sub Command2_Click( )
    Static Num As Integer
    Num = Num + 1
    Text2.Text = "第" & Num & "次按下"
End Sub
Private Sub Command3_Click( )
    Dim Num As Integer
    Num = Num + 1
    Text3.Text = "第" & Num & "次按下"
End Sub
```

运行程序后,多次单击"开关测试"按钮,将看到文本框中的内容在"打开"和"关闭"两种情况之间相互变换;多次单击"计数器设计"按钮,将在文本框中记录并输出所按下按钮的次数;多次单击"局部变量"按钮,相应文本框中始终显示"第1次按下"。程序的运行过程如图8.22所示。

分析该程序代码及运行过程,在Command1和Command2的事件过程中定义的变量为Static类型,即使该过程结束,其值仍然可以保存。所以在"开关测试"按钮被按下时,程序将根据上一次的State值决定本次按下之后的State值,所以实现了开关的功能;在按下"计数器设计"按钮时,将在上次保留值的基础上加1,故能记录按钮被按下的次数;在每次按下"局部变量"按钮后,局部变量Num都被重新初始化为0,再经过"Num=Num+1"语句的作用,在Text3中显示的始终是"第1次按下"。

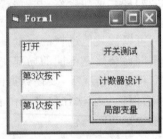

图8.22 静态变量的应用

在通常的编程中,Static语句一般有以下几种用法:
(1) 将一个字符串变量定义为静态变量,例如"Static Test As String"。
(2) 将一个数值变量定义为静态变量,例如"Static Test As Long"。
(3) 将一个事件过程中的所有变量定义为静态变量,例如"Static Sub Form_Click( )"。
(4) 将一个通用过程中的所有变量定义为静态变量,例如"Static Sub Test( )"。
(5) 将一个数组定义为静态数组,例如"Static Test(30)"。

在使用Static语句时需要注意以下几点:
(1) 当数组作为局部变量放在Static语句中时,在使用之前应标出其维数。
例如:

```
Sub Test( )
    Static a( ) As Integer
    Dim a( -8 To 8) As Integer
    ...
End Sub
```

(2) Static语句定义的局部变量可以和在模块级定义的变量或全局变量重名,而且用Static语句定义的变量优先于模块级变量或全局变量,不会发生冲突。

(3) Static可以作为属性出现在过程定义行中,则该过程中的局部变量都默认为Static变量,调用过程后其值将被保存下来。假如省略 Static,则该过程的变量默认为自动变量,每次调用过程结束时,自动变量将被初始化为 0。

8.6.2 Shell 函数

在 Visual Basic 中还提供了 Shell 函数,通过它可以调用 Windows 下的各种应用程序。其格式为:

```
Shell(命令字符串[,窗口类型])
```

其中,"命令字符串"是要执行的应用程序的文件名(包括路径),但它必须是可执行文件,扩展名一般为 .com、.exe、.bat 或 .pif,而其他类型的文件不能通过 Shell 函数调用。其中,"窗口类型"是指调用应用程序时程序运行窗口的大小,有 6 种参数供用户选择,如表 8.1 所示。

表 8.1 窗口类型

符号常量	值	窗口类型描述
vbHide	0	程序窗口被隐藏,焦点移到隐式窗口
vbNormalFocus	1	窗口具有焦点,并还原到原来的大小和位置
vbMinimizedFocus	2	窗口会以一个具有焦点的图标来显示
vbMaximizedFocus	3	窗口是一个具有焦点的最大化窗口
vbNormalNoFocus	4	窗口被还原到最近使用的大小和位置,而当前活动的窗口仍然保持活动
vbMinimizedNoFocus	6	窗口以一个图标来显示,而当前活动的窗口仍然保持活动

在 Shell 函数调用某个应用程序并成功执行后,将返回一个任务标识(Task ID),它作为执行程序的唯一标识。

例如:

```
a = Shell("command.com",1)
```

在使用 Shell 函数时需要注意以下几点:

(1) 在具体输入程序时,ID 不能省略。

例如将上面的语句写成 Shell("command.com",1)是错误的。

(2) Shell 函数是以异步方式来执行其他程序,即用 Shell 函数启动的程序可能还没有执行完就已经执行 Shell 函数之后的语句。

本 章 小 结

本章主要介绍过程的概念、分类、定义、调用方法及各种参数的使用。

本章重点掌握以下内容:

(1) Sub 过程的建立和调用。

(2) Function 过程的建立和调用。

(3) 可选参数和可变参数的含义。

(4) 窗体参数和控件参数的含义。

巩固练习

(1) 以下过程的功能是从数组中寻找最大值：

```
Private Sub FindMax(a( ) As Integer,ByRef Max As Integer)
    Dim s As Integer,f As Integer
    Dim i As Integer
    s = LBound(a)
    f = UBound(a)
    Max = a(s)
    For i = s To f
        If a(i) > Max Then Max = a(i)
    Next
End Sub
```

以下关于上述过程的叙述中错误的是(　　)。
A. 语句"Call FindMax(a,m)"可以调用该过程，其中的 a 是数组，m 是 Integer 类型变量
B. For 循环次数等于 a 数组的元素数
C. 过程末尾应该增加一条返回最大值的语句"FindMax=Max"
D. 参数 Max 用于存放找到的最大值

(2) 在窗体上画一个命令按钮(名称为 Command1)，并编写如下代码：

```
Function Fun1(ByVal a As Integer,b As Integer) As Integer
    Dim t As Integer
    t = a − b
    b = t + a
    Fun1 = t + b
End Function
Private Sub Command1_Click( )
    Dim x As Integer
    x = 10
    Print Fun1(Fun1(x,(Fun1(x,x − 1))),x − 1)
End Sub
```

程序运行后单击命令按钮，输出结果是(　　)。
A. 10　　　　　　B. 0　　　　　　C. 11　　　　　　D. 21

(3) 下面不能在信息框中输出"VB"的是(　　)。
A. MsgBox "VB"
B. x = MsgBox("VB")
C. MsgBox("VB")
D. Call MsgBox "VB"

(4) 编写如下程序：

```
Private Sub Command1_Click( )
    Dim x As Integer, y As Integer
    x = InputBox("输入第一个数")
    y = InputBox("输入第二个数")
    Call f(x,y)
    Print x,y
End Sub
Sub f(a As Integer, ByVal b As Integer)
    a = a * 2
    x = a + b
    b = b + 100
End Sub
```

程序运行后单击命令按钮 Command1,并输入数值 10 和 15,则输出结果为(　　)。
A. 10 115　　　　　B. 20 115　　　　　C. 35 15　　　　　D. 20 15

(5) 命令按钮 Command1 的单击事件过程如下:

```
Private Sub Command1_Click( )
    x = 10
    Print f(x)
End Sub
Private Function f(y As Integer)
    f = y * y
End Function
```

运行上述程序,以下叙述中正确的是(　　)。

A. 程序运行出错,x 变量的类型与函数参数的类型不符
B. 在窗体上显示 100
C. 函数定义错误,函数名 f 不能又作为变量名
D. 在窗体上显示 10

(6) 窗体上有一个名称为 Command1 的命令按钮、一个名称为 Text1 的文本框,编写以下程序:

```
Private Sub Command1_Click( )
    Dim x As Integer
    x = Val(InputBox("输入数据"))
    Text1 = Str(x + fun(x) + fun(x))
End Sub
Private Function fun(ByRef n As Integer)
    If n Mod 3 = 0 Then
        n = n + n
    Else
        n = n * n
    End If
    fun = n
End Function
```

对于上述程序,以下叙述中错误的是( )。
A. 语句"fun=n"有错,因为 n 是整型,fun 没有定义类型
B. 运行程序,输入值为 5 时,文本框中显示 655
C. 运行程序,输入值为 6 时,文本框中显示 42
D. ByRef 表示参数按址传递

(7) 以下关于函数过程的叙述中正确的是( )。
A. 函数过程形参的类型与函数返回值的类型没有关系
B. 在函数过程中,过程的返回值可以有多个
C. 当数组作为函数过程的参数时,既能以传值方式传递,又能以传址方式传递
D. 如果不指明函数过程参数的类型,则该参数没有数据类型

(8) 下面是求最大公约数的函数的首部:

```
Function gcd(ByVal x As Integer,ByVal y As Integer) As Integer
```

若要输出 8、12、16 这 3 个数的最大公约数,下面语句正确的是( )。
A. Print gcd(8,12),gcd(12,16),gcd(16,8)
B. Print gcd(8,12,16)
C. Print gcd(8),gcd(12),gcd(16)
D. Print gcd(8,gcd(12,16))

(9) 以下关于过程及过程参数的描述中,错误的是( )。
A. 调用过程时可以用控件名称作为实际参数
B. 用数组作为过程的参数时使用的是"传地址"方式
C. 只有函数过程能够将过程中处理的信息传回到调用的程序中
D. 窗体(Form)可以作为过程的参数

(10) 在窗体上画两个标签和一个命令按钮,其名称分别为 Label1、Label2 和 Command1,然后编写以下程序:

```
Private Sub func(L As Label)
    L.Caption = "1234"
End Sub
Private Sub Form_Load( )
    Label1.Caption = "ABCDE"
    Label2.Caption = 10
End Sub
Private Sub Command1_Click( )
    a = Val(Label2.Caption)
    Call func(Label1)
    Label2.Caption = a
End Sub
```

程序运行后单击命令按钮,则在两个标签中显示的内容分别为( )。
A. ABCD 和 10   B. 1234 和 100
C. ABCD 和 100   D. 1234 和 10

(11) 现有以下程序:

```
Private Sub Command1_Click( )
    s = 0
    For i = 1 To 5
        s = s + f(5 + i)
    Next
    Print s
End Sub
Public Function f(x As Integer)
    If x >= 10 Then
        t = x + 1
    Else
        t = x + 2
    End If
    f = t
End Function
```

运行程序,则窗体上显示的是(　　)。
A. 38　　　　　　B. 49　　　　　　C. 61　　　　　　D. 70

(12) 假定有以下函数过程:

```
Function Fun(S As String) As String
    Dim s1 As String
    For i = 1 To Len(S)
        s1 = LCase(Mid(S,i,1)) + s1
    Next i
    Fun = s1
End Function
```

在窗体上画一个命令按钮,然后编写以下事件过程:

```
Private Sub Command1_Click( )
    Dim Str1 As String,Str2 As String
    Str1 = InputBox("请输入一个字符串")
    Str2 = Fun(Str1)
    Print Str2
End Sub
```

程序运行后单击命令按钮,如果在输入对话框中输入字符串"abcdefg",则单击"确定"按钮后在窗体上的输出结果为(　　)。
A. ABCDEFG　　　B. abcdefg　　　C. GFEDCBA　　　D. gfedcba

第 9 章 键盘和鼠标事件

前面已经介绍过通用过程和一些常用的事件过程,本章将介绍与键盘和鼠标相关的事件过程,使用键盘事件过程可以处理当按下或释放键盘上某个键时所执行的操作,而鼠标事件过程可用来处理与鼠标光标的移动和位置有关的操作。

9.1 键盘事件

本节首先介绍与键盘相关的几类事件。在按下和松开一个键的时候,都将触发相应的键盘事件,表 9.1 为常用的键盘事件。

表 9.1 键盘事件

键盘事件	事件描述
KeyPress	"压下"键盘上的某个键时将触发该事件
KeyDown	"按下"键盘的任意键时将触发该事件
KeyUp	"松开"键盘的任意键时将触发该事件

9.1.1 KeyPress 事件

在应用程序中,压下键盘上的某个键时将触发 KeyPress 事件。该事件可用于文本框、复选框、组合框、命令按钮、列表框、图片框、滚动条及与文件有关的控件。

添加 KeyPress 事件过程代码很方便,先在窗体上画一个可以触发 KeyPess 事件的控件,然后双击该控件,进入到程序代码窗口,在"过程"框中选择 KeyPress,即可编写该事件过程代码。

其格式如下:

```
Private Sub Command1_KeyPress(KeyAscii As Integer)
    ...
End Sub
```

其中,"KeyAscii"是一个预定义变量,执行 KeyPress 过程时,该变量是指所按键的 ASCII 码值。例如,按下"B"键,KeyAscii 的值为 66;按下"b"键,KeyAscii 的值为 98。

需要注意的是,当按下某个键时,所触发的是拥有输入焦点(Focus)的那个控件的 KeyPress 事件。在某一时刻,输入焦点只能位于某一个控件上,如果窗体上没有活动或可见的控件,则输入焦点位于窗体上。当一个控件或窗体拥有输入焦点时,该控件或窗体将接收从键盘上输入的信息。当该控件为控件数组中的一个元素时,还有一个Index(索引)参数。

在默认设置下,控件的键盘事件通常优先于窗体的键盘事件,因此在发生键盘事件时总是先激活控件的键盘事件。如果希望窗体先接收键盘事件,则必须把窗体的KeyPreview属性设为True,否则不能激活窗体的键盘事件。

在KeyPress事件过程中,可以对KeyAscii值做一定的修改,如果进行了修改,则在控件中输入修改后的字符。

【例9.1】简单密电码程序。

```
Private Sub Form_KeyPress(KeyAscii As Integer)
    Print "您所输入的字符是:", Chr((KeyAscii + 3 - 96) Mod 26 + 96)
End Sub
```

程序运行后,在键盘上输入h、a、p、p、y,程序的输出如图9.1所示。

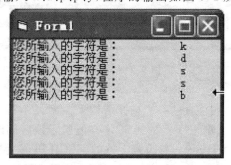

图9.1 KeyPress输出

程序代码分析如下:

① 当用户从键盘输入"a"时,KeyAscii的值为97,加上3减去96之后为4,对26取余仍为4,再加上96为100,而100作为Ascii码值代表的是"d"。当用户从键盘输入"y"时,KeyAscii的值为121,加上3减去96之后为28,对26取余为2,再加上96为98,而98作为ASCII码值代表的是"b"。由此就做成了一个简单的密电码程序,当输入小写字母形成的字符串时,计算机会帮助我们进行转换,只要我们知道转换的方法,就可以将它再转换回原来输入的内容。

② 函数Chr用来实现ASCII码值到字符的转换。

③ 通过Print语句在窗体上输出。

在KeyPress事件过程中,可以对KeyAscii值做一定规定,例如只能输入数字字符,不能输入字母,否则将出现错误输入的对话框提示用户。或者在有些情况下,要求文本框只能接收大写字母的输入,例如下例。

【例9.2】假如在例9.1中,如果要对输入的大小写字母均进行转换,则需要判断输入的是大写字母还是小写字母,再分别进行转换。如果是其他字符则不允许输入,并弹出提示对话框予以警告。程序代码如下:

```
Private Sub Form_KeyPress(KeyAscii As Integer)
    If(KeyAscii >= 97) And (Keyacsii <= 122) Then
        Print "您所输入的字符是:", Chr((KeyAscii + 3 - 96) Mod 26 + 96)
    ElseIf(KeyAscii >= 65) And (Keyacsii <= 90) Then
```

```
        Print "您所输入的字符是:", Chr((KeyAscii + 3 - 64) Mod 26 + 64)
    Else
        MsgBox "请输入字母"
        KeyAscii = 0
    End If
End Sub
```

运行程序后,在键盘上输入 H、a、p、p、y,结果如图 9.2 的左图所示。如果输入大小写字母以外的按键,则会弹出提示对话框,如图 9.2 的右图所示。

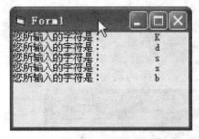

图 9.2　约束输入

程序代码分析如下:

在窗体的 KeyPress 事件中,通过一个选择结构来控制大小写字母的输入,因为小写字母的 ASCII 码值为 97~122,当输入字符的 ASCII 码值属于该区间时,进行小写字母的密码转换;大写字母的 Ascii 码值为 65~90,当输入字符的 ASCII 码值属于该区间时,进行大写字母的密码转换,如果不属于以上两个区间,将会弹出相应的提示对话框。

【例 9.3】在窗体上画一个初始内容为空的列表框 List1,两个标签,其名称分别为 Label1(标题为"请输入编号")、Label2(标题为空),再添加一个名称为 Text1、初始文本为空的文本框。

① 程序启动时,自动向列表框添加一个编号信息"a0001"。

② 程序运行时,在文本框 Text1 中输入一个编号,并按回车键(其 ASCII 码值为 13),如果该编号不与已存在于列表框中的其他编号重复,将其添加到列表框 List1 已有项目之后,在标签 Label2 中显示"已成功添加编号,请继续输入!",否则在标签 Label2 中显示"不允许重复输入,请重新输入!"。

编写如下程序代码:

```
Private Sub Form_Load( )
    List1.AddItem "a0001"
End Sub
Private Sub Text1_KeyPress(KeyAscii As Integer)
    If KeyAscii = 13 Then
        For i = 0 To List1.ListCount - 1
            List1.ListIndex = i
            If List1.Text = Text1.Text Then
                Label2.Caption = "不允许重复输入,请重新输入!"
                Exit Sub
            End If
        Next i
        List1.AddItem Text1.Text
```

```
        Label2.Caption = "已成功添加编号,请继续输入!"
    End If
End Sub
```

运行程序后,先输入"a0001",按回车键,再输入"a0002",按回车键;程序的运行过程如图 9.3 所示。

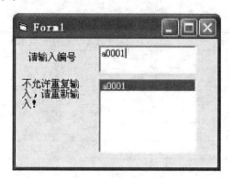 

图 9.3 列表框 KeyPress 事件

分析程序代码,程序中通过双层的选择控制结构来实现程序的主要流程。

在 KeyPress 事件中,输入完成按下回车键(其 ASCII 码值为 13),即进入第 1 层的控制结构,因为程序需要先判断输入项是否已在列表项中,所以需要通过 For 循环逐个进行判断。

① 假如输入项不存在,则通过"List1.AddItem Text1.Text"语句将该项添加到列表框的列表项中,并输出相应的提示信息(如图 9.3 的右图所示)。

② 假如该输入项已存在,则输出相应的提示信息(参见图 9.3 的左图所示),并退出该过程。

9.1.2 KeyDown 和 KeyUp 事件

和 KeyPress 事件不同,KeyDown 和 KeyUp 事件返回的是键盘的直接状态(物理状态),即按下键(KeyDown)及松开键(KeyUp)的"状态"。

KeyPress 事件并不直接报告键盘状态,它只是提供键所代表的字符并不识别键的按下或松开的状态。也就是说,KeyDown 和 KeyUp 事件返回的是"键",而 KeyPress 事件返回的是字符的"ASCII"码。

单个控件的 KeyDown 和 KeyUp 事件都有两个参数,即 KeyCode 和 Shift,例如:

```
Private Sub Command1_KeyUp(KeyCode As Integer, Shift As Integer)
    ...
End Sub
Private Sub Command1_KeyDown(KeyCode As Integer, Shift As Integer)
    ...
End Sub
```

对于控件数组,还有一个参数就是"Index As Integer",代表控件数组的索引。
其中,KeyCode 和 Shift 的具体含义如下。

1. KeyCode

该参数是按"键"的实际 ASCII 码。该码以"键"为准,而不是以"字符"为准。例如大小写时用一个键,它们的 KeyCode 相同(使用大写字母的 ASCII 码);大键盘上的数字键与数字键盘上相同的数字键的 KeyCode 是不同的,表 9.2 为部分字符的 KeyCode 和 KeyAscii 值的比较。

表 9.2 部分字符的 KeyCode 与 KeyAscii

字符(键)	KeyCode(十进制)	KeyAscii(十进制)
"A"	65	65
"a"	65	97
"B"	66	66
"b"	66	98
"%"	53	37
"1"(大键盘上)	49	49
"1"(数字键盘上)	97	49
"2"(大键盘上)	50	50
"2"(数字键盘上)	98	50

【例 9.4】设计一个程序,求出按下字母键时的 KeyCode 和 KeyAscii 的对比表。要求在按下字母键后,将 KeyCode 和 KeyAscii 作为 ASCII 码所对应的字母在窗体上输出。

编写如下程序:

```
Private Sub Form_Load( )
    Print "KeyCode(字符) KeyAscii(字符)"
End Sub
Private Sub Form_KeyDown(KeyCode As Integer, Shift As Integer)
    If KeyCode >= 65 And KeyCode <= 90 Then
        Print Chr(KeyCode); "----------------";
    End If
End Sub
Private Sub Form_KeyPress(KeyAscii As Integer)
    Print Chr(KeyAscii)
End Sub
```

运行程序后,分别输入字符 a、A、b、B,其输出结果如图 9.4 所示。

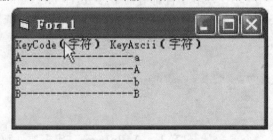

图 9.4 KeyCode 和 KeyAscii 输出

分析上面的程序及程序运行过程,在窗体的 KeyDown 事件过程中,通过 If 选择控制结构控制输出 KeyCode 代码的范围,语句"KeyCode >=65 And KeyCode <=90"所代表的就是 26 个字母键的 KeyCode。在按下字母键后先触发的是窗体的 KeyDown 事件,在窗体的左侧部分输出以按键的 KeyCode 作为 ASCII 码值的字母,然后触发 KeyPress 事件,在窗体的右侧输出以 KeyAscii 作为 ASCII 码值的字母,用户可以发现 KeyCode 永远记录的是键面上的字符的 ASCII 码值,而不管按的是大写字母还是小写字母。KeyAscii 则可以区分大小写字母的 ASCII 码值。

2. Shift

该参数表示的是 3 个转换键的状态,即 Shift、Ctrl 和 Alt。这 3 个键分别以二进制形式表示,每个键有 3 位,即 Shift 键为 001,Ctrl 键为 010,Alt 键为 100。具体按键的状态的描述如表 9.3 所示。

表 9.3　Shift 参数的值

二进制值	十进制值	描述
000	0	未按转换键
001	1	按下 Shift 键
010	2	按下 Ctrl 键
011	3	同时按下 Shift 和 Ctrl 键
100	4	按下 Alt 键
101	5	同时按下 Shift 和 Alt 键
110	6	同时按下 Ctrl 和 Alt 键
111	7	同时按下 3 个键

利用逻辑运算符 And 可以判断是否按下了某个转换键。例如可以先定义 3 个符号常数:
① Const Shift1＝1
② Const Ctrl ＝2
③ Const Alt ＝4
然后用以下语句就可以判断是否按下了 Shift、Ctrl 和 Alt 键:
① 假如 Shift And Shift1 ＞ 0,则表示按下了 Shift 键。
② 假如 Shift And Ctrl ＞ 0,则表示按下了 Ctrl 键。
③ 假如 Shift And Alt ＞ 0,则表示按下了 Alt 键。
其中,判断语句前面的"Shift"表示 KeyDown 事件中的第 2 个参数。

【例 9.5】在窗体代码编辑窗口中编写以下代码。

```
Dim ShiftTest as Integer
Private Sub Form_KeyDown(KeyCode As Integer, Shift As Integer)
    ShiftTest = Shift And 7
    Select Case ShiftTest
        Case 1 ' 或 vbShiftMask
            Print "You pressed the SHIFT key."
        Case 2 ' 或 vbCtrlMask
            Print "You pressed the CTRL key."
        Case 4 ' 或 vbAltMask
```

```
                Print "You pressed the ALT key. "
            Case 3
                Print "You pressed both SHIFT and CTRL. "
            Case 5
                Print "You pressed both SHIFT and ALT. "
            Case 6
                Print "You pressed both CTRL and ALT. "
            Case 7
                Print "You pressed SHIFT, CTRL, and ALT. "
        End Select
    End Sub
```

运行程序后，分别按下 Shift、Shift+Ctrl、Alt、Shift+Alt、Ctrl、Ctrl+Alt 和 Shift+Ctrl+Alt 键，程序的输出结果如图 9.5 所示。

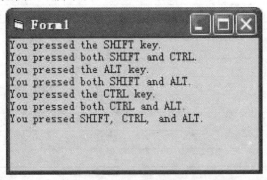

图 9.5 Shift 参数

分析程序代码可知，该程序先在窗体层定义了一个符号变量，分别用来存储 Shift 参数的返回值状态，然后通过 Select 控制选择结构控制输出，判断是否按下了 Shift、Ctrl 和 Alt，如果对应的条件为真，则在窗体上输出相应的提示信息。

在编程过程中，需要注意的是窗体上的每个对象都有自己的键盘处理程序。在一般情况下，一个键盘处理程序是针对某个对象（包括窗体和控件）进行的。而有些操作可能具有通用性，即适用于多个对象。在这种情况下，可以编写一个适用于各个对象的通用的键盘处理程序。对于某个对象来说，当发生某个键盘事件时，所需要的就是通过传送 KeyCode 和 Shift 参数调用通用键盘处理程序。

【例 9.6】设计一个通用的键盘处理程序。要求当在文本框或命令按钮两个控件上按下大写字母 C 后，将在通用过程中判断是哪个控件，然后清空相应控件上显示的文字。

编写以下程序代码：

```
Sub KeyDownHandler(KeyCode As Integer, Shift As Integer,c As Control)
    If KeyCode = 67 And Shift = 1 Then
        If TypeOf c Is CommandButton Then
            Command1.Caption = ""
        End If
```

```
            If TypeOf c Is TextBox Then
                Text1.Text = ""
            End If
        End If
End Sub
Private Sub Command1_GotFocus( )
    Print "此时焦点在 Command1 上"
End Sub
Private Sub Command1_KeyDown(KeyCode As Integer, Shift As Integer)
    Call KeyDownHandler(KeyCode, Shift, Command1)'调用通用键盘处理过程
End Sub
Private Sub Text1_GotFocus( )
    Print "此时焦点在 Text1 上"
End Sub
Private Sub Text1_KeyDown(KeyCode As Integer, Shift As Integer)
    Call KeyDownHandler(KeyCode, Shift, Text1)'调用通用键盘处理过程
End Sub
```

运行程序后,将焦点分别放在命令按钮和文本框上,按下大写字母 C,程序的运行过程如图 9.6 所示。

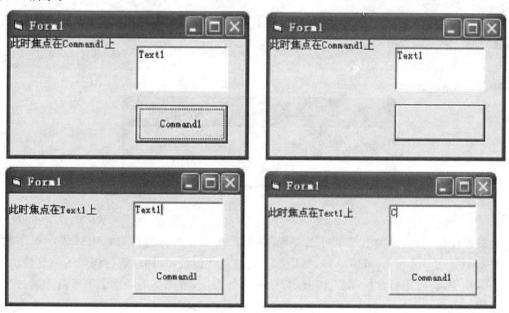

图 9.6　通用键盘处理程序

分析程序代码可知,在程序中先定义了 KeyDownHandler 通用键盘处理程序过程,它适用于多个控件对象,例如 Text1 和 Command1。在 KeyDownHandler 过程中实现的功能如下:

先判断按下的键是否为大写字母 C,如果条件为真(True),则判断当前控件是哪个控件,

从而有针对性地清空相应控件的外观内容。

需要注意的是,由于使用了通用的键盘处理过程,并且在各个控件(包括 Text1 和 Command1)的 KeyDown 事件中都调用 KeyDownHandler 通用过程,所以不论程序当时的焦点在哪个控件上,只要按下大写字母 C,都会做出响应。

【例 9.7】设计一个程序,使之能反映 KeyDown 和 KeyUp、KeyPress 事件触发的先后顺序及事件可以实现的功能等。

假设有以下程序代码:

```
Private Sub Form_KeyDown(KeyCode As Integer, Shift As Integer)
    If KeyCode = &H41 Then
        Print "按下了 A 键"
    End If
End Sub
Private Sub Form_KeyUp(KeyCode As Integer, Shift As Integer)
    If KeyCode = &H41 Then
        Print "松开了 A 键"
    End If
End Sub
Private Sub Form_KeyPress(KeyAscii As Integer)
    If KeyAscii = &H41 Then
        Print "键入了字母 A"
    End If
End Sub
```

运行程序后,当按下大写字母 A 时,程序的运行结果如图 9.7 所示。

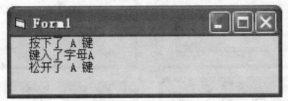

图 9.7　KeyDown 和 KeyUp、KeyPress 事件

分析程序代码,通过输出结果可以发现:在每次按下和松开键的过程中将依次顺序触发 KeyDown、KeyPress 和 KeyUp 事件,然后执行相应的代码程序,同时进行相关的信息输出。

在编程中,有时用键盘控制会比用鼠标控制更加方便、准确。下面这个例子就是通过滚动条控件的 KeyDown 事件过程来控制滚动框的滚动位置等。

【例 9.8】在窗体上建立一个水平滚动条(HScroll1)、一个标签(名称为 Label1,并将它的 BorderStyle 设置为"1－Fixed Single")。要求用"＋"和"－"键来控制水平滚动条。

编写以下程序代码:

```
Private Sub Form_Load( )
    HScroll1.Min = 0
    HScroll1.Max = 100
```

```
        HScroll1.LargeChange = 15
    End Sub
    Private Sub HScroll1_KeyDown(KeyCode As Integer, Shift As Integer)
        Select Case KeyCode
            Case 109
                If HScroll1.Min <= HScroll1.Value - HScroll1.LargeChange Then
                    HScroll1.Value = HScroll1.Value - HScroll1.LargeChange
                End If
            Case 109
                If HScroll1.Min >= HScroll1.Value - HScroll1.LargeChange Then
                    HScroll1.Value = HScroll1.Min
                End If
            Case 107
                If HScroll1.Max >= HScroll1.Value + HScroll1.LargeChange Then
                    HScroll1.Value = HScroll1.Value + HScroll1.LargeChange
                End If
            Case 107
                If HScroll1.Max <= HScroll1.Value + HScroll1.LargeChange Then
                    HScroll1.Value = HScroll1.Max
                End If
        End Select
        Label1.Caption = Str(HScroll1.Value)
    End Sub
```

运行程序后，先通过鼠标选择滚动条，然后通过相应的按键调整滚动框的位置，图 9.8 所示为调整水平滚动条时的运行结果。

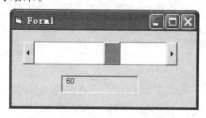

图 9.8　水平滚动条的键盘调整

分析程序代码如下：

① 首先在窗体的 Form 事件中将滚动条的 Max 属性设置为 100，将 Min 属性设置为 0，将 LargeChange 属性分别设置为 15。

② 然后在 KeyDown 事件中通过 Select 控制语句接收键盘的控制。其中，107 为"＋"键的 KeyCode 值，109 为"－"键的 KeyCode 值。

③ 在通过 KeyDown 过程中的代码对相应的滚动框进行调整后，将在 Label1 的 Caption 属性中输出相应的提示信息（如图 9.8 所示）。

除了上面介绍的键盘事件外，鼠标事件也是用户与程序之间交互操作的重要途径。下面来学习常用的鼠标事件。

9.2 鼠标事件

在以前的例子中曾多次使用过鼠标事件,即单击(Click)和双击(DblClick)事件,这些事件是通过快速按下并放开鼠标键产生的。实际上,在 Visual Basic 中还可以识别按下或放开某个鼠标所触发的事件。

为了实现鼠标操作,Visual Basic 提供了3个过程模块:

(1) 压下鼠标键事件过程。

```
Sub Command1_MouseDown(Button As Integer, Shift As Integer, X As _
                Single, Y As Single)
    ...
End Sub
```

(2) 松开鼠标键事件过程。

```
Sub Command1_MouseMove(Button As Integer, Shift As Integer, X As _
                Single, Y As Single)
    ...
End Sub
```

(3) 移动鼠标光标事件过程。

```
Sub Command1_MouseUp(Button As Integer, Shift As Integer, _
                X As Single, Y As Single)
    ...
End Sub
```

在这里,用户可以注意到这3种鼠标事件有相同的参数,其中,"Button"表示被按下的鼠标键;"Shift"表示 Shift、Ctrl 和 Alt 的状态;"X"和"Y"则代表鼠标的位置坐标。

9.2.1 鼠标键

我们在编写代码的过程中,当触发鼠标事件后,还需要知道用户按下了哪个键,然后才能对其做出响应,这一过程就用到了 Button 参数。该参数可以用3个二进制位或一个十进制数值来表示按键的不同状态,具体如表 9.4 所示。

表 9.4 按键参数及描述

十进制值	二进制值	符号常数	描述
0	000	无	未按下任何键
1	001	vbLeftButton	按下左键
2	010	vbRightButton	按下右键
3	011	vbLeftButton+vbRightButton	同时按下左、右键
4	100	vbMiddleButton	按下中间键
5	101	vbLeftButton+vbMiddleButton	同时按下左键和中间键
6	110	vbRightButton+vbMiddleButton	同时按下右键和中间键
7	111	vbRightButton+vbMiddleButton+vbLeftButton	同时按下3个键

在使用该参数编程的过程中,用户需要注意以下几点:

(1) 在 MouseDown 和 MouseUp 事件中,只能用鼠标的按键(Button)参数判断是否按下或松开了某个键,不能同时检查两个键被按下或松开,因此 Button 参数的取值实际上只有 3 种,即十进制的 1、2、4 值。

例如下面的程序代码:

```
Private Sub Form_MouseDown(Button As Integer, Shift As Integer, _
            X As Single, Y As Single)
    If Button = 1 Then Print "按下了鼠标左键"
    If Button = 2 Then Print "按下了鼠标右键"
    If Button = 4 Then Print "按下了鼠标中间键"
End Sub
```

运行程序后,依次按下左键、中间键和右键,在窗体上输出如图 9.9 所示的信息。

图 9.9　按下单个鼠标键

(2) 在 MouseMove 事件中,可以通过 Button 参数检查按下一个或同时按下两个、三个键。

例如下面的程序代码:

```
Private Sub Form_MouseMove(Button As Integer, Shift As Integer, _
            X As Single, Y As Single)
    If Button = 1 Then
        Print "正按着鼠标左键"
        Print
    ElseIf(Button And 7) = 7 Then
        Print "左、中、右三键同时被按下"
        Print
    ElseIf(Button And 3) = 3 Then
        Print "左右键同时被按下"
        Print
    End If
End Sub
```

运行程序后,在鼠标移动的时候分别按下左键、同时按下左中右 3 键及同时按下左右键,程序的输出结果如图 9.10 所示。

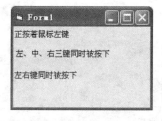

图 9.10　同时按下多个键

分析程序代码,在程序选择控制结构中将"(Button And 7)=7"(即是否同时按下3个键的条件)放在"(Button And 3)=3"(即是否同时按下左右两个键的条件)的前面先作判断,是因为在满足3个键的条件时一定满足两个键的条件,只有这样才能区分用户是按下了3个键还是两个键。

如果将这两个判断条件的位置互换,则用户在按下3个键的时候"(Button And 3)=3"条件被满足,所以输出的会是"左右键同时被按下",程序将跳出选择控制结构,而不会再去判断"(Button And 7)=7"条件,因此会出现永远不能输出"左、中、右三键同时被按下"的信息。

(3)可以通过使用符号常量的方式来提高程序的可读性,即从符号常量的字面意思就能代表个别参数的响应值。

```
Const Left_Button = 1
Const Right_Button = 2
Const Middle_Button = 4
Const LR_Button = 3
Const LMR_Button = 7
```

例如下面的程序代码:

```
Private Sub Form_MouseDown(Button As Integer, Shift As Integer, _
                X As Single, Y As Single)
    If Button = Left_Button Then Print "按下了鼠标左键"
    If Button = Right_Button Then Print "按下了鼠标右键"
    If Button = Middle_Button Then Print "按下了鼠标中间键"
End Sub
```

这样用户在编写或读程序的时候就更加容易理解,也减少了写程序过程中出错的几率。

【例9.9】 设计一个程序,实现通过按不同的鼠标键,在窗体上移动时将画出不同图形的功能。要求按着鼠标左键移动的时候,在窗体上画出的是直线;按着鼠标右键在窗体上移动的时候,画出的是圆形。

首先在窗体层定义以下两个变量和两个符号常量。

```
Dim Start As Boolean    '定义画图开关
Dim Kind As Integer     '定义画图的类型
Const LKind = 1    '定义符号常量
Const CKind = 2    '定义符号常量
```

然后编写以下3个鼠标事件程序代码。

编写鼠标 MouseDown 事件过程:

```
Private Sub Form_MouseDown(Button As Integer, Shift As Integer, _
                X As Single, Y As Single)
    Start = True    '开始画图
    If Button = 1 Then
        Kind = LKind    '按下左键时表示画线
    ElseIf Button = 2 Then
        Kind = Ckind    '按下右键时表示画圆
    End If
End Sub
```

编写鼠标 MouseMove 事件过程：

```
Private Sub Form_MouseMove(Button As Integer, Shift As Integer, _
                    X As Single, Y As Single)
    R = Rnd * 1000
    If R＜200 Then R = 200
    If Start = True Then
        If Kind = LKind Then
            Line -(X, Y)
        Else
            Circle(X, Y), R
        End If
    End If
End Sub
```

编写鼠标 MouseUp 事件过程：

```
Private Sub Form_MouseUp(Button As Integer, Shift As Integer, X As _
            Single, Y As Single)
    Start = False '结束画图
End Sub
```

运行程序后，分别按住左键和右键，然后在窗体上移动鼠标，程序的运行结果如图 9.11 所示。

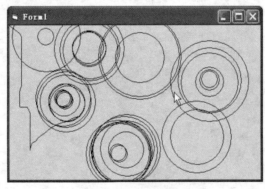

图 9.11　结合鼠标键画图

9.2.2　转换参数(Shift)

在使用软件时，用的最多的键之一就是 Shift 键，所以用户在编写程序代码的过程中同样要考虑 Shift 参数，它用来表示 Shift、Ctrl 和 Alt 键的状态。Shift 参数反映了当按下指定的鼠标键时键盘上转换键的当前状态。该参数同样可以用 3 个二进制位或一个十进制数值来表示按键的不同状态，具体如表 9.5 所示。

表 9.5　Shift 参数值及其描述

二进制值	十进制值	符号常数	描述
000	0	无	未按转换键
001	1	vbShiftMask	按下 Shift 键
010	2	vbCtrlMask	按下 Ctrl 键
011	3	vbShiftMask＋vbCtrlMask	同时按下 Shift 和 Ctrl 键
100	4	vbAltMask	按下 Alt 键
101	5	vbShiftMask＋vbAltMask	同时按下 Shift 和 Alt 键
110	6	vbCtrlMask＋vbAltMask	同时按下 Ctrl 和 Alt 键
111	7	vbCtrlMask＋vbAltMask＋vbShiftMask	同时按下 3 个键

下面通过一个应用实例来说明如何利用转换(Shift)参数进行程序的编写。

【例 9.10】在窗体的鼠标 MouseDown 事件中输入以下代码。

```
Private Sub Form_MouseDown(Button As Integer, Shift As Integer, _
            X As Single, Y As Single)
    If Button = 1 Then
    Select Case Shift
        Case 0: Print "未按 Shift 键和鼠标右键"
        Case 1: Print "同时按下了 Shift 键和鼠标左键"
        Case 2: Print "同时按下了 Ctrl 键和鼠标左键"
        Case 3: Print "同时按下了 Shift、Ctrl 键和鼠标左键"
        Case 4: Print "同时按下了 Alt 键和鼠标左键"
        Case 5: Print "同时按下了 Shift、Alt 键和鼠标左键"
        Case 6: Print "同时按下了 Alt、Ctrl 键和鼠标左键"
        Case 7: Print "同时按下了 Shift、Alt、Ctrl 键和鼠标左键"
    End Select
End If
If Button = 2 Then
    Select Case Shift
        Case 0: Print "未按 Shift 键和鼠标左键"
        Case 1: Print "同时按下了 Shift 键和鼠标右键"
        Case 2: Print "同时按下了 Ctrl 键和鼠标右键"
        Case 3: Print "同时按下了 Shift、Ctrl 键和鼠标右键"
        Case 4: Print "同时按下了 Alt 键和鼠标右键"
        Case 5: Print "同时按下了 Shift、Alt 键和鼠标右键"
        Case 6: Print "同时按下了 Alt、Ctrl 键和鼠标右键"
        Case 7: Print "同时按下了 Shift、Alt、Ctrl 键和鼠标右键"
    End Select
    End If
End Sub
```

运行程序后,在按下鼠标键的同时按下相应的转换键(Shift、Alt 或 Ctrl),将在窗体上显示相应的信息,如图 9.12 所示。

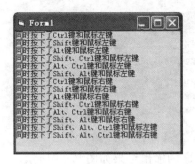

图 9.12　同时按下转换键的效果

9.2.3　鼠标位置

鼠标的位置由鼠标的参数 X、Y 来确定。这里的 X、Y 不需要给出具体的数值,它随鼠标光标在窗体或控件上的移动而变化,当移动到某个位置的时候,假如按下键,则触发 MouseDown 事件;假如松开键,则触发 MouseUp 事件,而参数 X、Y 是指接收鼠标事件的窗体或控件上的坐标。然后可通过这两个参数进行过程代码的编写。

【例 9.11】设计一个程序,在窗体上添加文本框。当鼠标在窗体上移动时,让文本框跟随鼠标指针移动,同时在文本框中显示当前鼠标指针的位置。

编写以下程序代码:

```
Private Sub Form_MouseMove(Button As Integer, Shift As Integer, _
            X As Single, Y As Single)
    Text1.Text = " " & X & "," & Y
Text1.Move X, Y
    End Sub
```

运行程序后,当拖动鼠标在窗体上移动时文本框将跟随鼠标指针移动,同时在文本框中显示当前鼠标指针的位置,如图 9.13 所示

分析上面的程序代码及运行过程,Move 方法的功能为使某个控件移动到某个位置上,位置由坐标值确定。

在多数控件的鼠标事件中有 MouseUp 和 MouseDown 事件,同时控件也有其 Click 事件,它们 3 者之间的关系如何? 在触发 Click 事件后会不会同时触发鼠标事件? 下面通过一个实例程序来回答这些问题。

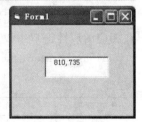

图 9.13　鼠标位置

【例 9.12】假设有以下的程序代码:

```
Private Sub Form_Click( )
    Print "触发了 Click 事件"
    Print
End Sub
Private Sub Form_MouseDown(Button As Integer, Shift As Integer, _
            X As Single, Y As Single)
    Print "触发了 MouseDown 事件"
```

```
        Print
    End Sub
    Private Sub Form_MouseUp(Button As Integer, Shift As Integer, _
                    X As Single, Y As Single)
        Print "触发了 MouseUp 事件"
        Print
    End Sub
```

运行程序后,单击窗体,程序的输出结果如图 9.14 所示。

分析该程序代码及运行过程可知,在窗体的 Click、MouseDown、MouseUp 事件中分别输入了相应的代码,在触发该事件时将输出相应的提示信息;从运行结果来看,当将鼠标移到窗体上然后单击鼠标按键,按下鼠标的左键或右键,并且不松开,这时将会在窗体上输出"触发了 MouseDown 事件"的提示信息,然后松开鼠标键,将相继触发 MouseUp 和 Click 事件。这表明 Click 事件是包括了鼠标的按下和放开的一个组合的过程。

图 9.14 鼠标事件

在编程过程中,用户还可以使鼠标的光标形状随着控件或窗口的不同而变化,这时要通过设置相关的属性来达到这一目的。

9.3 鼠标光标

9.3.1 光标形状属性(MousePointer)

鼠标光标的形状是由 MousePointer 属性决定的。该属性可以通过程序代码设置,也可以在相应的属性窗口中设置。

MousePointer 的属性值是一个整数,其取值及描述如表 9.6 所示。

表 9.6 鼠标光标形状的取值及描述

十进制值	符号常量	描述
0	vbDefault	由对象决定形状(默认值)
1	vbArrow	箭头
2	vbCrosshair	十字线指针
3	vbIbeam	I 形
4	vbIconPointer	图标(嵌套方框)
5	vbSizePointer	尺寸线(指向上、下、左和右 4 个方向的箭头)
6	vbSizeNESW	右上一左下尺寸线
7	vbSizeNS	垂直尺寸线(指向上、下两个方向的双箭头)
8	vbSizeNWSE	左上一右下尺寸线
9	vbSizeWE	水平尺寸线(指向左、右两个方向的双箭头)
10	vbUpArrow	向上的箭头

续表

十进制值	符号常量	描述
11	vbHourglass	沙漏（表示等待状态）
12	vbNoDrop	没有入口（一个圆形记号，表示控件移动受限）
13	vbArrowHourglass	箭头和沙漏
14	vbArrowQuestion	箭头和问号
15	vbSizeAll	四向尺寸线
99	vbCustom	通过 MouseIcon 属性指定的自定义图标

当某个窗体或控件的 MousePointer 属性值被设为上表中的某个值时，若鼠标光标在该窗体或控件内，将显示相应的形状。下面介绍如何设置这一属性。

9.3.2 设置鼠标光标形状

1. 通过属性窗口

这一方式比较直观，和其他一般属性的设置方法相似。

步骤 1：选择需要设置鼠标光标的窗体或控件。

步骤 2：在属性窗口中找到相应的 MousePointer 属性设置栏，如图 9.15(a)所示。单击其右边的向下箭头，将显示 MousePointer 的设置属性列表，单击某个需要设置的属性值，即完成了鼠标光标的形状设置，如图 9.15(b)所示。

(a)属性窗口　　　　　　　　　　　　(b)设置后的效果

图 9.15　设置 MousePointer

通过属性窗口将 Picture1 控件的 MousePointer 设置为 11(沙漏)，即表示等待的状态，在程序运行后，将鼠标移动到图片框上面，则光标的形状将变成"沙漏"形状，见图 9.15(b)所示。

2. 通过程序代码

在程序代码中也可以设置鼠标光标的形状，其格式为：

对象.MousePointer = 属性值

其中，"对象"可以为命令按钮、单选按钮、复选框、框架、文本框、目录框、文件框、标签、列表框、图像框和列表框等。"属性值"见表 9.6 中的一个值。

```
Private Sub Form_Load( )
    Text1.MousePointer = 12 '将光标设置成"禁止"
End Sub
```

运行程序后,将光标移动到图片框上面,就可以看到如图9.16所示的光标形状。

在上面的程序代码中,通过窗体的 Load 事件过程将 MousePointer 属性值设置为12,即表示光标的形状为"禁止"。

3. 自定义鼠标光标

在自定义鼠标光标之前,需要将 MousePointer 的属性值设为99,然后再通过 MouseIcon 属性自定义光标形状。

用户自定义鼠标光标也有两种方式。

(1) 通过属性窗口方式。

步骤1:选择需要设置的对象,然后把 MousePointer 属性设为"99-Custom",如图9.17所示。

图9.16　用程序代码设置光标形状　　　图9.17　属性窗口

步骤2:设置 MouseIcon 属性,单击 MosuseIcon 属性框右侧的按钮,将弹出如图9.18所示的对话框。

步骤3:选择相应的路径和图标文件,即把一个图标文件赋给该属性。程序运行的效果如图9.19所示,可以看到,当将鼠标指针放在图片框上时,鼠标指针的形状就变成了我们需要的样子。这样,就可以通过这个方法把鼠标形状换成自己喜欢的图片了。

图9.18　加载图标对话框　　　　图9.19　程序运行后的效果

(2) 通过程序代码方式。

先把 MousePointer 属性设置为99,然后用 LoadPicture 函数把一个图标文件赋值给 MouseIcon 属性。

例如：

```
Picture1.MousePointer = 99
Picture1.MouseIcon = LoadPicture("D:\picture\tubiao.ico")
```

代码表示将图片框 Picture1 中的鼠标形状改为用户自己定义的一个图片，其中"D:\picture\tubiao.ico"是该图片的路径和名称。该程序实现的效果和通过属性窗口方式设置实现的效果相同。

在编程过程中，对于鼠标光标的应用有一些约定俗成的规则，用户需要注意以下几点。

① 与屏幕对象（Screen）一起使用时，鼠标光标的形状在屏幕的任何位置都不会改变。不论鼠标光标移动到窗体还是控件内，鼠标的形状都不会改变，在超出程序屏幕窗口后，鼠标形状将变为默认箭头。

② 表示用户当前可用的功能，例如十字形状的光标表示画线或画圆，"I"形状的鼠标光标表示插入文本。

③ 表示程序的状态，例如沙漏形状的光标表示程序繁忙，一段时间后将会把控制权交给用户。

在使用计算机时，大家经常用鼠标"拖放"来移动或复制文件，下面一起来学习如何在程序中实现鼠标拖放的功能。

9.4 拖　　放

通俗地说，拖放就是用鼠标从屏幕上把一个对象从一个地方"拖曳"（Dragging）到另一个地方再放下（Dropping）。拖放的一般过程是，把鼠标光标移动到一个控件对象上，按下鼠标键，不要松手，然后移动鼠标，对象将随着鼠标的移动而移动，在合适的地方松开鼠标键后，控件对象即被放下，这样就把控件对象从一个位置移动到另一个位置。

9.4.1 与拖放有关的属性、事件和方法

通常将原来位置的对象称为源对象，将拖动后放下的位置上的对象称为目标对象。在拖动过程中，被拖动的对象将变为灰色。除了菜单（Menu）、计时器（Timer）和通用对话框（CommonDialog）等控件外，其他多数控件均可以在程序运行期间被拖放。

鼠标拖放的属性、事件和方法如表 9.7 所示。

表 9.7 拖放的属性、事件和方法

类别	子项目	描述
属性	DragMode	启动自动拖动或手动拖动控件
	DragIcon	指定拖动控件时显示的图标
事件	DragDrop	识别何时将控件拖动到对象上
	DragOver	识别何时在对象上拖动控件
方法	Drag	启动或停止手工拖动
	Move	移动控件到指定位置

1. 属性

（1）DragMode（拖放）属性。该属性用来设置人工或自动的拖动模式。在默认情况下，该

属性值为0(即人工方式)。如果需要对一个控件执行自动拖放操作,则需将其 DragMode 属性设置为1(自动方式)。

和设置其他属性一样,设置鼠标的 DragMode 属性的方式有两种,即通过属性窗口设置和编写程序代码设置。

① 第1种方式通过相应控件的属性窗口设置,如图9.20所示。

图 9.20 DragMode 属性

② 第2种方式是通过程序代码的方式,如下所示。

```
Private Sub Form_Load( )
    Picture1.DragMode = 1 '通过代码方式设置图片框的 DragMode
End Sub
```

注意,DragMode 属性是一个标志,不是逻辑值,不能将它设置为 True(1);如果将一个对象的 DragMode 属性设置为1,则该对象不再接收 Click 事件和 MouseDown 事件。

(2) DragIcon 属性。在拖动一个对象的过程中,并不是对象本身在移动,而是移动代表对象的图标。换句话说,一旦要拖动一个控件,该控件将变成一个图标,等放下来后再恢复成原来的控件。DragIcon 属性含有一个图片或图标的文件名,在拖动时作为控件的图标。该属性的设置方式为通过属性窗口或通过程序代码。

例如:

```
Picture1.DragIcon = LoadPicture("D:\picture\tubiao.ico ")
```

此段代码的功能是用图标文件"tubiao.ico"作为 Picture1 的 DragIcon 属性。当拖动该图片框时,图片框上的鼠标形状变成由 tubiao.ico 所示的图标,如图9.21所示。注意,不是图片框变化了,而是拖动图片框的鼠标形状变化了。

2. 事件

与拖放相关的事件是 DragDrop 和 DragOver。

(1) DragDrop 事件。当把控件拖到目标位置后,在松开鼠标键时将触发一个 DragDrop 事件。

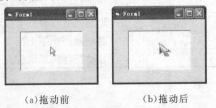

(a)拖动前　　　　(b)拖动后

图 9.21 DragIcon 属性

该事件过程的格式为:

```
Sub 对象名_DragDrop(Source As Control, X As Single, Y As Single)
    ...
End Sub
```

其中,"Source"是一个对象变量,其类型为 Control,该参数含有被拖动对象的属性;"X"和"Y"是松开鼠标键放下对象时鼠标光标的位置。

(2) DragOver 事件。当拖动控件对象越过一个控件时,将触发一个 DragOver 事件。
其格式为:

```
Sub 对象名_DragOver(Source As Control, X As Single, Y As Single, _
                   State As Integer)
    ...
End Sub
```

其中,"Source"的参数含义和 DragOver 相同,"X"和"Y"表示拖动鼠标光标的坐标位置;"State"参数是一个整数值,其不同的取值代表不同的功能。

① 取值为 0:表示鼠标光标正进入目标对象的区域。
② 取值为 1:表示鼠标光标正退出目标对象的区域。
③ 取值为 2:表示鼠标光标正位于目标对象的区域之内。

3. 方法

与拖放相关的方法有 Move 和 Drag。其中,Move 方法在前面的章节中已介绍过,下面主要介绍 Drag 方法。
其格式为:

```
控件.Drag 整数
```

无论控件的 DragMode 属性如何设置,都可以用 Drag 方法人工启动或停止一个拖放过程。其中,"整数"的取值及含义如下。

① 取值为 0:表示取消指定控件的拖放。
② 取值为 1:表示当 Drag 方法出现在控件事件过程中时,允许拖放指定的控件。
③ 取值为 2:表示结束控件的拖放,并发出一个 DragDrop 事件。

9.4.2 手动拖放

在使用手动拖放时,DragMode 的值为默认的"0-Manual",可以由用户自行决定何时拖拉,何时停止。例如,当按下鼠标键时开始拖拉,松开键时停止拖拉。与此同时,在按下、松开鼠标键的过程中将分别触发 MouseDown 和 MouseUp 事件。

下面介绍 Drag 方法和 DragDrop、MouseDown、MouseUp 事件过程结合使用来实现手动拖放的一般步骤。

步骤 1:在窗体上建立一个控件,例如图片框控件,装入一个图标(.ico 文件)。这时可以通过代码来设置 DragIcon 属性,代码如下。

```
Private Sub Form_Load( )
    Picture1.DragIcon = Picture1.Picture
End Sub
```

步骤 2:通过 MouseDown 事件过程打开拖放开关,即调用 Drag 方法并将其参数设为 1。

代码如下。

```
Private Sub Picture1_MouseDown(Button As Integer, Shift As _
                Integer, X As Single, Y As Single)
    Picture1.Drag 1
End Sub
```

步骤3：通过MouseUp事件关闭拖放开关，同时触发DragDrop事件。

```
Private Sub Picture1_MouseUp(Button As Integer, Shift As Integer, _
                X As Single, Y As Single)
    Picture1.Drag 2
End Sub
```

步骤4：编写DragDrop事件过程。

```
Private Sub Form_DragDrop(Source As Control, X As Single, Y As _
                Single)
    Source.Move X, Y
End Sub
```

在关闭拖放开关后将停止拖放，并产生DragDrop事件。

下面通过一个手动拖放的实例程序来说明如何进行手动拖放。

【例9.13】用手动模拟文件取出扔入回收站的操作，即先从文件夹中取出文件，取出时将在原先显示文件夹的位置显示另一个图标，然后放入回收站，在放入回收站的时候，将在原先显示回收站的位置显示另一个图标。

首先，在一个窗体中画5个图像框控件和一个命令按钮，相关的属性设置如表9.8所示。

表9.8 控件属性设置

控件	Name属性	其他属性	设置值
图像框1	Image1	Stretch	True
		Picture	folder1.ico
		DragMode	0—Manual
图像框2	Image2	Stretch	True
		Picture	recycle1.ico
		DragMode	0—Manual
图像框3	Image3	Stretch	True
		Picture	folder2.ico
		Visualble	False
图像框4	Image4	Stretch	True
		Picture	recycle2.ico
		Visualble	False
图像框5	Image5	Stretch	True
		Picture	file1.ico
		Visualble	False
命令按钮	Command1	Caption	再来一次

属性中的图标文件在计算机磁盘中的相应目录，通过属性窗口调入即可。通过上面控

属性的设置等,程序的界面设计如图 9.22 所示。

图 9.22　程序界面

然后在 Image1 控件的鼠标事件中编写以下代码,主要实现的功能是打开拖放开关以及隐藏当前图像,显示一个新图像,设置拖动时显示的图像。

```
Private Sub Image1_MouseDown(Button As Integer, Shift As _
                Integer, X As Single, Y As Single)
    Image1.Drag 1 '打开图像框的开关
    Image1.DragIcon = Image5
    Image1.Visible = False
    Image3.Visible = True
End Sub
```

再编写 Image2 的 DragDrop 及 DragOver 事件过程代码：

```
Private Sub Image2_DragDrop(Source As Control, X As Single, _
                Y As Single)
    Image2.Visible = False
    Image4.Visible = True
End Sub

Private Sub Image2_DragOver(Source As Control, X As Single, _
                Y As Single, State As Integer)
    If State = 1 Then
        Image2.Visible = True
        Image4.Visible = False
    Else
        Image2.Visible = False
        Image4.Visible = True
    End If
End Sub
Private Sub Command1_Click( )
    Image1.Visible = True
    Image2.Visible = True
    Image3.Visible = False
    Image4.Visible = False
    Image5.Visible = False
End Sub
```

程序初始的运行结果如图 9.23 所示,如果单击命令按钮,则窗口会回到初始状态。

在程序运行后,把鼠标光标移到文件夹上,按下鼠标左键,Image1 图像隐藏,Image3

图像显示,将在鼠标光标的旁边出现一个小的"文件"图标(Image5),将其拖到回收站图标的上面时回收站图标会进行转换,由 Image2 转换为 Image4,程序的运行结果如图 9.24 所示。

图 9.23　初始状态

图 9.24　拖放结果

分析程序代码及运行过程如下:

① 将鼠标放在 Image1 上面,然后按下鼠标左键,将触发 Image 1 的 MouseDown 事件,在该事件过程中,通过 Drag 方法打开了拖放开关,并且在程序中设置了拖放时的图标,隐藏当前图像,显示另外一个图像。

② 按着鼠标左键将图标拖到回收站图标的上面,此时将触发 Image2 的 DragOver 事件,在该事件过程中,将改变图像框位置上的显示内容(如图 9.24 所示),如果退出还会回到初始状态。

③ 最后松开鼠标,这时触发了 Inage2 的 DragDrop 事件。在该过程中,通过代码替换原有的图标,以表示拖放过程的完成,单击"再来一次"按钮将窗口回到初始状态。

9.4.3　自动拖放

在使用自动拖放时,DragMode 的值应设置为"1－Automatic",下面介绍实现自动拖放的一般步骤。

步骤 1:在窗体上建立一个图片框控件,并将一个图标(.ico 文件)装入到该图片框中。

步骤 2:在其属性窗口中,将 DragMode 属性由默认的"0－Manual"改成"1－Automatic"。在完成这一步后,即可自由地拖动图片框。但当松开鼠标时,被拖动的控件又将回到原处,必须结合 Move 方法才能完成完整的拖放过程。

步骤 3:在程序代码窗口的"对象"框中选择"Form",在"过程"框中选择"DragDrop",然后在事件过程中编写以下程序代码。

```
Private Sub Form_DragDrop(Source As Control, X As Single, Y As Single)
    Picture1.Move X, Y
End Sub
```

完成上面 3 个步骤后,就可以拖动控件了,按照一般的拖放要求,在拖动过程中会将控件变成相应的图标,放下时再恢复为控件。

【例 9.14】 设计一个简单的自动拖放的程序。要求实现将控件 1 拖动到控件 2 上时,将在一个标签的 Caption 属性中输出相关信息,然后松开鼠标,此时的控件 1 回到原来的位置,而且控件 1 和控件 2 的大小变成原来的两倍,同时输出放大的提示信息。

首先在窗体上画两个图像框控件，名称为 Image1 和 Image2，并通过属性窗口将 Image1 控件的 Picture 属性设置为"文件夹"图标，将 Image 2 的 Picture 属性设置为"回收站"图标，再画两个标签控件（名称为 Label1、Label2，并将它的 BorderStyle 设置为"1－Fixed Single"，Caption 属性为空）。程序界面设计如图 9.25 所示。

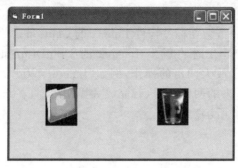

图 9.25　程序界面

然后编写以下程序代码：

```
Private Sub Form_Load( )
    Image1.DragMode = 1
    Image1.DragIcon = Image1.Picture
End Sub
Private Sub Image2_DragDrop(Source As Control, X As Single, _
                     Y As Single)
    Image1.Height = 2 * Image1.Height
    Image1.Width = 2 * Image1.Width
    Image2.Height = 2 * Image2.Height
    Image2.Width = 2 * Image2.Width
    Label2.Caption = "现在两个图片框都已经放大到两倍"
End Sub
Private Sub Image2_DragOver(Source As Control, X As Single, _
                     Y As Single, State As Integer)
    Label1.Caption = "现在拖放在光盘包的图标上"
End Sub
```

运行程序后，用鼠标移到图片框 Image1 上，并按住左键不松开，将它拖到图片框 Image2 上后松开鼠标，标签 1 和标签 2 中将先后显示相应内容，程序的运行结果如图 9.26 所示。

图 9.26　拖放结果

分析程序代码及运行过程：

① 首先通过 Form_Load 事件将 Image1 的 DragMode 设置为"1－Automatic"，并将其 Picture 属性值赋给 DragIcon 属性，达到的效果就是在拖动 Image1 控件时将显示和 Picture 属性中一样的图标。

② 通过按住鼠标左键将 Image1 拖到 Image2 上面，此时将触发 Image2 的 DragOver 事件，在执行该事件过程代码后，会在标签控件 Label1 的 Caption 属性中输出相应的信息。

③ 然后松开鼠标左键，此时将触发 Image2 的 DragDrop 事件，在该事件代码中，对 Image1 和 Image2 都进行了放大两倍的操作，例如"Image1.Width＝2*Image1.Width"语句将 Image1 的宽度放大到原来的两倍，在执行完放大操作后，将在 Label2 的 Caption 属性中输出相关的信息(参见图 9.26 所示)。

本章小结

在本章中介绍了与鼠标和键盘有关的事件过程。使用鼠标事件过程可以处理与鼠标光标的移动和位置有关的操作，而键盘事件过程可以用来处理按下(或释放)键盘上的某个键时所执行的操作，等等。用户理解并掌握好鼠标和键盘事件，将使编写的程序代码更加简洁、流畅，并且可以使程序更具实用性。

本章重点掌握以下内容：
(1) 各种鼠标事件。
(2) 鼠标光标形状(MousePointer)属性及设置。
(3) 鼠标的拖放，包括手动拖放和自动拖放的实现过程。
(4) 键盘事件，包括 KeyPress、KeyDown 和 KeyUp 事件及它们触发的顺序。

巩固练习

(1) 在下列事件的事件过程中，参数是输入字符 ASCII 码的是(　　)。
A. KeyDown 事件
B. KeyUp 事件
C. KeyPress 事件
D. Change 事件

(2) 在窗体上画一个命令按钮和一个文本框(名称分别为 Command1 和 Text1)，并把窗体的 KeyPreview 属性设置为 True，然后编写以下代码：

```
Dim SaveAll As String
    Private Sub Form_Load( )
    Show
    Text1.Text = ""
```

```
        Text1.SetFocus
End Sub
Private Sub Command1_Click( )
        Text1.Text = LCase(SaveAll) + SaveAll
End Sub
Private Sub Form_KeyPress(KeyAscii As Integer)
        SaveAll = SaveAll + Chr(KeyAscii)
End Sub
```

程序运行后,直接用键盘输入 VB,再单击命令按钮,则文本框中显示的内容为(　　)。

A. vbVB

B. 不显示任何信息

C. VB

D. 出错

(3) 下面不是键盘事件的是(　　)。

A. KeyDown　　　　　　　B. KeyUp
C. KeyPress　　　　　　　D. KeyCode

(4) 以下说法中正确的是(　　)。

A. 当焦点在某个控件上时,按下一个字母键,就会执行该控件的 KeyPress 事件过程

B. 因为窗体不接受焦点,所以窗体不存在自己的 KeyPress 事件过程

C. 若按下的键相同,KeyPress 事件过程中的 KeyAscii 参数与 KeyDown 事件过程中的 KeyCode 参数的值也相同

D. 在 KeyPress 事件过程中,KeyAscii 参数可以省略

(5) 窗体上有两个名称分别为 Text1、Text2 的文本框,Text1 的 KeyUp 事件过程如下:

```
Private Sub Text1_KeyUp(KeyCode As Integer,Shift As Integer)
    Dim c As String
    c = UCase(Chr(KeyCode))
    Text2.Text = Chr(Asc(C) + 2)
End Sub
```

当向文本框 Text1 中输入小写字母 a 时,文本框 Text2 中显示的是(　　)。

A. A　　　　B. a　　　　C. C　　　　D. c

(6) 窗体的 MouseUp 事件过程如下:

```
Private Sub Form_MouseUp(Button As Integer,Shift As Integer,X As Single,Y As Single)
    ...
End Sub
```

关于以上定义,以下叙述中错误的是(　　)。

A. 根据 Shift 参数,能够确定使用转换键的情况

B. 根据 X、Y 参数可以确定触发此事件时鼠标的位置

C. Button 参数的值是在 MouseUp 事件发生时系统自动产生的

D. MouseUp 是鼠标向上移动时触发的事件

(7) 设窗体的 Form_MouseMove 事件过程如下:

```
Private Sub Form_MouseMove(Button As Integer,Shift As Integer,X As Single,Y As Single)
    If(Button And 3) = 3 Then
        Print "检查按键"
    End If
End Sub
```

关于上述过程,以下叙述中正确的是(　　)。
A. 按下鼠标左键时,在窗体上显示"检查按键"
B. 按下鼠标右键时,在窗体上显示"检查按键"
C. 同时按下鼠标左、右键时,在窗体上显示"检查按键"
D. 不论做何种操作,窗体上都不会显示

(8) 下列操作说明中,错误的是(　　)。
A. 在具有焦点的对象上进行一次按下字母键操作会引发 KeyPress 事件
B. 可以通过 MousePointer 属性设置鼠标光标的形状
C. 不可以在属性窗口中设置 MousePointer 属性
D. 可以在程序代码中设置 MousePointer 属性

第10章 菜单和对话框

前面的几个章节我们学习了简单的 Visual Basic 程序设计,简单的程序可以只由窗体和几个控件组成。但是,当操作项较多或命令较多的时候,在窗体上放几十个命令按钮、几十个控件,这样的程序界面非常零乱、繁杂。如果将相似的操作或命令归纳成一个组,在需要时再把这个组调出来,而在程序的界面上只显示这一组操作的组名,那么程序界面将显得整洁、美观和有序。

菜单可以把各种相似的操作或命令集成到一个主菜单项下,在需要进行相关操作的时候调出菜单,在不用的时候可以只显示一个主菜单项,从而使程序界面整洁、美观和有序。在 Visual Basic 中熟悉并掌握菜单的设计,将指引我们制作出更漂亮的程序。

10.1 菜单的基本概念

菜单是指应用程序为用户提供的一组命令。菜单的基本作用有下面两个:
(1) 提供人机对话界面,方便用户选择应用程序中的各种功能。
(2) 用来管理应用程序,控制各种功能模块的运行。一个制作完善的菜单程序,不仅可以使系统的使用界面更加美观,还能使操作者方便、快捷地使用。

通常情况下,菜单可以分为下拉式菜单和弹出式菜单两种基本类型。

10.1.1 下拉式菜单

下拉式菜单是一种最典型的窗口式菜单,通常以菜单栏的形式出现在窗口顶端。当用户单击菜单栏(主菜单)上的菜单名时,则下拉出该菜单相应的菜单项,供用户做进一步的选择,如图 10.1 所示。如果菜单项的右侧有一个黑色三角,表明该菜单项拥有一个子菜单,当鼠标指针指向该菜单项时,将显示其下一级的子菜单命令。

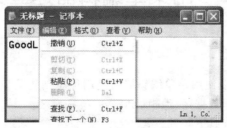

图 10.1 下拉式菜单

菜单标题所在的行称为菜单栏(或主菜单行),它是菜单的常驻行,位于窗体的顶部,即窗体标题的下面,由若干个菜单标题组成,如"文件"、"编辑"、"格式"、"查看"和"帮助"等;单击菜单标题下拉出的菜单称为菜单项,菜单一般由几个菜单项组成;图 10.1 所示的子菜单中还包括分隔条。子菜单中有黑色和灰色的菜单项,黑色菜单项代表可以执行的菜单项(即有效菜单项),灰色菜单项代表不能执行的菜单项(即无效菜单项)。在程序操作的不同阶段,菜单项的有效性会发生变化,例如在选择了文本之后,子菜单中的"复制"菜单项将从灰色变成黑色。

下拉式菜单有很多优点,例如具有导航功能,随时可以灵活地转向另一个功能,为用户在各个菜单的功能间做导航;整体感强,简洁明了,操作一目了然,便于学习和使用;占用的屏幕空间小,通常只占用屏幕(窗体)最上面的一行,在必要的时候下拉出一个子菜单。

10.1.2 弹出式菜单

弹出式菜单是独立于菜单栏显示在窗体上的浮动菜单,该菜单可以在窗体的任何位置显示。弹出式菜单的菜单项取决于按下鼠标右键时指针所处的位置,通常包含的是对该对象最常用的操作命令。因此,弹出式菜单也被称为快捷菜单或上下文菜单。图 10.2 所示为一个弹出式菜单。

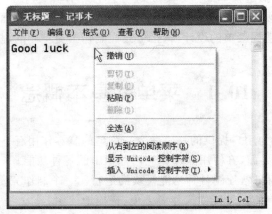

图 10.2 弹出式菜单

弹出式菜单的结构和下拉式菜单的子菜单相似,它通常也包括菜单项和分隔符;明显不同的是,弹出式菜单的显示位置不固定,它可以随着鼠标单击窗体上位置的不同在不同的位置显示出来。

10.2 用菜单编辑器建立菜单

10.2.1 菜单编辑器

在 Visual Basic 中,可以使用菜单编辑器为应用程序创建菜单。菜单编辑器如图 10.3 所示,对话框由 3 部分组成,即数据区、编辑区和菜单项显示区。

打开菜单编辑器通常有以下 4 种方式:
(1) 执行"工具"菜单下的"菜单编辑器"命令,即可出现菜单编辑器。

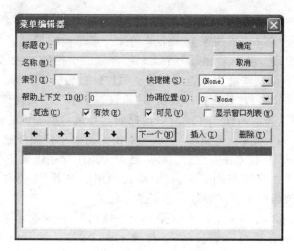

图 10.3 菜单编辑器

(2) 单击工具栏中的"菜单编辑器"按钮。
(3) 右击窗体,然后在弹出的菜单中选择"菜单编辑器"命令,如图 10.4 所示。
(4) 使用快捷键 Ctrl+E。

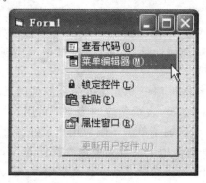

图 10.4 通过右键打开菜单编辑器

在打开菜单编辑器后,就可以进行菜单的设计了,下面分别介绍菜单设计的细节。

1. 数据区

数据区用来输入菜单项,设置菜单的属性,当然也可以修改菜单。

(1) 标题(Caption)。该文本框用于输入菜单标题或菜单命令标题,这些标题将显示在菜单栏或菜单中,相当于设置该菜单控件的 Caption 属性。输入的标题文本将出现在下面的菜单控制列表框中。菜单标题的命名应能反映该菜单的功能含义,例如"文件(&F)"、"打开(&O)…"等。

如果菜单命令需要打开一个对话框,可以在其名称后加上一个省略号"…"。例如"另存为(Save As)…"。

如果需要设置菜单项的访问键,可以在该字符前面加上一个"&"字符,例如"退出(&X)"。在菜单显示时,这一个字符会自动加上一条下划线。但需要注意的是,同一级菜单中不能使用相同的访问键,否则该键将不起作用。在程序运行时,按住 Alt 键并按下相应的访问键,即可打开相应的菜单。

如果需要在菜单中创建分隔线,则在"标题"的文本框中只输入一个连字符"-"即可。注意,虽然分隔条也是一个菜单控件,但它不能响应 Click 事件,也不能被选取。

(2) 名称(Name)。该文本框用来输入菜单名及各菜单项的控件名(相当于控件的 Name 属性),它不在菜单中出现。菜单名和每一个菜单项都是一个控件,都要为其取一个控件名。

(3) 索引(Index)。该文本框用来为用户建立的控件数组输入下标。

(4) 快捷键(Shortcut)。这是一个列表框,用来设置菜单项的快捷键(热键)。单击右端的箭头,将下拉显示可供选择的热键。在此可以选择输入与菜单项等价的热键。

(5) 帮助上下文 ID(HelpContextID)。该文本用于为菜单控制设置一个相关的上下文编号,用来为应用程序提供上下文有关帮助。如果已经为应用程序建立了 Windows 操作系统环境的帮助文件并设置了相应的 HelpFile 属性,那么当用户按下 F1 键时,Visual Basic 将自动调用帮助文件并查找被当前上下文编号所定义的主题。

(6) 协调位置(NegotiatePosition)。这是一个下拉列表,用来决定菜单或菜单项是否出现或出现在什么位置。单击右端的箭头,将下拉显示一个列表,该下拉列表框中有以下 4 个选项:

0—None(默认): 菜单栏上不显示菜单。
1—Left: 菜单显示在菜单栏的左端。
2—Middle: 菜单显示在菜单栏的中间。
3—Right: 菜单显示在菜单栏的右端。

(7) 复选(Checked)。该复选框用于设置菜单命令控件的复选标记,相当于设置控件的 Checked 属性。在默认情况下,该属性是 False(复选框中不出现"√"),即菜单命令的左边没有复选标记"√"。

(8) 有效(Enabled)。该复选框用于设置菜单命令控件的 Enabled 属性。在默认情况下,该属性是 True(复选框中出现"√"),表示相应的菜单项可用。如果该属性被设置为 False,则相应的菜单项会变"灰",表示相应的菜单项不响应用户事件。

(9) 可见(Visible)。该复选框用于设置菜单命令控件的 Visible 属性,确定运行时该菜单是否显示可见。在默认情况下,该属性是 True(复选框中出现"√"),表示运行时菜单项可见。

(10) 显示窗口列表(WindowList)。在多文档(MDI)应用程序中,该复选框用于设置菜单控件是否包含一个打开的 MDI 子窗体列表。

2. 编辑区

编辑区中有以下 7 个按钮,用来对显示在菜单控件列表框中的菜单控件进行简单的编辑。

(1) 左箭头。单击该箭头将把选定的菜单控件向上移一个等级。

(2) 右箭头。单击该箭头将把选定的菜单控件向下移一个等级。每下移一级,前面自动添加 4 个点(内缩符号)。

(3) 上箭头。单击该箭头将把选定的菜单控件在同级菜单内向上移动一个位置。

(4) 下箭头。单击该箭头将把选定的菜单控件在同级菜单内向下移动一个位置。

(5) "下一个"。在菜单设计时用于建立下一个菜单控件,该按钮的作用与回车键相同。

(6) "插入"。用来插入新的菜单项。当建立了多个菜单后,如果想在某个菜单项前插入一个新的菜单控件,可以先把条形光标移到该菜单项上,然后单击"插入"按钮,条形光标覆盖的菜单控件将下移一行,上面空出一行,可在这一行插入新的菜单项。

(7) "删除"。删除选定的菜单控件。

3. 菜单项显示区

该区域位于菜单编辑器的下半部分,输入的菜单项在这里显示出来,并通过内缩符号"…"

表示菜单的层次。

在该区域需要说明的有以下几点：

（1）内缩符号由 4 个点"...."组成，它表明了菜单项所在的层次，一个内缩符号（4 个点）表示一层，如果只有一个内缩符号，则该符号后面的为第二层；最多可有 5 个内缩符号，则该符号后面的菜单项为第六层；如果一个菜单项前面没有内缩符号，则该菜单为菜单名，即菜单的第一层。

（2）在"标题"栏内输入一个"-"，则表示产生一个分隔线。

（3）只有菜单名而没有菜单项的菜单称为"顶层菜单"（top-level menu），在输入这样的菜单项时，通常在后面加上一个叹号（!）。

（4）一个菜单控件，主要包括菜单名（菜单标题）、菜单命令、分隔线和子菜单。

（5）除了分隔线外，所有的菜单项都可以接收 Click 事件。

（6）在输入标题时，如果在字母前面加上"&"，则显示菜单时在该字母下加一条下划线，可以通过快捷键"Alt"+"字母"打开菜单或执行相应的菜单命令。

10.2.2 建立菜单

下面介绍如何通过菜单编辑器建立菜单。编写一个菜单程序主要包括设计程序界面、设计菜单、编写菜单控制的事件过程 3 个步骤。

【例 10.1】在名称为 Form1 的窗体上添加两个名称分别为 Text1 和 Text2 的文本框，Text1 初始内容为"计算机等级考试"，Text2 初始内容为空；再建立一个下拉菜单，菜单标题为"操作"，名称为 M1，此菜单下含有两个菜单项，名称分别为 Copy 和 Clear，标题分别为"复制"、"清除"。请编写适当的事件过程，使得在程序运行时，单击"复制"选项菜单，则把 Text1 中的内容复制到 Text2 中，单击"清除"选项菜单，则清除 Text2 中的内容（即在 Text2 中填入空字符串）。

1. 设计程序界面

根据程序的设计要求，在窗体上画两个文本框，控件的相关属性设置如表 10.1 所示。

表 10.1 控件属性设置

控件	名称(Name)	内容(Text)
文本框 1	Text1	计算机等级考试
文本框 2	Text2	空

将属性设置完后，程序的设计界面如图 10.5 所示。

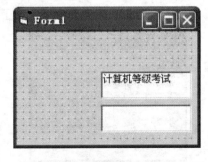

图 10.5 程序界面

2. 设计菜单

设计好初步的程序界面后,就开始设计程序的菜单结构了。根据程序的要求,菜单的结构、层次及相关属性如表10.2所示。

表 10.2　菜单项的结构、层次及属性设置

类别	标题	名称	内缩符号
主菜单项 1	操作	M1	无
子菜单项 1	复制	Copy	1
子菜单项 2	清除	Clear	1

菜单项都有标题和名称,每个菜单项的名称都可以配上 Click 事件,组成一个 Click 事件过程。设计好上面的表格后,可以通过以下步骤进行菜单设计:

(1) 执行"工具"菜单中的"菜单编辑器"命令,打开菜单编辑器窗口。
(2) 在"标题"栏中输入"操作",在菜单项显示区中将出现同样的标题名称。
(3) 通过鼠标或 Tab 键把输入光标移到"名称"栏。
(4) 在"名称"栏中输入"M1",此时菜单项显示区中没有变化。
(5) 单击编辑区中的"下一个"按钮,菜单项显示区中的条形光标下移,同时数据区的"标题"栏及"名称"栏被清空,光标回到"标题"栏。
(6) 在"标题"栏输入"复制",该信息同时在菜单项显示区中显示出来。
(7) 用光标或 Tab 键把输入光标转移到"名称"栏,输入"Copy",菜单项显示区域中没有变化。
(8) 单击"编辑区"向右的箭头,菜单项显示区中的"复制"右移,同时其左侧出现内缩符号"...."。
(9) 重复以上步骤即可完成另一菜单项的设计,如图 10.6 所示。

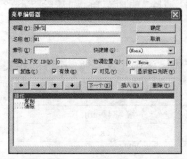

图 10.6　编辑菜单

窗体的顶行显示主菜单项,单击主菜单项,即可下拉显示其子菜单,如图 10.7 所示。

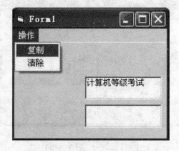

图 10.7　最终程序界面

3. 编写菜单控制的事件过程

在设计完程序界面和菜单后,需要对每个菜单项编写相应的代码。每个菜单项(包括主菜单项和子菜单项)都可以接收 Click 事件,将每个菜单项的名字(Name 属性)和 Click 放在一起,就可以组成该菜单项的 Click 事件过程。在程序运行后,只要单击与名字相对应的菜单项,就可以执行事件过程中所定义的操作,如复制、清除等。

在窗体界面设计窗口,只要单击一个菜单项,即可进入到该菜单项事件过程的代码编辑窗口。还有另外一种方式,就是在窗体代码编辑窗体中单击左侧上方的下拉列表框,其中包括了所设计的各个菜单项,选择一个需要编写的菜单项,就可以开始编写该菜单项的单击事件代码了,如图 10.8 所示。

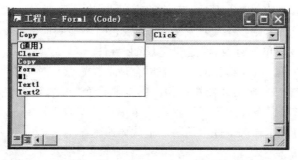

图 10.8 编写程序代码

编写以下菜单项程序代码:

```
Private Sub Clear_Click( )
    Text2.Text = ""
End Sub
Private Sub Copy_Click( )
    Text2.Text = Text1.Text
End Sub
```

运行程序,执行"操作"菜单下的"复制"命令,运行结果如图 10.9 所示。

执行"操作"菜单下的"清除"命令,程序运行结果如图 10.10 所示。

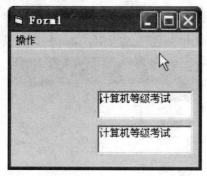

图 10.9 复制

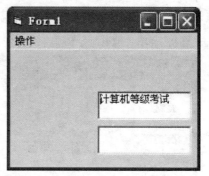

图 10.10 消除菜单项执行结果

10.3 菜单的控制

在使用菜单的过程中,用户可能遇到有的菜单呈灰色显示,在单击该类菜单项时不执行任何操作;有的菜单项前面有"√"标记;有的在菜单项的某个字母下面有下划线,表示可以通过键盘来访问该菜单项。本节就来介绍如何为菜单项添加这些属性。

10.3.1 有效性控制

所有的菜单项都有 Enabled 属性,菜单的有效性就是通过这个属性控制的。如果将 Enabled 属性设置为 False,则该菜单项无效(变为灰色),不能响应 Click 事件;反之,如果将该属性设置为 True,则该菜单项有效,即能响应 Click 事件。

为了能使程序正常运行,在编程的时候需要合理地设置菜单项的有效性。例如,为了复制一段文本,必须先把它选中,然后才能执行相应的复制命令,否则执行相应的菜单项命令是没有意义的。因此,应当根据条件的不同设置某些菜单项的有效性。

例如在例 10.1 的窗体载入事件中编写以下代码:

```
Private Sub Form_Load( )
    Clear.Enabled = False
End Sub
```

在运行程序后,单击"操作"菜单,程序运行结果如图 10.11 所示。

当菜单项的有效性被设置为 False 后,还可以通过程序代码将其重新设置为 True。例如在上面程序的"复制"菜单上单击后,文本框 2 中有了内容,"清除"菜单也变得有效了。编写以下程序代码。

```
Private Sub Text2_Change( )
    If Text2.Text <> "" Then
        Clear.Enabled = True
    End If
End Sub
```

单击"复制"菜单,"清除"菜单项将重新变为有效,即由"灰色"变为"黑色",如图 10.12 所示。

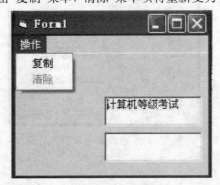
图 10.11 菜单的有效性控制

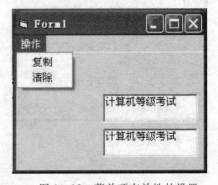
图 10.12 菜单项有效性的设置

10.3.2 菜单项标记

菜单项的标记可通过 Checked 属性来设置。如果将该属性设置为 True，则在相应的菜单项前面会出现选中标志"√"。它有两个作用，一是可以明显地表示当前哪个命令是"On"或"Off"；二是可以表示当前选择的是哪个菜单项。此外，菜单项的标记通常是动态地加上去或取消的，故一般都在程序代码中设置相应的 Checked 属性。

【例 10.2】设计一个程序，它包含一个主菜单项和两个子菜单项，其中，主菜单项"文件"下面的子菜单项包括"显示图像框 1"和"显示图像框 2"。

(1) 设计程序界面。根据程序的设计要求，在窗体上画两个图像框，并为其设置相应的图片，初始时均不可见。它们的属性设置如表 10.3 所示。

表 10.3 控件属性的设置

控件	名称(Name)	图片(Picture)	可见(Visible)
图像框 1	Image1	tuzi1.jpg	False
图像框 2	Image2	tuzi2.jpg	False

设置完相关属性后，程序的窗体界面如图 10.13 所示。

图 10.13 界面设计

(2) 设计程序菜单。在设计好程序的窗体界面后，就需要进行相关的菜单设计，根据程序的设计要求，主菜单及其子菜单项的属性设置如表 10.4 所示。

表 10.4 菜单项的设置

类别	标题	名称	内缩符号	复选
主菜单项 1	文件	File	无	无
子菜单项 1	显示图像框 1	Show1	1	无
子菜单项 2	显示图像框 2	Show2	1	无

根据上面的属性列表将菜单的属性设置完后,菜单设计窗口如图10.14所示。

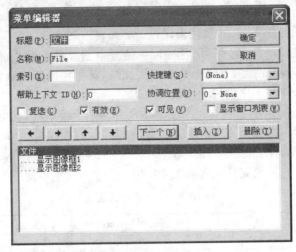

图10.14 菜单设计窗口

在完成包括窗体界面设计和菜单设计后,整个程序的界面设计工作完成,其最终界面设计效果如图10.15所示。

图10.15 程序界面的最终效果

(3) 为菜单项的事件过程编写代码。

为两个子菜单项编写程序代码:

```
Private Sub Show1_Click( )
    If Image1.Visible = False Then
        Image1.Visible = True
        Show1.Checked = True
    Else
        Image1.Visible = False
        Show1.Checked = False
    End If
End Sub
Private Sub Show2_Click( )
    If Image2.Visible = False Then
```

```
            Image2.Visible = True
            Show2.Checked = True
        Else
            Image2.Visible = False
            Show2.Checked = False
        End If
End Sub
```

  这两个子菜单的事件过程主要实现的功能是先判断相应的图像框是否已经显示出来,如果没有则让图像框显示,并将相应菜单项的 Checked 属性设置为 True,如果已经显示出来了则让相应的图像框隐藏,并将相应菜单项的 Checked 属性设置为 False。

  运行上面的程序后,通过"文件"主菜单,下拉选择"显示图像框 1"子菜单项并执行,程序的运行结果如图 10.16 的左图所示。再次下拉选择"显示图像框 1"子菜单项并执行,然后下拉选择"显示图像框 2"子菜单项并执行,程序的运行结果如图 10.16 的右图所示。

图 10.16 菜单项标记

  用户可以从图 10.16 看到,当选择并执行"显示图像框 1"菜单项后,将在窗体上显示图像框 1,并且在该菜单项的前面加上一个"√"来表示当前选择的菜单项。如果再次单击该菜单项,图像框 1 将再次隐藏,并且该菜单项前面的"√"也会去掉,而且这个过程对另外一个菜单项的选择没有任何影响。

10.4 菜单项的增减

  在编程过程中,有时根据特定的情况需要动态地增加或删除菜单项。例如,在"文件"菜单中根据打开文件的多少动态地变化。

  在 Visual Basic 中要实现这一需求,就要用到菜单控件数组。它具有相同的名称和事件过程,控件数组中的每个成员都有唯一的索引值 Index 来标识。当控件数组的一个事件过程被执行时,一般可以通过过程的 Index 参数判断出事件是由哪一个成员触发的。

  如果需要动态地增加或删除菜单项,通常采用的方法是,在进行菜单设计时建立一个 Index 属性为 0 的控件,不要输入该控件的标题,并使该控件不可见,然后在程序的运行过程中利用这个数组名和索引值实现菜单的增加或删除。

  【例 10.3】设计一个程序,实现菜单项增减的操作。要求该程序有一个主菜单项"测试",它包含两个子菜单项"增加测试项目"和"减少测试项目",在这两个子菜单项下面有一个分隔条,当单击"增加测试项目"时在分隔线下面将新增加一个菜单项,单击"减少测试项目"时将删除分隔线下面一个指定的菜单项。其中,菜单项的属性设置如表 10.5 所示。

表 10.5 菜单项的设置

菜单标题	名称(Name)	可见(Visible)	内缩符号	下标
测试	Test	True	无	无
增加测试项目	AddTest	True	1	无
减少测试项目	DelTest	True	1	无
—	SepBar	True	1	无
(空白)	TestName	False	1	0

在设计菜单并设置相关的菜单属性后,程序的界面如图 10.17 所示。

图 10.17 程序界面设计

由于在程序不同的事件过程(增加和减少测试项目)中要调用相同的变量,故需要在窗体层先定义变量:

```
Dim MenuNum As Integer '该变量用作控件数组的下标
```

然后再编写增减菜单项的程序代码:

```
Private Sub AddTest_Click( )
    Temp = InputBox("输入测试项目名称","增加测试项目")
    MenuNum = MenuNum + 1
    Load TestName(MenuNum) '建立控件组新元素
    TestName(MenuNum).Caption = Temp
    TestName(MenuNum).Visible = True
End Sub
```

以上代码完成的功能是增加测试项目,当用户单击"增加测试项目"菜单项时,首先出现一个对话框,提示用户输入项目的名称,如图 10.18 所示。接着将下标值增 1,用 Load 语句建立控件数组的新元素,并把输入的项目名设置为新增菜单项的标题,同时使该菜单项的 Visible 属性为 True。

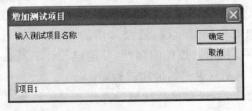

图 10.18 增加测试项目对话框

```
Private Sub DelTest_Click( )
    Dim Num As Integer, i As Integer
    Num = InputBox("输入要删除的项目号:","减少测试项目")
    If Num < 1 Or Num > MenuNum Then
        MsgBox "不存在该项目号"
        Exit Sub
    End If
    For i = Num To MenuNum - 1
        TestName(i).Caption = TestName(i + 1).Caption
    Next i
    Unload TestName(MenuNum)
    MenuNum = MenuNum - 1
End Sub
```

以上代码完成的功能是减少一个指定的测试项目菜单,当用户单击"减少测试项目"菜单时,首先出现一个对话框提示用户输入需要删除的项目号(如图 10.19 所示),接着程序将检查输入的项目号是否存在(即检查下标是否在指定的范围)。如果不存在,将通过 MsgBox 语句弹出一个提示对话框显示"不存在该项目号";如果存在,则将删除指定的项目号。

图 10.19　减少测试项目对话框

运行程序后,通过"增加测试项目"菜单增加 4 个项目,再通过"减少测试项目"菜单删除其中的一个项目菜单。程序运行的过程如图 10.20 所示。

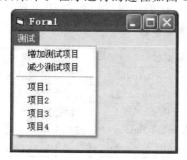 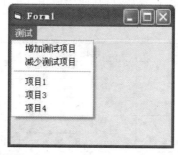

图 10.20　增减菜单项

从图 10.20 左图中可以看出,在左侧的下拉菜单中有项目 1、项目 2、项目 3 和项目 4 四个菜单项,通过"减少测试项目"菜单,输入相应的项目号,就可以删除该项目号的菜单条,其结果如图 10.20 的右图所示。

10.5 弹出式菜单

与下拉菜单不同,弹出式菜单无须在窗口的菜单栏上下拉打开,只要在窗口的任意位置右击,就可以弹出,使用方便,具有较大的灵活性。

弹出式菜单是一种小型的菜单,它可以在窗体的某个位置显示出来,对程序事件作出响应,通常用于对窗体中某个特定区域有关的操作或选项进行控制。例如用来改变某个文本区的字体属性等。

建立一个弹出式菜单,通常分为以下两步:

(1) 通过菜单编辑器建立一个菜单。

这里需要注意的是,要使主菜单的"可见"复选框不被选中(即去掉"√"),使菜单名不可见,但对于主菜单下的菜单项不必进行这样的设置。

(2) 运行时使用 PopupMenu 方法来显示弹出菜单。

其格式为:

对象.PopupMenu 菜单名,Flags,X,Y,BoldCommand

其中,"对象"是窗体名;"菜单名"是在菜单编辑器中定义的主菜单名;"X"和"Y"是弹出式菜单在窗体上的显示位置;"Flags"是一个数值或符号常量,用来指定弹出式菜单的位置及行为,其取值分为两组,一组用于指定菜单的位置,另一组用于定义特殊的菜单行为;"BoldCommand"用来在弹出式菜单中显示一个以粗体显示的菜单项。

在使用该方法时需要注意以下几点:

(1) PopupMenu 方法有 6 个参数,除"菜单名"外,其余参数均是可选的。当省略"对象"时,弹出式菜单只能在当前窗体中显示。如果想让弹出式菜单在其他窗体中显示,则必须在该方法前加上对象名。

(2) Flags 的两组参数可以单独使用,也可以联合使用。当联合使用时,将两组中的取值相加;如果使用符号常数,则两个值用"Or"连接。Flags 的两组参数如表 10.6 所示。

表 10.6 Flags 的两组参数

组别	十进制值	符号常数	描述
定位常量	0	vbPopupMenuLeftAlign	X 坐标指定菜单左边位置
	4	vbPopupMenuCenterAlign	X 坐标指定菜单中间位置
	8	vbPopupMenuRightAlign	X 坐标指定菜单右边位置
行为常量	0	vbPopupMenuLeftButton	通过单击鼠标左键选择命令
	8	vbPopupMenuRightButton	通过单击鼠标右键选择命令

例如:

```
Flags = 0 'X,Y 为弹出式菜单左上角的坐标
Flags = 4 'X,Y 为弹出式菜单顶边中间的坐标
Flags = 8 'X,Y 为弹出式菜单右上角的坐标
```

(3) "X"和"Y"分别用来指定弹出式菜单显示位置的横坐标和纵坐标,如果省略,则弹出

式菜单将在鼠标光标的当前位置显示。

(4) 在编程过程中,通常把 PopupMenu 方法放在 MouseDown 事件中,该事件响应所有的鼠标单击操作。一般来说,通过单击鼠标右键显示弹出式菜单,可以用 Button 参数实现。对于两个键的鼠标来说,左键的 Button 参数为1,右键的 Button 参数为2。

【例10.4】设计一个程序,建立"编辑"弹出式菜单,使之用弹出式菜单控制剪切、复制、粘贴和删除运算。在窗体上画一个文本框,名称为 Text1,并将它的 Text 值设置为空。

先按程序的要求,在窗体上画出控件并设置控件的属性,然后设计弹出式菜单,菜单项的属性设置如表10.7所示。

表10.7 弹出式菜单属性设置

菜单标题(Caption)	名称(Name)	内缩符号	访问键	可见(Visible)
编辑	Edit	无		False
剪切	Cut	1	Ctrl+F1	True
复制	Copy	1	Ctrl+F2	True
粘贴	Paste	1	Ctrl+F3	True
删除	Del	1	Ctrl+F4	True

再通过"工具"菜单中的"菜单编辑器"进行菜单的设计,按照表10.7设置各菜单项的属性,如图10.21所示。

图10.21 弹出式菜单设计

在设计完程序界面和菜单后,就开始对各个子菜单项编写事件过程了。先进入代码窗口(执行"视图"菜单中的"代码窗口"命令,按 F7 键或双击窗体),然后单击"对象"框右端的向下箭头,将下拉显示各个子菜单项,再单击相应的子菜单进行代码编写。需要注意的是,首先要进行文本框的 MouseDown 事件过程的编写,因为只有编写了该事件,才能在文本框的任何位置右击后弹出一个菜单。

窗体的 MouseDown 事件过程代码如下:

```
Private Sub Text1_MouseDown(Button As Integer, Shift As Integer, _
                X As Single, Y As Single)
    If Button = 2 Then
        PopupMenu Edit '弹出菜单
    End If
End Sub
'各个子菜单项的事件过程代码
Dim t As String
Private Sub Copy_Click( )
    t = Text1.SelText
End Sub
Private Sub Cut_Click( )
    t = Text1.SelText 't 存放当前选择的文本字符串
    m = Len(Text1.Text) 'm 存放文本框字符长度
    start = Text1.SelStart 'start 存放当前选择的文本起始位置
    length = Text1.SelLength 'length 存放当前选中的字符数
    Text1.Text = Mid(Text1.Text, 1, Text1.SelStart) & Mid(Text1.Text, _
        start + length + 1, m - (start + length)) '剪切后文本框中所剩的字符串
End Sub
Private Sub Del_Click( )
    m = Len(Text1.Text) 'm 存放文本框字符长度
    start = Text1.SelStart 'start 存放当前选择的文本起始位置
    length = Text1.SelLength 'length 存放当前选中的字符数
    Text1.Text = Mid(Text1.Text, 1, Text1.SelStart) & Mid(Text1.Text, _
        start + length + 1, m - (start + length)) '删除后文本框中所剩的字符串
End Sub
Private Sub Form_Load( )
    Text1.Text = "欢迎使用 Visual Basic6.0 中文版"
End Sub
Private Sub Paste_Click( )
    Text1.Text = Mid(Text1.Text, 1, Text1.SelStart) & t & _
            Mid(Text1.Text, Text1.SelStart + _
            Text1.SelLength + 1) '粘贴后文本框中所剩的字符串
End Sub
```

运行程序后,右击文本框的任何位置将弹出一个菜单,如果文本框中有选中内容,可以选择复制、剪切、删除中的一个进行操作,如果曾经剪切或复制,还可以进行粘贴操作,如图 10.22 所示。

图 10.22 弹出式菜单程序

10.6 对话框概述

在 Visual Basic 中,对话框(Dialog Box)是一种特殊的窗口(窗体),它通过显示和获取信息与用户进行交流。尽管对话框有自己的特性,但仅从结构上来说,对话框与窗体的结构相似。一个对话框可以很简单,也可以很复杂。

10.6.1 对话框的特性

对话框作为一种特殊的窗体,它具有区别于一般窗体的特性:
(1) 在对话框中没有最大化按钮(Max Button)和最小化按钮(Min Button)。
(2) 对话框的边框是固定的,用户不能改变其大小。
(3) 当需要退出对话框时,必须单击其中的某个按钮,而不能通过单击对话框外部的某个位置来关闭对话框。
(4) 对话框不是应用程序的主要工作区,只是临时使用,使用完后就关闭退出。
(5) 对话框中控件的属性可以在设计阶段设置,但有些情况下,必须在程序代码中设置控件的属性,因为有些属性的设置取决于程序中的条件判断。

10.6.2 对话框的分类

在 Visual Basic 中,对话框可以分为 3 种类型,即预定义对话框、自定义对话框和通用对话框。

其中,预定义对话框也称为预制对话框,是由 Visual Basic 系统提供的,即信息框和输入框,分别用 MsgBox 和 InputBox 函数来实现。这两个函数在前面章节中已做了详细的介绍。典型的 MsgBox 和 InputBox 对话框如图 10.23 所示。

例如,语句

```
x = InputBox("请输入相关信息","典型的 InputBox 对话框")
```

或:

```
x = MsgBox("任务圆满完成", vbOKCancel,"典型的 MsgBox 对话框")
```

将调出 InputBox 对话框和 MsgBox 对话框,如图 10.23 所示。

图 10.23　InputBox 和 MsgBox 对话框

自定义对话框也称为定制对话框,这种对话框由用户根据自己的需要来设计。由于输入框和信息框有一定的限制,用户可以根据不同的需求建立相应的自定义对话框。

通用对话框是一种控件,在一些应用程序中经常需要打开和保存文件,或者选择颜色、字体和打印等操作,这就需要应用程序提供相应的对话框以方便使用。这些对话框实现

Windows 的资源,在 VB 中已做成"公共对话框"控件。

10.6.3 自定义对话框

在编写简单的程序时,InputBox 函数和 MsgBox 函数分别用来作为数据的输入和信息的输出,但用户在输入时一次只能输入一个数据,显示的信息也只能是简单的信息、一个图标和有限的几种命令按钮。当用户需要一次输入多个数据,例如要求输入对话框能够输入一个学生的姓名、数学成绩、政治成绩和英语成绩时,InputBox 不能够满足要求,在 Visual Basic 中就可以通过自定义对话框来解决这一问题。

自定义对话框就是用户所创建的含有控件的窗体,这些控件包括命令按钮、选取按钮和文本框等,它们可以为应用程序接收或反馈信息。用户可以通过设置属性值来自定义窗体的外观,也可以编写在运行时显示对话框的代码。

【例 10.5】设计一个程序,实现一个学生成绩的输入对话框。

(1) 程序界面设计。第 1 个登录对话框上包含两个命令按钮,名称为 Command1 和 Command2,它们的 Caption 属性分别设置为"登录"和"退出"。两个标签的 Caption 属性分别设置为"用户名"和"密码",两个文本框 Text1 和 Text2 内容清空。Form1 的界面设计如图 10.24 所示。

图 10.24　Form1 界面

通过"工程"菜单中的"添加窗体"子菜单项,为程序添加第 2 个窗体作为第 2 个对话框,并在窗体上画一个标签控件,Caption 属性为"欢迎您的登录!",以及一个命令按钮控件,Caption 属性为"退出"。其界面设计如图 10.25 所示。

通过"工程"菜单中的"添加窗体"子菜单项,为程序添加第 3 个窗体作为第 3 个对话框,并在窗体上画一个标签控件,Caption 属性为空,以及一个命令按钮控件,Caption 属性为"重新输入"。其界面设计如图 10.26 所示。

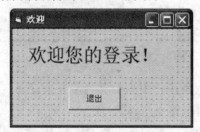

图 10.25　Form2 的界面　　　　　图 10.26　Form3 的界面

(2) 编写程序代码。为第 1 个对话框中的命令按钮编写程序代码，使其在单击"登录"按钮后，可以通过判断两个文本框的内容输入是否正确来决定是调出自定义的欢迎话框 Form2 窗体还是调出密码错误对话框 Form3 窗体；当单击"退出"命令按钮时，将结束应用程序。程序代码如下：

```
Private Sub Command1_Click( )
    If Text1.Text = "user" And Text2.Text = "123456" Then
        Form2.Show
    Else
        Form3.Show
    End If
    Form1.Hide
End Sub
Private Sub Command2_Click( )
    End
End Sub
```

再为第 2 个对话框中的命令按钮编写程序代码，要求在单击"退出"按钮后结束应用程序。输入以下程序代码：

```
Private Sub Command1_Click( )
    End
End Sub
```

最后为第 3 个对话框中的命令按钮编写程序代码，要求警告用户输入错误，并统计用户错误次数，3 次以内允许重新回到登录对话框，否则结束应用程序。输入以下程序代码：

```
Public t As Integer
Private Sub Command1_Click( )
    If t < 3 Then
        Unload Form3
        Form1.Show
    Else
        End
    End If
End Sub
Private Sub Form_Load( )
    t = t + 1
    Label1.Caption = "警告:用户名密码错误" & t
End Sub
```

运行程序后，在第 1 个对话框的两个文本框中分别输入"user"和"123456"，单击"登录"按钮，将会出现第 2 个对话框，第 1 个对话框隐藏，程序的运行结果如图 10.27 所示。

图 10.27　自定义对话框运行结果

运行程序后,在第1个对话框的两个文本框中分别输入其他内容,例如"other"和"666",单击"登录"按钮,将会出现第3个对话框,第1个对话框隐藏,程序的运行结果如图10.28所示。

图 10.28 自定义对话框运行结果

如果连续输入错误,提示框中的数字将会增加,直到为3时应用程序结束。若不为3,可通过单击"重新输入"按钮回到登录对话框重新输入。

10.6.4 通用对话框

通用对话框即 CommonDialog 控件,作为一种 ActiveX 控件,它为用户提供了一组标准的系统对话框,用户可以用它打开文件、保存文件、设置打印选项、选择颜色及设置字体等。

在一般情况下,Visual Basic 工具箱中没有通用对话框控件,该控件的路径为"C:\Windows\System\Comdig32.ocx",名称为"Microsoft Common Dialog Control 6.0"。为了把该控件添加到工具箱中,一般有以下两种方式:

第一种方式:

(1) 将鼠标放在工具箱上,然后右击,在弹出的菜单中选择"部件"命令。

(2) 在打开的对话框(如图 10.29 左图所示)中选择"控件"选项卡,然后选择控件列表框中的"Microsoft Common Dialog Control 6.0"。

图 10.29 添加通用对话框控件

(3) 单击"确定"按钮,通用对话框控件即被添加到工具箱中,并在工具箱上显示相应的图标,如图 10.29 右图中的最后一个图标所示。

第二种方式：

首先执行"工程"菜单中的"部件"命令，打开"部件"对话框，之后的操作和第一种方式相同。

通用对话框控件可以根据 Action 属性方法的不同显示不同类型的对话框。表 10.8 中列出了各种 Action 属性值和相应的方法。

表 10.8 通用对话框类型

Action 属性值	方法	类型描述
1	ShowOpen	打开文件
2	ShowSave	保存文件
3	ShowColor	选择颜色
4	ShowFont	选择字体
5	ShowPrinter	打印
6	ShowHelp	调用 Help 文件

每一种类型的对话框都有自己特殊的属性，这些属性既可以在属性窗口中设置，也可以在代码中设置，还可以在属性页对话框中设置。在设计阶段，通用对话框按钮以图标形式显示，用户不能调整其大小（与计时器类似），图标在程序运行后将自动隐藏。

每种对话框都有自己默认的标题，如"打开"、"保存"等，用户也可以通过 DialogTitle 属性设置有实际意义的标题，这样可以提高程序代码的可读性。

10.7 文件对话框

文件对话框是有关文件操作的对话框，包括打开（Open）文件对话框和保存（Save As）文件对话框，用于打开和存储系统中的某类文件。

10.7.1 打开对话框

通用对话框的重要用途之一，就是从用户那里获得文件名信息。打开对话框可以让用户指定一个文件，由程序使用；而用保存文件对话框可以指定一个文件，并以这个文件名保存当前文件夹。

将 Action 的属性值设为 1 或使用 ShowOpen 的方法可以将通用对话框的类型设置成打开对话框，其语句格式如下：

```
CommonDialog1.ShowOpen 或者 CommonDialog1.Action = 1
```

打开对话框如图 10.30 所示。

该对话框的属性和一般控件的属性一样，一般可以通过属性窗口或程序代码来设置，其主要属性有以下几点：

（1）DialogTitle 属性。该属性用来设置对话框的标题。在默认情况下，打开对话框的标题是"打开"，另存为对话框的标题是"另存为"。

（2）DefaultEXT 属性。该属性用来设置对话框中的默认文件类型，即扩展名。若用户打

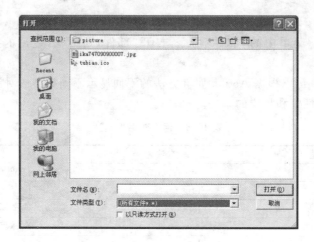

图 10.30 打开对话框

开或另存为的文件名中没有给出扩展名,系统将以 DefaultEXT 的属性值作为其扩展名。

(3) FileName 属性。该属性用来设置或返回要打开或保存的文件的路径及文件名。在文件对话框中显示一系列文件名,如果选择了一个文件并单击"打开"或"保存"按钮(或双击所选择的文件),所选择的文件即作为 FileName 属性的值,然后把该文件名作为要打开或保存的文件。

(4) FileTitle 属性。该属性用来指定文件对话框中所选择的文件名(不包括路径)。该属性与 FileName 属性的区别是它不包括路径,只表示文件的名称,例如"a.txt"。

(5) Filter 属性。该属性用来指定对话框中显示的文件类型。它可以设置多个文件类型,供用户在对话框的"文件类型"下拉列表中选择。Filter 的属性值由一对或多对文本字符串组成,每对字符串用管道符"|"隔开,在"|"前面的部分称为描述符,后面的部分一般为通配符和文件扩展名,称为"过滤器"。

其格式为:

[窗体.]对话框名.Filter = 描述符1|过滤器1|描述符2|过滤器2…

如果省略"窗体",则默认为当前窗体。

(6) FilterIndex 属性。该属性用来指定默认的过滤器,其设置值为一个整数。当用 Filter 属性设置多个过滤器后,每个过滤器都有一个值,第一个值为1,第二个值为2……通过 FilterIndex 属性可以指定某过滤器为默认显示过滤器。

(7) Flags 属性。该属性为文件对话框设置选择开关,用来控制对话框的外形。

其格式为:

对象.Flags[= 值]

其中,"对象"为通用对话框的名称;"值"是一个整数,可以用3种形式,即符号常数、十六进制整数和十进制整数。一般来说,使用整数可以简化代码,使用符号常数可以提高程序的可读性,因为从符号常数的本身可以看出属性的大致含义。

(8) InitDir 属性。该属性用来指定对话框中显示的起始目录。如果没有设置 InitDir 属性,则显示程序所在的当前目录。

(9) CancelError 属性。如果该属性值被设置为 True,当单击 Cancel(取消)按钮关闭一个对话框时,将显示错误信息(如图 10.31 所示),如果设置为 False(默认),则不显示出错信息。

图 10.31 单击"取消"按钮后出现的出错提示

(10) MaxFileSize 属性。该属性用来设定 FileName 的最大长度，以字节为单位，取值范围为 1~2048，默认值为 256。

(11) HelpContext 属性。该属性用来确定 Help ID 的内容，与 HelpCommand 属性一起使用，用于指定显示的 Help 主题。

(12) HelpCommand 属性。该属性用来指定 Help 的类型，可以取以下几种值：

1—代表显示一个特定上下文的 Help 屏幕，该上下文应先在通用对话框控件的 HelpContext 属性中定义。

2—代表通知 Help 应用程序，不再需要指定的 Help 文件。

3—代表显示一个帮助文件的索引屏幕。

4—代表显示标准的如何使用帮助窗口。

5—当 Help 文件有多个索引时，该设置使得用 HelpContext 属性定义的索引成为当前索引。

257—显示关键词窗口，关键词必须在 HelpKey 属性中定义。

(13) HelpFile 属性。该属性用来指定 Help 应用程序的 Help 文件名。

(14) HelpKey 属性。该属性用来指定 Help 应用程序能够识别的名字。

需要注意的是，以上介绍的是打开(Open)对话框的属性，它们也适用于另存为(Save As)对话框。

10.7.2 保存对话框

保存(Save As)对话框可以用来指定文件所要保存的驱动器、文件夹及其文件名、文件扩展名。

将 Action 的属性值设为 2 或使用 ShowSave 的方法可以将通用对话框的类型设置成保存对话框，其语句格式如下：

CommonDialog1.ShowSave 或者 CommonDialog1.Action = 2

保存对话框如图 10.32 所示。

图 10.32 保存对话框

10.7.3 文件对话框编程实例

【例 10.6】设计一个程序,通过文件对话框实现文件的打开和保存。

首先在窗体上画一个文本框控件,名称为 Text1;3 个命令按钮,名称为 Command1、Command2 和 Command3,将它们的 Caption 属性分别设置为"打开"、"保存"和"退出";并在窗体上画一个通用对话框控件。程序界面如图 10.33 所示。

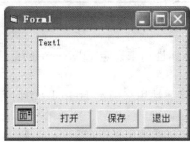

图 10.33 程序界面设计

然后为"打开"、"保存"和"退出"命令按钮分别编写程序代码。

(1)"打开"功能。单击"打开"按钮将出现一个打开文件对话框,选择一个文件打开,并将打开的文本文件的内容显示到 Text1 控件的 Text 属性中。编写以下代码:

```
Private Sub Command1_Click( )
    Dim a As String
    CommonDialog1.FileName = ""
    CommonDialog1.Flags = vbOFNFileMustExist
    CommonDialog1.Filter = "(所有文件)|*.*|(应用程序)|*.exe|(文本文件)|*.txt"
    CommonDialog1.FilterIndex = 3
    CommonDialog1.DialogTitle = "打开文本文件"
    CommonDialog1.Action = 1
    If CommonDialog1.FileName = "" Then
        MsgBox "没有选择文件", 37, "请检查"
    Else
        '对选择的文件进行处理
        Open CommonDialog1.FileName For Input As #1
        Do While Not EOF(1)
            Input #1, a
            Text1.Text = Text1.Text & a
        Loop
        Close #1
    End If
End Sub
```

(2)"保存"功能。单击"保存"按钮将出现保存文件对话框,并将在 Text1 文本框控件的 Text 属性中输入的文本内容保存到指定的文本文件中。编写以下代码:

```
Private Sub Command2_Click( )
    CommonDialog1.CancelError = True
    CommonDialog1.DefaultExt = " TXT "
    CommonDialog1.FileName = ""
    CommonDialog1.Filter = "(所有文件)|*.*|(文本文件)|*.txt"
    CommonDialog1.FilterIndex = 2
    CommonDialog1.DialogTitle = "保存文本文件"
    CommonDialog1.Action = 2
    If CommonDialog1.FileName = "" Then
        MsgBox "没有输入文件名", 37, "请检查"
    Else
        '进行文本文件的保存
        Open CommonDialog1.FileName For Output As #1
        Print #1, Text1.Text
        Close #1
    End If
End Sub
```

(3)"退出"功能。单击"退出"按钮将结束应用程序。代码如下：

```
Private Sub Command3_Click( )
    End
End Sub
```

运行程序，打开如图 10.34 的左图所示的界面，单击"打开"按钮，打开如图 10.34 的右图所示的界面，选择要打开的文件"test1"即可将其内容显示在文本框内。

图 10.34　通过对话框打开文件的过程

将文本框中的文本内容删除，重新输入"测试保存文本框中的文字"，如图 10.35 的左图所示，然后单击"保存"按钮，以"test2"为文件名保存。最后 test2 文件中的内容如图 10.35 的右图所示。

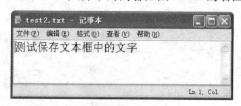

图 10.35　通过对话框保存文件的过程

分析本例程序,打开对话框并不能真正"打开"文件,而仅仅是用来选择一个文件,至于选择以后的处理,包括打开、显示等,需要编写相应的程序代码来实现;保存对话框也是只能用来指定一个保存文件的名称,本身不能执行保存文件的操作。例如在上面的例子中,使用了 Print 语句向指定的文件中写入文本内容。这些文件的打开、写入及保存将在后面的章节中进行详细的介绍。在上面的程序段中,使用了 If 选择控制结构,其实现的功能是:如果没有选择文件或没有指定保存文件的名称,将通过 MsgBox 语句弹出一个错误提示信息;否则,根据相应的程序代码进行文件的打开和保存操作。

10.8 其他对话框

在编程过程中,除了常用的文件对话框以外,用户还经常需要给对象设置颜色和字体,有时需要输出数据。为此,在 Visual Basic 中提供了颜色(Color)对话框、字体(Font)对话框和打印(Printer)对话框等。

10.8.1 颜色对话框

颜色对话框用来在调色板中选择颜色或者创建自定义颜色,它具有和文件对话框相同的一些属性,例如 DialogTitle、HelpCommand、HelpFile 和 HelpKey 等。此外,它还有两个属性,即 Color 属性和 Flags 属性。其中,Flags 属性值如表 10.9 所示。

表 10.9 颜色对话框 Flags 属性值的描述

十进制值	符号常数	描述
1	vbCCRGBInit	将 Color 属性定义的颜色在首次显示对话框时显示
2	vbCCFullOpen	打开完整的对话框,包括用户自定义窗口
4	vbCCPreventFullOpen	禁止选择"规定自定义颜色"按钮
8	vbCCShowHelp	显示一个 Help 按钮

需要注意的是,要设置或读取 Color 属性,必须将 Flags 属性设置为 1。

【例 10.7】设计一个程序,通过颜色对话框为图片框的背景设置颜色。

先在窗体上画一个通用对话框,其名称为 CommonDialog1;画一个图片框,其名称为 Picture1;画两个命令按钮,名称为 Command1 和 Command2,将它们的 Caption 属性设置为 "图片框背景色"和"退出"。

然后编写以下程序代码:

```
Private Sub Command1_Click( )
    CommonDialog1.Flags = vbCCRGBInit
    CommonDialog1.Color = BackColor
    CommonDialog1.Action = 3
    Picture1.BackColor = CommonDialog1.Color
End Sub
Private Sub Command2_Click( )
    End
End Sub
```

运行程序后,单击"图片框背景色"按钮,将打开一个颜色对话框,在该对话框的"基本颜色"部分选择一种颜色(即单击某个色块),然后单击"确定"按钮,即可将Picture1的背景设置为所选择的颜色。程序的运行过程如图10.36所示。

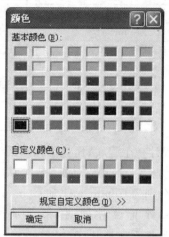

图 10.36　颜色对话框程序的运行过程

分析本例程序,在单击"图片框背景色"按钮后,程序先将颜色对话框的Flags属性设置为vbCCRGBInit,然后将对话框默认选择的颜色设置为窗体的BackColor,再通过通用对话框的Action属性赋值为3调出颜色对话框。当用户在"基本颜色"部分选择一种颜色,再单击确定后,程序将把Picture1的背景色设置为用户选择的颜色,如图10.36所示。

10.8.2　字体对话框

通过字体对话框来设置并返回所用字体的名称、样式、大小及效果等。字体对话框和文件对话框的属性有CancelError、DialogTitle、HelpCommand、HelpContext、HelpFile和HelpKey。此外,它还有FontBold、FontItalic、FontName、FontSize、FontStrikeThru、FontUnderline等属性,这些属性可以在对话框中选择,也可以通过程序代码赋值。

字体的大小用"点"来度量。在默认情况下,字体的大小的范围为1~2048个点,用Max和Min属性可以指定字体的大小范围。

需要注意的是,在设置Max和Min属性值的时候必须把Flags属性值设置为8192。表10.10为Flags属性值的描述。

表 10.10　字体对话框 Flags 属性值的描述

十进制值	符号常数	描述
1	vbCFScreenFonts	只显示屏幕字体
2	vbCFPrinterFonts	只列出打印字体
3	vbCFBoth	列出打印字体和屏幕字体
4	vbCFShowHelp	显示一个 Help 按钮
256	vbCFEffects	允许中画线、下划线和颜色
512	vbCFApply	允许 Apply 按钮
1024	vbCFANSIOnly	不允许使用 Windows 字符集的字体(无符号字体)
2048	vbCFNoVectorFonts	不允许使用矢量字体

续表

十进制值	符号常数	描述
4096	vbCFNoSimulations	不允许图形设备接口字体仿真
8192	vbCFLimitSize	只显示在 Max 属性和 Min 属性指定的范围内的字体
16384	vbCFFixedPitchOnly	只显示固定字符间距(不按比例缩放)的字体
32768	vbCFWYSIWYG	只允许选择屏幕和打印机可用的字体
65536	vbCFForceFontExist	当试图选择不存在的字体或类型时,将显示出错信息
131072	vbCFScalableOnly	只显示按比例缩放的字体
262144	vbCFTTOnly	只显示 TrueType 字体

【例 10.8】 设计一个程序,通过字体对话框设置文本框中的字体。

先在窗体上画一个通用对话框,名称为 CommonDialog1;一个文本框,名称为 Text1;两个命令按钮,名称分别为 Command1 和 Command2,并将它们的标题(Caption)设置为"文本框字体"和"退出";一个标签控件,用来显示设置字体的相关信息,其名称为 Label1,将其 BorderStyle 属性设置为 1-Fixed Single。程序的界面设计如图 10.37 所示。

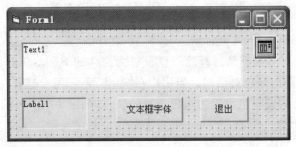

图 10.37　程序界面

再编写以下程序代码:

```
Private Sub Command1_Click( )
    Dim set As String
    CommonDialog1.Flags = 3
    CommonDialog1.Action = 4
    Text1.FontName = CommonDialog1.FontName
    Text1.FontSize = CommonDialog1.FontSize
    Text1.FontBold = CommonDialog1.FontBold
    Text1.FontItalic = CommonDialog1.FontItalic
    Text1.FontUnderline = CommonDialog1.FontUnderline
    Text1.FontStrikethru = CommonDialog1.FontStrikethru
    set = "所设置的字体为:" & CommonDialog1.FontName
    set = set & "字体的大小为:" & CommonDialog1.FontSize
    Label1.Caption = set
End Sub
Private Sub Command2_Click( )
    End
End Sub
```

运行程序后,在文本框中输入一些文本信息,然后单击"文本框字体"按钮调出字体对话框,进行字体的相关设置,如图 10.38 所示。

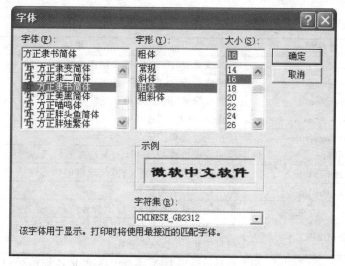

图 10.38 "字体"对话框

设置完字体后,单击"确定"按钮,文本框中文本的字体将随着设置的改变而改变,程序运行结果如图 10.39 所示。

图 10.39 文本框字体

分析该程序的运行过程,在命令按钮的单击事件中,通过 ShowFont 方法调出字体对话框,将字体对话框的字体属性值赋给文本框的字体属性,再通过 Label1 的 Caption 属性将改变的字体信息显示出来。

10.8.3 打印对话框

打印对话框可以设置打印输出的方法,例如打印范围、打印份数、打印质量等其他打印属性。该对话框中还显示当前安装的打印机信息,允许用户重新设置默认打印机。

打印对话框除了具有 CancelError、DialogTitle、HelpCommand、HelpContext 等属性外,还具有如下属性。

1. Copies 属性

该属性用来指定要打印的文档的副本数。需要注意的是,如果将 Flags 属性值设为 262144,则 Copies 属性值总是为 1。

2. Flags 属性

表 10.11 所示为对 Flags 属性值的描述。

表 10.11 打印对话框 Flags 属性值的描述

十进制值	符号常数	描述
0	vbPDAllPages	返回或设置"所有页"选项按钮的状态
1	vbPDSelection	返回或设置"选定范围"选项按钮的状态
2	vbPDPageNums	返回或设置"页"选项按钮的状态
4	vbPDNoSelection	禁止"选择范围"选项按钮
8	vbPDNoPageNums	禁止"页"选项按钮
16	vbPDCollate	返回或设置校验(Collate)复选框的状态
32	vbPDPrintToFile	返回或设置"打印到文件"复选框的状态
64	vbPDPrintSetup	显示打印设置对话框
128	vbPDNoWarning	当没用默认打印机时,显示警告信息
256	vbPDReturnDC	在对话框的 HDC 属性中返回"设备环境",HDC 指向用户所选择的打印机
512	vbPDReturnIC	在对话框的 HDC 属性中返回"信息上下文",HDC 指向用户所选择的打印机
2048	vbPDShowHelp	显示一个 Help 按钮
262144	vbPDUseDevModeCopies	如果打印机驱动程序不支持多份副本,则设置这个值禁止副本,只能打印一份
524288	vbPDDisablePrintToFile	禁止"打印到文件"复选框
1048576	vbPDHidePrintToFile	隐藏"打印到文件"复选框

3. HDC 属性

该属性用来给打印机分配句柄,用来识别对象的设备环境,用于 API 调用。

4. FromPage 和 ToPage 属性

这两个属性用来指定打印文档的页码范围。需要注意的是,如果要使用这两个属性,则必须将 Flags 属性值设置为 2。

5. Max 和 Min 属性

这两个属性用来限制 FromPage 和 ToPage 的范围,其中,Min 指定所允许的起始页码,Max 指定允许的最后页码。

【例 10.9】设计一个程序,建立打印对话框。

先在窗体上画一个通用对话框,其名称为 CommonDialog1;画一个命令按钮,其名称为 Command1,然后编写以下程序代码:

```
Private Sub Command1_Click( )
    CommonDialog1.CancelError = True
    CommonDialog1.Copies = 1
    CommonDialog1.Min = 1
    CommonDialog1.Max = 16
    CommonDialog1.Flags = 2
    CommonDialog1.FromPage = 5
```

```
        CommonDialog1.ToPage = 10
        CommonDialog1.ShowPrinter
End Sub
```

运行程序后,单击命令按钮,将弹出一个打印对话框,如图 10.40 所示。

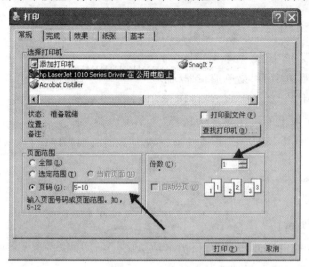

图 10.40　打印对话框

分析程序,在命令按钮的单击事件中将 Copies 属性设置为 1,故在打印对话框中份数显示为 1,如图 10.40 中右边的箭头所示;将 FromPage 和 ToPage 分别设置为 5 和 10,所以在打印对话框的页面范围的页码中显示"5—10",如图 10.40 中左边的箭头所示。

本 章 小 结

本章主要介绍如何使用菜单编辑器进行 Visual Basic 应用程序菜单设计、菜单的建立和控制、对话框的特点、自定义对话框的使用技巧以及各种对话框的使用。

本章重点掌握以下内容:
(1) 菜单的基本知识,菜单编辑器的调出及相关操作。
(2) 使用菜单编辑器设计下拉式和弹出式菜单。
(3) 菜单项的控制,包括有效性控制、菜单项标记。
(4) 增加菜单项和减少菜单项的实现过程。
(5) 对话框的基本概念,包括对话框的分类及特点。
(6) 其他对话框,包括颜色对话框、字体对话框和打印对话框。

巩 固 练 习

(1) 以下打开 Visual Basic 菜单编辑器的操作中,错误的是(　　)。

A. 执行"编辑"菜单中的"菜单编辑器"命令

B. 执行"工具"菜单中的"菜单编辑器"命令

C. 单击工具栏中的"菜单编辑器"按钮

D. 右击窗体,在弹出的快捷菜单中选择"菜单编辑器"命令

(2) 如果一个菜单项的 Enabled 属性被设置为 False,则程序运行时,该菜单项(　　)。

A. 不显示

B. 显示但无效

C. 有效可用

D. 不显示但有效可用

(3) 在利用菜单编辑器设计菜单时,为了把 Alt+X 快捷键设置为"退出(X)"菜单项的访问键,可以将该菜单项的标题设置为(　　)。

A. 退出(X&)

B. 退出(&X)

C. 退出(X#)

D. 退出(#X)

(4) 以下关于菜单的叙述中,错误的是(　　)。

A. 当窗体为活动窗体时,按 Ctrl+E 快捷键可以打开菜单编辑器

B. 把菜单项的 Enabled 属性设置为 False,可删除该菜单项

C. 弹出式菜单在菜单编辑器中设计

D. 程序运行时利用控件数组可以实现菜单项的增加或减少

(5) 以下叙述中错误的是(　　)。

A. 在程序运行时,通用对话框控件是不可见的

B. 调用同一个通用对话框控件的不同方法(如 ShowOpen 或 ShowSave)可以打开不同的对话框

C. 调用通用对话框控件的 ShowOpen 方法能够直接打开在该通用对话框中指定的文件

D. 调用通用对话框控件的 ShowColor 方法可以打开颜色对话框

(6) 以下关于通用对话框的叙述中,错误的是(　　)。

A. 在程序运行状态下,通用对话框控件是不显示的

B. 通用对话框控件是 Visual Basic 的标准控件

C. 在设计时,通用对话框控件的大小是固定的,不能改变

D. 在同一个程序中,一个通用对话框控件可以作为打开、保存等多种对话框

(7) 窗体上有一个名称为 CD1 的通用对话框,一个名称为 Command1 的命令按钮,相应的事件过程如下:

```
Private Sub Command1_Click( )
    CD1.Filter = "All File|*.*|Text File|*.txt|Word|*.Doc"
    CD1.FilterIndex = 2
    CD1.FileName = "E:\Test.ppt"
    CD1.InitDir = "E:\"
    CD1.ShowOpen
End Sub
```

关于上述程序,以下叙述中正确的是(　　)。
A. 初始过滤器为"*.*"
B. 指定的初始目录为"E:\"
C. 以上程序代码实现打开文件的操作
D. 由于指定文件类型是.ppt,所以导致打开文件的操作失败

(8) 在窗体上画一个通用对话框,程序运行中用 ShowOpen 方法显示打开对话框时,希望在该对话框的"文件类型"栏中只显示扩展名为.doc 的文件,则在设计阶段应把通用对话框的 Filter 属性设置为(　　)。
A. "(*.doc)*.doc"   B. "(*.doc)|(.doc)"
C. "(*.doc)||*.doc"   D. "(*.doc)|*.doc"

(9) 下列关于利用通用对话框产生的文件对话框的相关属性的描述错误的是(　　)。
A. InitDir 属性用于设置对话框中显示的起始目录
B. Filter 属性用于设置对话框默认的过滤器
C. DefaultExt 属性用于设置对话框中默认的文件类型
D. FileTitle 属性用于存放对话框中所选择的文件名

(10) 下列关于通用对话框 CommonDialog1 的叙述错误的是(　　)。
A. 只要在打开对话框中选择了文件,并单击"打开"按钮,就可以将选中的文件打开
B. 使用 CommonDialog1.ShowColor 方法可以显示颜色对话框
C. CancelError 属性用于控制用户单击"取消"按钮关闭对话框时是否显示出错警告
D. 在显示字体对话框前,必须先设置 CommonDialog1 的 Flags 属性,否则会出错

第11章 数据文件

文件是指存储在某种外部介质上的数据的集合,它可以是程序,也可以是数据或其他信息。文件可以将内存中有用的数据保存到磁盘、移动硬盘等外部存储介质中。Visual Basic 为用户提供了多种处理文件的方法,具有较强的文件处理能力。它既可以直接读写文件,同时又提供了大量与文件管理有关的语句和函数,以及制作文件系统的控件。本章将介绍 Visual Basic 的文件处理功能以及与文件系统有关的控件。

11.1 文件的分类

在程序设计中,文件十分有用而且不可缺少。它是程序中对不同的输入数据进行加工、产生相应结果并输出的常用方法之一;它方便了用户,提高了编程效率,而且不受内存大小的限制。

在不同的分类标准下,文件可以分为不同的类型。

1. 根据数据的存取方式和结构分

(1) 顺序文件(Sequential File)。顺序文件的结构比较简单,文件中的记录一个接着一个存放。在这种文件中,用户只知道第一个记录的存放位置,其他记录的位置无法知道。如果要查找某个数据,只能从文件头开始,一个记录一个记录地顺序读取,直到查找到记录为止。

顺序文件的写入过程也是如此,把数据记录一个接着一个写到文件中。该类型文件的优点是占用空间少、容易使用;它的缺点是维护困难,为了修改文件中的某个记录,必须把整个文件读入内存,修改完后再重新写入到磁盘。

(2) 随机文件(Random Access File)。随机文件又称为直接存取文件,简称直接文件。与顺序文件不同,在访问随机文件中的数据时,不必考虑各个记录的排列顺序或位置,可以根据需要访问文件中的任何一个记录。

随机文件的优点是数据的存取方式比较灵活、方便、速度较快、容易修改;其缺点是占用的空间较大,数据组织复杂。

需要注意的是,在随机文件中,每一条记录的长度是固定的,记录中字段的长度也是固定的;随机文件中的每一条记录都有一个记录号。在写入数据时,只要指定记录号,就可以把数据直接存入指定的位置。而在读取数据时,只要给出记录号,就能直接读取该记录。此外,在随机文件中,可以同时进行读、写操作,因而能快速地查找和修改每条记录,不必为修改某一条记录而对整个文件进行读、写操作。

2. 根据数据的编码方式分

（1）ASCII 文件。ASCII 文件又称为文本文件，它是以 ASCII 码方式保存的文件。这种文件可以用字处理软件建立和修改。

（2）二进制文件（Binary File）。该文件是以二进制形式保存的文件。需要注意的是，二进制文件不能用普通的字处理软件编辑，它的优点是所占的空间较小。

3. 根据数据性质分

（1）程序文件（Program File）。该文件存放的是可以由计算机执行的程序，包括源文件和可执行文件。例如在 Visual Basic 中，扩展名为 .exe、.frm、.bas、.cls 等的文件都是程序文件。

（2）数据文件（Data File）。该文件用来存放普通的数据。例如学生的考试成绩、运动员成绩、商品价格等。

11.2 文件的操作

在 Visual Basic 中，数据文件的操作按以下步骤进行：

（1）打开（或建立）文件。

一个文件必须在打开或建立后才能使用。如果一个文件已经存在，则直接打开该文件；如果该文件不存在，则建立该文件。

（2）进行读、写操作。

在打开（或建立）的文件上执行所要求的输入输出操作。在文件处理过程中，把内存中的数据传输到相关联的外部设备（如磁盘）并作为文件存放的操作叫作写数据，把数据文件中的数据传输到内存程序中的操作叫作读数据。一般来说，在主存与外设的数据传输过程中，由主存到外设叫作输出或写，由外设到主存叫作输入或读。

（3）关闭文件。

文件处理一般需要以上 3 步。在 Visual Basic 中，数据文件的操作通过有关的语句和函数来实现。

11.2.1 文件的打开（建立）

在对文件进行操作之前，必须先打开或建立文件。在 Visual Basic 中通过 Open 语句建立或打开一个文件。

其格式为：

Open 文件说明 [For 方式] [Access 存取类型] [锁定] As [#] 文件号 [Len = 记录长度]

该语句实现的功能是为文件的输入输出分配缓冲区，并确定缓冲区所使用的存取方式。

其中的"文件说明"是指需要进行操作的文件名，包括存储该文件的驱动器和路径；格式中的"Open"、"For"、"Access"、"As"及"Len"为关键字。其他详细说明如下所述。

（1）方式。指定文件的输入输出方式，具体描述见表 11.1。

表 11.1 文件的输入输出方式

方式	描述
Output	指定文件顺序输出方式
Input	指定文件顺序输入方式
Append	指定文件顺序输出方式，但只能向文件的尾部追加写入数据
Random	指定文件随机存取方式，也是默认的文件打开方式
Binary	指定文件二进制读写方式，可以用 Get 和 Put 语句进行读写

（2）存取类型。放在关键字 Access 后，用来指定访问文件的类型，见表 11.2。

表 11.2 文件存取类型

存取类型	描述
Read	打开只读文件
Write	打开只写文件
Read Write	打开读写文件。这一类型只对随机文件、二进制文件及用 Append 方式打开的文件有效

"存取类型"指出了在打开的文件中所进行的操作。如果要打开的文件已由其他过程打开，则不允许再指定存取类型，否则 Open 失败，并产生错误信息。

（3）锁定。该子句只在多用户或多进程环境中使用，用来限制其他用户或其他进程对打开的文件进行读或写操作。在默认情况下（不指定锁定类型），本进程可以多次打开文件进行读或写；在文件打开期间，其他进程不能对该文件执行读或写操作。锁定的类型和描述见表 11.3。

表 11.3 锁定的类型和描述

锁定类型	描述
Lock Shared	机器上的任何进程都可以对该文件进行读写操作
Lock Read	不允许其他进程读该文件
Lock Write	不允许其他进程写该文件
Lock Read Write	不允许其他进程读写这个文件（默认）

（4）文件号。文件号表示一个整数表达式，其值在 1~511 之间。在执行 Open 语句时，打开文件的文件号和一个具体的文件相关联，其他输入输出语句或函数通过文件号与该文件发生关系。

（5）记录长度。记录长度表示一个整型表达式。当选择该参量时，为随机存取文件设置记录长度。对于用随机访问方式打开的文件，该值是记录长度；对于顺序文件，该值是缓冲字符数。此外，"记录长度"不能超过 32767 字节。

在使用 Open 语句打开文件时，需要注意以下几点：

（1）在顺序文件中，"记录长度"不需要与各个记录的大小相对应，因为顺序文件中各个记录的长度可以不相同。当打开顺序文件时，在把记录写入磁盘或从磁盘读出记录之前，"记录长度"指出要装入缓冲区字符数，即确定缓冲区的大小。缓冲区越大，占用的空间越多，文件的输入输出操作越快。默认时的缓冲区容量为 512 字节。

（2）Open 语句兼有打开文件和建立文件两种功能。在对一个数据文件进行读、写、修改或增加数据之前，必须先用 Open 语句打开或建立文件。如果为输入（Input）打开的文件不存在，则会产生"文件未找到"错误；如果为输出（Output）、附加（Append）或随机（Random）访问方式打开的文件不存在,则会建立相应的文件。

(3) 根据特殊需要,同一个文件可以用几个不同的文件号打开,每个文件号有自己的一个缓冲区。对于不同的访问方式,可以使用不同的缓冲区。但是,当使用 Output 或 Append 方式时,必须先将文件关闭,才能重新打开文件。当使用 Input、Random 或 Binary 时,不必关闭文件就可以用不同的文件号打开文件。

以下是使用 Open 语句的不同用法来实现文件的输入与输出的语句举例。

(1) 下面的代码是以顺序输入模式打开已经存在的 Price.dat 文件,以便从文件中读取记录。

```
Open "Price.dat" For Input As #1
```

(2) 下面的代码是以顺序输出方式打开一个数据文件,以便向其中写入记录。如果文件不存在,则建立一个文件,新写入的数据将覆盖原来的记录。

```
Open "Price.dat" For Output As #1
```

(3) 下面的代码是打开顺序文件,新写入的记录附加到文件的后面,原来的数据保留,如果给定的文件不存在,则建立一个新文件。

```
Open "Price.dat" For Append As #1
```

(4) 下面的代码是以随机方式打开 Price.dat 文件,记录的长度为 512 字节。

```
Open "Price.dat" For Random As #1
```

(5) 下面的代码是以随机方式打开 D 盘上的 Price 文件,设置写锁定,允许其他进程读取文件。

```
Open "D:\Price.dat" For Random Access Read Lock Write As #1
```

(6) 下面的代码是以只写的二进制方式打开 Student 文件。

```
Open "Price.dat" For Binary Access Write As #1
```

(7) 下面的代码是以只读的二进制方式打开文件,其他进程不可以读该文件。

```
Open "Price.dat" For Binary Access Read Lock Read As #1
```

11.2.2 文件的关闭

在文件的读写操作结束后,应将文件关闭,可以通过 Close 语句的方式来实现。

其格式为:

```
Close [[#]文件号][,[#]文件号]…
```

例如,下面的程序代码实现了文件打开和关闭的过程:

```
Private Sub Command1_Click( )
    Open "Student.txt" For Input As #2
    …
    Close #2
End Sub
```

在使用 Close 语句时需要注意以下几点:

(1) Close 语句中的"文件号"是可选的,如果指定了文件号,则将指定的文件关闭;如果不指定文件号,则把所有打开的文件全部关闭。

（2）该语句用来关闭文件，是在打开文件之后进行的操作。关闭一个数据文件有两方面的意义，一是把文件缓冲区的数据写到文件中；二是释放与该文件相联系的文件号，以供其他 Open 语句使用。

（3）虽然在程序结束时将自动关闭所有打开的数据文件，但 Close 语句不是可有可无的，因为磁盘文件和内存之间的信息交换是通过缓冲区进行的。如果不使用 Close 语句，可能会使需要写入的数据不能从内存（缓冲区）送入到文件。如果使用了 Close 语句，则缓冲区中的最后内容将被写入到文件中。

11.2.3 文件操作语句和函数

文件的主要操作是读和写，这些内容将在后面各节中介绍，这里介绍的是通用的语句和函数，这些语句和函数用于文件的读、写操作中。

1. 文件指针

在 Visual Basic 中，文件被打开后将自动生成一个文件指针，文件的读写操作就是从这个指针所指的位置开始。除了用 Append 方式打开的文件的文件指针指向文件的末尾外，其他几种方式打开的文件的文件指针都是在文件的开头。在完成一次操作后，文件指针自动移到下一个读写位置，移动量的大小由 Open 语句和读写语句中的参数共同决定。例如对于随机文件来说，其文件指针的最小移动单位是一条记录的长度；而顺序文件中文件指针移动的长度与它所读写的字符串的长度有关。

通常用 Seek 语句实现文件指针的定位。

其格式为：

```
Seek #文件号,位置
```

其中，"文件号"表示被打开的文件；"位置"是一个数值表达式，用来指定下一个要读写的位置，它的取值范围为 $1 \sim (2^{31}-1)$。

对于用 Input、Output 或 Append 方式打开的文件，"位置"是指从文件开头到指定位置的字节数，即执行下一个操作的地址，文件的第一个字节的位置是 1。以 Random 方式打开的文件，其"位置"是一个记录号。此外，在 Get 或 Put 语句中的记录号优先于由 Seek 语句确定的位置。当位置为"0"或负数时，将会产生错误信息。

除了可以用 Seek 语句定位指针外，还可以用 Seek 函数返回指针的位置。

其格式为：

```
Seek(文件号)
```

该函数返回文件指针的当前位置，它的取值范围为 $1 \sim (2^{31}-1)$。

如果是顺序文件，Seek 语句把文件指针移到指定的字节位置上，Seek 函数返回有关下一次将要读写的位置信息；如果是随机文件，Seek 语句只能把文件指针移到一个指定的记录的开头，而 Seek 函数返回一个记录号。

在以 Input、Output 或 Append 方式打开的文件中，Seek 函数返回文件中的字节位置；而在以 Random 方式打开的文件中，Seek 函数返回下一个要读或写的记录号。

2. 文件操作函数

（1）EOF 函数用来测试文件的结束状态。

其格式为：

```
EOF(文件号)
```

其中,"文件号"的含义如前面所述。利用 EOF 函数,可以避免在文件输入时出现"输入超出文件尾"的错误。在文件输入期间,可以用 EOF 函数测试是否到达了文件尾。对于顺序文件来说,如果已到达文件尾,该函数返回 True,否则返回 False。当 EOF 函数用于随机文件时,如果最后执行的 Get 语句未能读到一个完整的记录,则返回 True,这通常发生在试图读文件结尾以后的部分时。

例如要将一个文本文件打开,并显示在文本框中,通常要用到 EOF 函数:

```
Do While Not EOF(1)
    Input #1, a
    …
Loop
```

(2) FreeFile 函数可以得到一个在程序中没有使用的文件号。当程序中打开的文件较多时,此函数很有用。特别是当在通用过程中使用文件时,用这个函数可以避免使用其他 Sub 或 Function 过程中正在使用的文件号。利用这个函数,可以把未使用的文件号赋给变量,从而用这个变量作为文件号变量,而不必知道具体的文件号。

【例 11.1】假设在 C 盘的根目录下有"Student.txt"文件,编写以下程序代码:

```
Private Sub Command1_Click( )
    Dim Filenum As Integer
    Dim Filename As String
    Filename = InputBox("请输入要打开的文件名:")
    Filenum = FreeFile '用 FreeFile 函数得到一个未使用的文件号
    Open Filename For Output As #Filenum
    Print Filename; "打开的文件号为:"; Filenum
    Close #Filenum
    Print
    Print "已经关闭"; Filename; "文件"
End Sub
```

运行程序后单击命令按钮,在输入对话框中输入"C:\Student.txt",程序的运行结果如图 11.1 所示。

图 11.1 程序输出结果

分析该程序代码,在命令按钮的单击事件过程中,先将要打开的文件名(包括路径)通过输入对话框赋值给 Filename 变量,然后通过 FreeFile 函数取得一个未使用的文件号并赋值给 Filenum 变量,再打开文件,通过 Print 语句输出的信息,可以看出 FreeFile 函数返回的值为 1。

(3) Loc 函数返回指定文件的当前读写的位置。

其格式为：

Loc(文件号)

其中，"文件号"是指在 Open 语句中使用的文件号。

对于随机文件，Loc 函数返回一个记录号，它是对随机文件读或写的最后一个记录的记录号，即当前读写位置上的一个记录；对于顺序文件，Loc 函数返回的是从该文件被打开以来读或写的记录个数，一个记录是一个数据块。

在顺序文件和随机文件中，Loc 函数返回的都是数值，但它们的意义是不一样的。对于随机文件，只有知道了记录号，才能确定文件中的读写位置；而对于顺序文件，只要知道已经读或写的记录个数，就能确定该文件当前的读写位置。

(4) LOF 函数返回给文件分配的字节数（即文件的长度），它与 DOS 下用 Dir 命令所显示的数值相同。

其格式为：

LOF(文件号)

其中，"文件号"是指在 Open 语句中使用的文件号。

在 Visual Basic 中，文件的基本单位是记录，每个记录的默认长度是 128 个字节。因此，对于 Visual Basic 建立的数据文件，LOF 函数返回的将是 128 的倍数，不一定是实际的字节数。

11.2.4 文件的其他基本操作

文件的基本操作是指文件的删除、复制、移动、重命名等，在 Visual Basic 中，可以使用相应的语句执行这些基本操作。

1. 删除操作（Kill 语句）

其格式为：

Kill 文件名

其中，"文件名"是该文件的完整路径。例如：

Kill "D:\test*.txt"   '删除"D:\test"目录下的所有文本文件

因为在执行 Kill 语句的时候没有任何提示，所以为了安全起见，在程序中使用该语句时，最好能够给予一定的提示信息。

2. 复制操作（FileCopy 语句）

其格式为：

FileCopy 源文件名，目标文件名

其中的"源文件名"和"目标文件名"包括存储该文件的驱动器和路径，省略时表示当前路径。

例如：

FileCopy "source.txt", "target.txt"

表示把当前目录下的 source.txt 文件复制到当前目录下，并命名为 target.txt。

例如：

FileCopy "D:\source.txt", "D:\target.txt"

表示把 D 盘根目录下的 source.txt 文件复制到 D 盘根目录下,并命名为 target.txt。

需要注意的是,在 Visual Basic 中没有提供"文件移动"的语句,但通过 Kill 语句和 FileCopy 语句能很容易地实现文件移动的功能。

例如:

```
FileCopy "D:\ source.txt", "C:\ source.txt"
Kill "D:\ source.txt"
```

先将 D 盘下的 Test.txt 文件复制到 C 盘,然后删除 D 盘下的 source.txt 文件,这一过程实现了文件的移动。

3. 重命名操作(Name 语句)

其格式为:

```
Name 原文件名 As 新文件名
```

其中,"原文件名"是一个字符串表达式,用来指定已存在的文件名(包括路径);"新文件名"也是一个字符串表达式,用来指定改名后的文件名(包括路径),但它不能是已存在的文件名。

通常情况下,"原文件名"和"新文件名"必须在同一个驱动器上。如果"原文件名"和"新文件名"相同而路径不同,则 Name 语句将文件移到新的目录下;如果"原文件名"和"新文件名"不同并且路径不同,则 Name 语句将文件移到新的目录下并且以新文件名命名。

例如:

```
Name "C:\ source.txt " As "C:\windows\abc.txt"
```

表示将 source.txt 文件从根目录下移动到"C:\windows\"目录下并更名为 abc.txt。

此外,Name 语句还可以对目录进行重命名,但不能移动目录。

例如:

```
Name "D:\ source1" As "D:\ source2"
```

表示将 D 盘下的 source1 目录改名为 source2 目录。

在使用 Name 语句时,需要注意的是,当"原文件名"不存在或"新文件名"已存在时,都将发生错误;如果一个文件已打开,则当用 Name 语句对该文件重命名时将会产生错误;此外,Name 语句不能跨越驱动器移动文件。

11.3 顺序文件

顺序文件是最常用的文件之一,在顺序文件中,记录的逻辑顺序与存储顺序相一致,对文件的读写操作只能是一个记录一个记录地顺序进行。下面介绍顺序文件的读操作和写操作。

11.3.1 顺序文件的读操作

顺序文件的读操作是指将文件中的数据读入到内存供用户处理。读操作主要分为 3 步,即打开文件、读数据文件和关闭文件。其中,打开文件和关闭文件已经在上一节中介绍,下面主要介绍如何读取数据。数据读取操作可由 Input ♯语句、Line Input ♯语句或 Input $ 函数来实现。

1. Input ＃ 语句

该语句是从一个顺序文件中读出数据项,并把这些数据项赋值给程序变量。

其格式为:

Input ＃ 文件号,变量表

其中,"文件号"的含义如上节所述;"变量表"由一个或多个变量组成,这些变量既可以是数值变量,也可以是字符串变量或数组元素,从数据文件中读出的数据将赋给这些变量。例如:

Input ＃3, X, Y, Z

表示在文件中读出 3 个数据项,分别赋值给 X、Y、Z 3 个变量。

在使用 Input ＃ 语句时,需要注意以下几点:

(1)在用该语句把读出的数据赋给数值变量时,将忽略前导空格、回车或换行符,把遇到的第一个非空格、非回车和非换行符作为数值的开始,遇到空格、回车或换行符则认为是数值结束。对于字符串数据,同样忽略开头的空格、回车或换行符。如果需要把开头带有空格的字符串赋值给变量,则必须把字符串放在双引号中。

(2)文件中数据项的类型应该与 Input ＃ 语句中变量的类型匹配。

(3)Input ＃ 语句可以用于随机文件。

(4)Input ＃语句与 InputBox 函数相似,但 InputBox 要求从键盘输入数据,Input ＃语句要求从文件中输入数据,而且执行 Input ＃ 语句时不显示对话框。

【例 11.2】设计一个程序,实现的功能是把 C 盘根目录下的顺序文件 Student.txt 的内容读入内存,并在文本框 Text1 中显示出来。其中,Student.txt 的内容如图 11.2 所示。

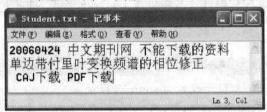

图 11.2 文本内容

在窗体上画一个文本框控件,名称为 Text1,并将其 MultiLine 属性设置为 True;画一个命令按钮,名称为 Command1;然后编写以下程序代码:

```
Private Sub Command1_Click( )
    Dim inData As String
    Text1.Text = ""
    Open "C:\Student.txt" For Input As ＃1
    Do While Not EOF(1)
        Input ＃1, inData
        Text1.Text = Text1.Text & inData
    Loop
    Close ＃1
End Sub
```

运行程序后单击命令按钮,文件的内容将在文本框中显示出来,如图 11.3 所示。

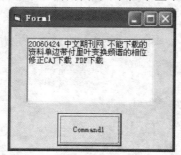

图 11.3　打开文件

分析上面程序的代码和运行过程,先通过 Open 语句打开一个数据文件,然后在 Do 循环中使用 EOF 函数作为循环的条件依据,即当文件没有结束时一直用 Input 语句在文件中读取数据,并将读取的内容在 Text1 控件的 Text 属性中显示出来,最后用 Close 语句关闭操作完的数据文件。

2. Line Input ♯ 语句

该语句从顺序文件中读取一个完整的行,并把它赋给一个字符串变量。

其格式为:

Line Input ♯文件号,字符串变量

其中,"字符串变量"是一个字符串简单变量名,也可以是一个字符串数组元素名,用来接收顺序文件中读出的字符行。

在文件操作中,Line Input ♯语句可以用来读取顺序文件中一行全部的字符,直到遇到回车符为止。此外,对于以 ASCII 码存放在磁盘上的各种语言源程序,也可以用该语句一行一行地读出。

Input ♯语句与 Line Input ♯语句的功能相似。所不同的是,Input ♯语句读取的是文件中的数据项,而 Line Input ♯语句读取的是文件的一行。

在以 Random 方式打开的随机文件中也可以使用 Line Input ♯语句。

【例 11.3】设计一个程序,使用 Line Input 语句从 C 盘根目录下的一个文件中读取文本内容,并将读出的内容显示到窗体上。该文本文件中的内容如图 11.4 所示。

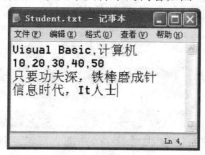

图 11.4　文本文件

在窗体上画一个命令按钮控件,然后编写以下代码:

```
Private Sub Command1_Click( )
    Dim inData As String
    Form1.FontName = "黑体"
    Form1.FontSize = 16
    Open "C:\student.txt" For Input As #1
    Do While Not EOF(1)
        Line Input #1, inData
        Print inData
        Print
    Loop
    Close #1
End Sub
```

运行程序后单击命令按钮,程序将按行的方式读取文件中的内容,并将读出的内容输出到窗体上,程序运行结果如图 11.5 所示。

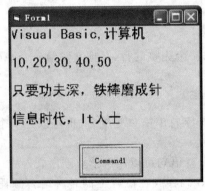

图 11.5 程序输出结果

分析程序代码及其运行过程,程序首先设置窗体的字体为"黑体"、字号的大小为 16 号,然后打开 C 盘下的 Student 文件,在 Do 循环中将文件的内容一行一行地读到变量 inData 中,每读取一行就将该行的内容输出到窗体上,如图 11.5 所示。

3. Input $ 函数

该函数返回从指定文件中读出的 n 个字符的字符串。它可以在数据文件中读取指定数目的字符。

其格式为:

Input $(n,#文件号)

例如:

a $ = Input $(88,#3)

表示从文件号为 3 的文件中读取 88 个字符,并把它赋给变量 a $。

与 Input # 和 Line Input # 语句不同的是,Input $ 函数所执行的是"二进制输入"。它把一个文件作为非格式的字符流来读取。例如,该函数不把回车、换行符看作是一次输入操作的结束标志。所以,当用户需要从程序文件中读取单个字符或是要读取一个二进制或非 ASCII 码文件时,可以利用 Input $ 函数的"二进制"输入特点。

【例11.4】设计一个程序,实现在文本文件中查找指定字符串的功能。要求程序先把整个文件读入到内存,放到一个变量中,然后从这个变量中查找所需要的字符串。文本文件的内容如图11.6所示,要求查找的字符串为"Basic"。

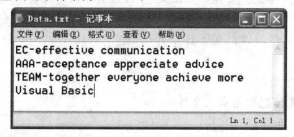

图11.6 文件内容

先在窗体上画一个命令按钮控件,其名称为Command1,然后编写以下代码。

```
Private Sub Command1_Click( )
    Dim inData As String
    Dim Target As String
    FontSize = 12
    Open "C:\Data.txt" For Input As #1
    Target = InputBox("请输入指定的字符串")
    inData = Input $ (LOF(1), #1)
    Close #1
    x = InStr(1, inData, Target)
    If x <> 0 Then
        Print "文件中有指定的字符串:", Target
    Else
        Print "文件中没有指定的字符串:", Target
    End If
End Sub
```

运行程序后单击命令按钮,将出现如图11.7所示的对话框,输入"Basic"。
然后单击"确定"按钮,程序的运行结果如图11.8所示。

图11.7 输入指定字符串

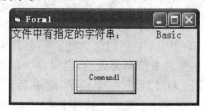

图11.8 字符串查找结果

分析程序的代码及运行过程,注意程序代码中使用了LOF函数来求文件的长度,然后使用Input $ 函数将文件的全部内容赋值给一个字符串变量inData,再调用InStr函数查找指定的字符串,如果找到该字符串将返回一个非零值给x变量,然后再通过一个If选择控制结构来实现查找结果的输出,如图11.8所示。

11.3.2 顺序文件的写操作

在编程过程中,用户不仅需要读取数据文件的内容(即数据的输入),还需要进行写文件的操作(即文件的输出)。写文件的操作也分为 3 步,即打开文件、写入文件和关闭文件。其中,对于打开文件和关闭文件前面已做了详细介绍,在 Visual Basic 中,写入文件由 Print # 和 Write # 语句来实现。

1. Print # 语句

该语句实现的功能是把数据写入文件中。

其格式为:

```
Print #文件号,[[Spc(n)|Tab(n)][表达式][;|,]]
```

Print # 语句与 Print 方法的功能类似,可以这样理解,Print 方法所输出的对象是窗体、打印机或控件,而 Print # 语句所输出的对象是文件。

上面格式中的 Spc 函数、Tab 函数、"表达式"及尾部的分号、逗号等,其含义与 Print 方法中相应参数的意义相同。

例如:

```
Print X,Y,Z
```

表示将 X、Y、Z 的值在窗体上输出。

```
Print #3,X,Y,Z
```

表示将 X、Y、Z 的值输出到文件号为 3 的文件中。

在使用 Print # 语句时,需要注意以下几点:

(1) 与 Print 方法相似,Print # 语句中的各数据项之间可以用分号隔开,也可以用逗号隔开,分别对应紧凑格式和标准格式。数据值由于前有符号位,后有空格,因此使用分号不会给以后读取文件造成麻烦。但是,对于字符串数据,特别是变长字符串数据来说,用分号分隔可能会引起麻烦,因为输出的字符串数据之间没有空格,要解决这个问题,可以人为地加入逗号作为分隔符。但是,如果字符串本身含有逗号、分号和有意义的前后空格及回车或换行,则必须引用双引号(ASCII 码值为 34)作为分隔符,把字符串放在双引号中写入磁盘。

(2) 格式中的"表达式"可以省略,这时,将向文件中写入一个空行。例如:

```
Print #3
```

表示向文件号为 3 的文件中输入一个空行。

(3) Print # 语句的功能实际上只是将数据送到缓冲区,数据由缓冲区写到磁盘文件的操作是由文件系统来完成的,但用户可以理解为该语句将数据写入到磁盘文件中。

【例 11.5】设计一个程序,使用 Print # 方法将输入写入指定的文件中。

先在窗体上画 3 个文本框控件,名称为 Text1、Text2 和 Text3;再画一个命令按钮,名称为 Command1;然后编写以下程序代码:

```
Private Sub Command1_Click( )
    Dim x As String
    Dim y As String
    Dim z As String
    Open "C:\Test.txt" For Output As #1
```

```
        x = Text1.Text
        y = Text2.Text
        z = Text3.Text
        Print #1, "使用分号的效果"
        Print #1, x; y; z
        Print #1, "使用逗号的效果"
        Print #1, x, y, z
        Print #1, "人工加入逗号的效果"
        Print #1, x; ","; y; ","; z
        Print #1, "人工加入双引号的效果"
        Print #1, Chr(34); x ; Chr(34); y ; Chr(34); z ; Chr(34)
    End Sub
```

运行程序,在 3 个文本框中输入如图 11.9 所示的内容。然后单击命令按钮,程序将数据写入到指定的文件中。

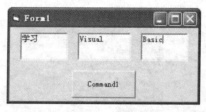

图 11.9 程序输入

分析程序代码及其运行过程,程序一开始以 Output 的方式打开文件,在命令按钮的单击事件过程中,以 4 种 Print # 语句的形式向文件中写入数据。当在 Print # 语句中使用分号时,在文件中写入的数据项相互之间是紧凑的;当在 Print # 语句中使用逗号时,在文件中写入的数据项之间隔开一定的距离;另外两种是分别在数据项之间加入逗号和引号,这样使输入的数据项之间更加分明,如图 11.10 所示。

图 11.10 Print # 语句写文件

2. Write # 语句

该语句的功能是将数据写入到顺序文件中。

其格式为：

> Write #文件号,表达式

与 Print #语句不同的是,当用 Write #语句向文件写数据时,数据在磁盘上以紧凑格式存放,能自动地在数据之间插入逗号,并给字符串加上双引号;一旦最后一项被写入,就插入新的一行;用该语句写入的正数前面没有空格。

使用 Write #语句时需要注意,文件必须以 Output 或 Append 方式打开;"表达式"中的各项以逗号分开;如果试图用该语句把数据写到一个用 Lock 语句限定的顺序文件中,则会发生错误。

【例 11.6】设计一个程序,实现从键盘上输入奥运会参赛国家的数据,然后将数据用 Write #语句存放到磁盘文件中的功能。

其中,国家的数据包括国家名称、金牌榜排名、金牌数及奖牌总数,用一个记录类型来定义,在程序的标准模块中定义记录类型。

首先,执行"工程"菜单中的"添加模块"命令建立标准模块,在模块的代码窗口中输入以下程序代码：

```
Type Country
    Cname As String * 12
    Order As Integer
    GNum As Integer
    Total As Integer
End Type
```

然后在窗体上画一个命令按钮,其名称为 Command1,再输入以下程序代码：

```
Private Sub Command1_Click( )
    Static Cou( ) As Country
    Dim Num As Integer
    Open "C:\Record.txt" For Output As #1
    Num = InputBox("输入参加排名国家的数目:")
    Write #1, "国家名称", "名次", "金牌数", "奖牌总数"
    ReDim Cou(Num) As Country
    For i = 1 To Num
        Cou(i).Cname = InputBox("输入国家名称")
        Cou(i).Order = InputBox("输入名次")
        Cou(i).GNum = InputBox("输入金牌数")
        Cou(i).Total = InputBox("输入奖牌总数")
        Write #1, Cou(i).Cname, Cou(i).Order, Cou(i).GNum, Cou(i).Total
    Next i
    Close #1
End Sub
```

运行程序后单击命令按钮,将会弹出相应的 InputBox 对话框,提示用户输入相应的数据,如图 11.11 所示。

图 11.11 输入提示对话框

然后根据提示对话框依次输入 3 个国家的相关数据，即国家的名称、名次、金牌数和奖牌总数。通过 Write ♯ 语句，程序将这些数据都写入到指定的文件中，如图 11.12 所示。

图 11.12 写入内容后的文件

分析本例程序，文件首先通过 Open 语句打开相应的文件，并事先在标准模块中定义了记录类型，它由 4 个基本数据类型所组成，即一个 String 型和 3 个 Integer 型。在程序运行的开始，对话框会提示用户输入所需要参加排名的国家的数目，程序将通过 ReDim 语句定义一个记录型的数组，然后通过一个 For 循环依次输入每个国家的相关数据，每输入一个完整的记录型数据（即 4 个基本数据），就通过 Write ♯ 语句写入指定的文件中。从写入文件的结果中可以看出，用 Write ♯ 语句写入的数据项之间用逗号隔开，其中字符串数据放在双引号中，在这一点上它和 Print ♯ 语句有所不同。

11.4 随 机 文 件

由于随机文件数据的存取方式比较灵活、方便、速度较快、容易修改，因此，在程序的数据处理中经常用到随机文件。

随机文件以记录为单位进行操作。"记录"在这里有两个方面的含义，一个是代表文件中要处理的记录；另一个是指用 Type…End Type 语句定义的类型称为记录类型。下面介绍随机文件的各种操作。

11.4.1 随机文件的打开与读写操作

在进行随机文件的读写操作之前，需要打开一个随机文件，打开之后既可用于读操作，也可用于写操作。打开随机文件的格式为：

Open 文件名称 For Random As ♯文件号 [Len = 记录长度]

其中，"记录长度"等于各字段长度之和，以字符（字节）为单位。如果省略"Len＝记录长度"，则记录的默认长度为 128 个字节。

1. 写操作

随机文件的写操作一般通过 Put 语句来实现。

其格式为：

Put # 文件号,[记录号],变量

其中，"变量"是除对象变量和数组变量以外的任何变量(包括含有单个数组元素的下标变量)。"记录号"的取值范围为 $1 \sim (2^{31}-1)$，对于用 Random 方式打开的文件，"记录号"是需要写入的编号。

该语句实现的功能是把"变量"的内容写入由"文件号"指定的磁盘文件中。

在用 Put 语句进行写操作时，需要注意以下两点：

（1）如果所写入的数据长度小于在 Open 语句的 Len 函数中所指定的长度，Put 语句仍然在记录的边界后面写入下一条记录，当前记录的结尾和下一个记录的开头之间的空间用文件缓冲区现有的内容填充。由于填充数据的长度无法确定，因此最好使记录的长度与要写的数据的长度相匹配。如果所写入的数据长度大于在 Open 语句的 Len 函数中所指定的长度，就会导致错误发生。

（2）如果省略"记录号"，则写到下一个记录位置，即最近执行 Get 或 Put 语句后的记录，或由最近的 Seek 函数指定的记录。但在省略"记录号"后，逗号不能省略。

【例 11.7】设计一个程序，实现随机文件的写操作。要求输入的一个记录中包含学校名称、所在省份、本科生数、研究生数 4 个字段。

首先，执行"工程"菜单中的"添加模块"的命令建立标准模块，在该模块中定义以下记录类型：

```
Type University
    UName As String * 10
    Province As String * 6
    UnderGraduate As String * 6
    PostGraduate As String * 6
End Type
```

在窗体上画一个命令按钮，其名称为 Command1，然后在窗体代码窗口中编写以下程序代码。

```
Dim Uni As University
    Private Sub Command1_Click( )
    Dim n As Integer
    Open "C:\School.dat" For Random As #1 Len = Len(Uni)
    n = InputBox("输入记录的数目")
    For i = 1 To n
        Uni.UName = InputBox("输入学校名称")
        Uni.Province = InputBox("输入学校所在省份")
        Uni.UnderGraduate = InputBox("输入本科生数")
        Uni.PostGraduate = InputBox("输入研究生数")
        Put #1, i, Uni
    Next i
    Close #1
End Sub
```

运行程序后,单击命令按钮,将出现如图 11.13 所示的输入对话框。

图 11.13 输入对话框

之后会分别弹出 4 个不同的对话框,提示用户输入学校名称、所在省份、本科生数和研究生数。例如向文件中写入 5 条不同记录,如表 11.4 所示。

表 11.4 输入的记录内容

学校名称	所在省份	本科生数(人)	研究生数(人)
吉林大学	吉林	30000	20000
清华大学	北京	20000	25000
北京大学	北京	20000	21000
浙江大学	浙江	30000	28000
台州大学	浙江	8000	2000

将表格中的记录依次输入,最终写入数据文件的效果如图 11.14 所示。

分析本例程序,在程序的标准模块中首先定义了记录类型,它由 4 个字段组成,即学校名称(Uname)、所在省份(Province)、本科生数(UnderGraduate)和研究生数(PostGraduate)。然后在窗体模块中定义了记录类型变量 Uni,再用 Open 语句以 Random 的方式打开一个指定的随机文件,其中用到了 Len 函数,当记录含有的字段较多时,手工计算很不方便,也容易出错误。实际上,记录类型的长度就是记录的长度,因此可以通过 Len 函数求出。程序通过 For 循环提示用户输入记录的各个字段,每输入一个记录,就将该记录写入到指定的位置,其中变量 Num 表示所写入的记录号,写入一个记录后,该变量将自动加 1。通过这一过程将 5 个记录依次写入随机文件中,最后得到的文件内容如图 11.14 所示。

图 11.14 输入的 5 条记录

2. 读操作

随机文件的读操作与顺序文件的读操作相似,也需要打开文件、读取记录、关闭文件 3 个步骤。其中,文件要以 Random 的方式打开,一般通过 Get 语句来实现。

其格式为:

Get ♯ 文件号,[记录号],变量

其中,"记录号"的取值范围为 1~($2^{31}-1$),对于用 Random 方式打开的文件,"记录号"是需要读出的编号。

该语句实现的功能是将一个打开的磁盘文件的一条记录的内容读入到一个变量中。

【例 11.8】设计一个程序,实现读出一个随机文件的操作。在上面例子建立的随机文件的基础上进行程序的编写。

首先在窗体上画两个命令按钮,名称为 Command1 和 Command2,将它们的 Caption 属性设置为"顺序读出记录"和"逆序读出记录"。

执行"工程"菜单中的"添加模块"命令,为该程序添加一个标准模块,然后在模块中输入定义记录类型的代码,与例 11.7 中相同,并在窗体层定义以下两个变量:

```
Dim UniRead As University
```

为"顺序读出记录"命令按钮编写以下程序代码:

```
Private Sub Command1_Click( )
    Dim n As Integer
    FontSize = 12
    FontName = "黑体"
    Open "C:\School.dat" For Random As #1 Len = Len(UniRead)
    Form1.Cls
    Print "测试顺序读出随机文件的记录"
    Print
    n = LOF(1)/ Len(UniRead)
    For i = 1 To n
        Get #1, i, UniRead
        Print UniRead.UName; UniRead.Province;
        Print UniRead.UnderGraduate; UniRead.PostGraduate;
        Print
    Next i
    Close #1
End Sub
```

再为"逆序读出记录"命令按钮编写以下程序代码:

```
Private Sub Command2_Click( )
    Dim n As Integer
    FontSize = 12
    FontName = "宋体"
    Open "C:\School.dat" For Random As #1 Len = Len(UniRead)
    Form1.Cls
    Print "测试逆序读出随机文件的记录"
    Print
    n = LOF(1)/ Len(UniRead)
    For i = n To 1 Step -1
        Get #1, i, UniRead
        Print UniRead.UName; UniRead.Province;
        Print UniRead.UnderGraduate; UniRead.PostGraduate;
        Print
    Next i
    Close #1
End Sub
```

运行程序,单击"顺序读出记录"命令按钮,程序将依次读出文件中的记录,然后输出到窗体上,读出的结果如图 11.15 所示。

再单击"逆序读出记录"命令按钮,程序将以逆序的方式读出文件中的记录,然后输出到窗体上,逆序读出的结果如图 11.16 所示。

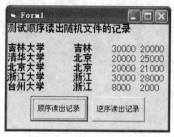

图 11.15　顺序读出记录

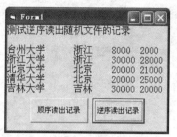

图 11.16　逆序读出记录

分析本例程序,程序中首先声明了一个记录类型的变量 UniRead 用来存放从文件中读出的记录,需要注意的是,该记录类型的字段及长度应该与文件中的记录相一致。在顺序读出的代码中,程序通过 For 循环以及 Get 语句依次读出文件中的记录,再输出到窗体上,其中的 LOF 函数用来求出文件的长度,而 Len 函数用来计算记录的长度,它们相除就可以得到文件中包含的记录数目 n;在逆序读出的代码中,指定 n 为循环的初始值,1 为循环的终值,步长为 -1,所以将以逆序的形式读出文件中的记录。除了顺序和逆序外,在随机文件的读操作中,可以指定任何一个记录号(只要该记录号存在)读出,这一点是随机文件与顺序文件相比方便的地方。

11.4.2　随机文件中记录的增加与删除

在对数据文件进行处理时,用户经常会遇到增加数据和删除数据的操作,对于随机文件来说就是增加或删除相应的记录。下面介绍如何增加或删除记录。

1. 增加记录

随机文件中增加记录的过程与向顺序文件的末尾追加写入数据的过程相似。首先需要找到文件中最后一个记录的记录号,然后把需要增加的记录写到它的后面。

2. 删除记录

随机文件中删除记录的过程实际上是一个"移动"和"覆盖"的过程。例如,想要删除第 n 条记录,则需要将第 $n+1$ 条记录移到第 n 条记录的位置上,并覆盖原先的记录,后面的记录依次往前移动一个位置,即实现记录的删除过程。

【例 11.9】在例 11.8 的基础上画两个命令按钮,名称为 Command3 和 Command4,设置它们的标题(Caption)属性为"增加记录"和"减少记录"。

需要增加的记录如表 11.5 所示。

表 11.5　增加的记录

学校名称	所在省份	本科生数(人)	研究生数(人)
长春大学	吉林	10000	7000
北华大学	吉林	8000	6000

然后为"增加记录"命令按钮编写以下程序代码:

```
Private Sub Command3_Click( )
    Dim n As Integer
    Dim m As Integer '增加记录的条数
    FontSize = 12
    FontName = "宋体"
    Open "C:\School.dat" For Random As #1 Len = Len(UniRead)
    Form1.Cls
    n = LOF(1) / Len(UniRead)
    m = InputBox("需要增加的记录数目为:")
    For i = 1 To m
        UniRead.UName = InputBox("输入学校名称")
        UniRead.Province = InputBox("输入学校所在省份")
        UniRead.UnderGraduate = InputBox("输入本科生数")
        UniRead.PostGraduate = InputBox("输入研究生数")
        Put #1, n + i, UniRead
    Next i
    Print "增加"; m; "条记录后"
    For i = 1 To n + m
        Get #1, i, UniRead
        Print UniRead.UName; UniRead.Province;
        Print UniRead.UnderGraduate; UniRead.PostGraduate;
        Print
    Next i
    Close #1
End Sub
```

运行程序后,单击"增加记录"按钮,程序将会弹出对话框提示用户输入相应的信息,依次输入两条需要添加的记录,程序的运行结果如图11.17所示。

图11.17 增加记录

为"删除记录"命令按钮编写以下代码:

```
Private Sub Command4_Click( )
    Dim n As Integer
    Dim m As Integer '所要删除的记录号
    Form1.Cls
```

```
FontName = "宋体"
FontSize = 12
m = InputBox("输入需要删除的记录号")
Open "C:\School.dat" For Random As #1 Len = Len(UniRead)
n = LOF(1) / Len(UniRead)
If m > LOF(1) Or m < 1 Then
    MsgBox "该记录号不存在"
    Exit Sub
End If
Print "删除了原来第"; m; "条记录"
MoveRecord:
Get #1, m + 1, UniRead
If Loc(1) > n Then
    GoTo Finish
End If
Put #1, m, UniRead
m = m + 1
GoTo MoveRecord
Finish:
n = n - 1
For i = 1 To n
    Get #1, i, UniRead
    Print UniRead.UName; UniRead.Province;
    Print UniRead.UnderGraduate; UniRead.PostGraduate;
    Print
Next i
Close #1
End Sub
```

运行程序后,单击"删除记录"命令按钮,将会弹出一个对话框,提示用户输入需要删除的记录号,输入一个记录号 3,然后单击"确定"按钮,程序的运行结果如图 11.18 所示。

图 11.18 删除记录

分析上面例子的程序代码及程序的运行过程,在增加记录的程序代码中,程序首先通过 LOF 函数和 Len 函数求出文件中包含的记录总数,找到文件的最后一个记录号后,通过

InputBox 函数提示用户输入需要添加的记录数目,然后通过 For 循环输入相应记录的字段信息,每循环一次写入一条记录。在删除记录的代码中可以看出,删除实际上是一种"移动"的过程,即如果要删除第 3 条记录,将原来的第 4 条记录覆盖在第 3 条记录上,再将原来的第 5 条记录覆盖在第 4 条上,依此类推。在删除事件过程中用到了 GoTo 函数,再通过 If 选择控制语句来控制程序的运行过程。在删除第 3 条记录之后,后面的记录都往前移动了一个位置。

本章小结

本章主要介绍文件的基本概念、文件的分类、各种文件的操作技巧以及常用的文件访问语句和函数。

本章重点掌握以下内容:
(1) 文件的概述、文件的分类。
(2) 文件的打开和关闭,包括文件的各种打开方式等。
(3) 文件指针、操作语句、操作函数及文件的基本操作。
(4) 顺序文件的读操作和写操作。

巩固练习

(1) 设有语句

```
open "C:\Test.dat" For Output As #1
```

则以下叙述中错误的是(   )。
A. 该语句打开 C 盘根目录下的文件 Test.dat,如果该文件不存在则出错
B. 该语句打开 C 盘根目录下的一个名为 Test.dat 的文件,如果该文件不存在则创建该文件
C. 该语句打开文件的文件号为 1
D. 执行该语句后,就可以通过 Print # 语句向文件 Test.dat 中写入信息

(2) 顺序文件在一次打开期间(   )。
  A. 只能读,不能写   B. 只能写,不能读
  C. 既可读,又可写   D. 或者只读,或者只写

(3) 以下叙述中错误的是(   )。
  A. Print # 语句和 Write # 语句都可以向文件中写入数据
  B. 用 Print # 语句和 Write # 语句所建立的顺序文件格式总是一样的
  C. 如果用 Print # 语句把数据输出到文件,则各数据项之间没有逗号分隔,字符串也不加双引号
  D. 如果用 Write # 语句把数据输出到文件,则各数据项之间自动插入逗号,并且把字符

串加上双引号

(4) 设在工程文件中有一个标准模块，其中定义了以下记录类型：

```
Type Books
    Name As String * 10
    TelNum As String * 20
End Type
```

在窗体上画一个名为 Command1 的命令按钮，要求执行事件过程 Command1_Click 时在顺序文件 Person.txt 中写入一条 Books 类型的记录。下列能够完成该操作的事件过程是（　　）。

A. Private Sub Command1_Click( )
　　Dim B As Books
　　Open "Person.txt" For Output As #1
　　B.Name=InputBox("输入姓名")
　　B.TelNum=InputBox("输入电话号码")
　　Write #1,B.Name,B.TelNum
　　Close #1
　End Sub

B. Private Sub Command1_Click( )
　　Dim B As Books
　　Open "Person.txt" For Input As #1
　　B.Name=InputBox("输入姓名")
　　B.TelNum=InputBox("输入电话号码")
　　Print #1,B.Name,B.TelNum
　　lose #1
　End Sub

C. Private Sub Command1_Click( )
　　Dim B As Books
　　Open "Person.txt" For Output As #1
　　B.Name=InputBox("输入姓名")
　　B.TelNum=InputBox("输入电话号码")
　　Write #1,B
　　Close #1
　End Sub

D. Private Sub Command1_Click( )
　　Open "Person.txt" For Input As #1
　　Name=InputBox("输入姓名")
　　TelNum=InputBox("输入电话号码")
　　Print #1,Name,TelNum
　　Close #1
　End Sub

(5) 某人编写了下面的程序,希望能把 Text1 文本框中的内容写到 out.txt 文件中。

```
Private Sub Command1_Click( )
    Open "out.txt" For Output As #2
    Print "Text1"
    Close #2
End Sub
```

调试时发现没有达到目的,为实现上述目的,应做的修改是(　　)。

A. 把 Print "Text1" 改为 Print #2,Text1

B. 把 Print "Text1" 改为 Print Text1

C. 把 Print "Text1" 改为 Write "Text1"

D. 把所有 #2 改为 #1

(6) 下列有关文件的叙述中,正确的是(　　)。

A. 以 Output 方式打开一个不存在的文件时,系统将显示出错信息

B. 以 Append 方式打开的文件,既可以进行读操作,也可以进行写操作

C. 在随机文件中,每个记录的长度是固定的

D. 无论是顺序文件还是随机文件,其打开的语句和打开方式都是完全相同的

(7) 某人编写了向随机文件中写一条记录的程序,代码如下:

```
Type RType
    Name As String * 10
    Tel As String * 20
End Type
Private Sub Command1_Click( )
    Dim p As RType
    p.Name = InputBox("姓名")
    p.Tel = InputBox("电话号")
    Open "Books.dat" For Random As #1
    Put #1,,p
    Close #1
End Sub
```

该程序运行时有错误,修改的方法是(　　)。

A. 在类型定义"Type RType"之前加上"Private"

B. Dim p As RType 必须置于窗体模块的声明部分

C. 应把 Open 语句中的 For Random 改为 For Output

D. Put 语句应该写为"Put #1,p.Name,p.Tel"

(8) 设在当前目录下有一个名为 file.txt 的文本文件,其中有若干行文本,编写以下程序:

```
Private Sub Command1_Click( )
    Dim ch$ ,ascii As Integer
    Open "file.txt" For Input As #1
    While Not EOF(1)
        Line Input #1,ch
        ascii = toascii(ch)
```

```
        Print ascii
    Wend
    Close #1
End Sub
Private Function toascii(mystr As String) As Integer
    n = 0
    For k = 1 To Len(mystr)
        n = n + Asc(Mid(mystr,k,1))
    Next k
    toascii = n
End Function
```

该程序的功能是(　　)。
A. 按行计算文件中每行字符的 ASCII 码之和,并显示在窗体上
B. 计算文件中所有字符的 ASCII 码之和,并显示在窗体上
C. 把文件中的所有文本行按行显示在窗体上
D. 在窗体上显示文件中所有字符的 ASCII 码值

附录

巩固练习参考答案

第 1 章　Visual Basic 概述
(1) A　(2) D

第 2 章　对象及其操作
(1) C　(2) B　(3) A　(4) A　(5) C　(6) B　(7) D　(8) C　(9) A

第 3 章　Visual Basic 程序设计基础
(1) A　(2) D　(3) C　(4) A　(5) A　(6) A　(7) C　(8) B　(9) D
(10) D　(11) C　(12) C　(13) D　(14) C　(15) A　(16) A　(17) A
(18) B　(19) D　(20) C

第 4 章　数据的输入与输出
(1) D　(2) C　(3) C　(4) C　(5) D　(6) D

第 5 章　常用标准控件
(1) D　(2) A　(3) B　(4) D　(5) D　(6) A　(7) C　(8) C　(9) C
(10) C　(11) C　(12) D　(13) A　(14) A　(15) C　(16) B　(17) D
(18) A　(19) A　(20) D　(21) B

第 6 章　Visual Basic 控制结构
(1) A　(2) B　(3) C　(4) D　(5) C　(6) B　(7) D　(8) D　(9) B
(10) D　(11) B　(12) B　(13) B　(14) A　(15) D

第 7 章　数组
(1) D　(2) C　(3) A　(4) C　(5) A　(6) D　(7) C　(8) A　(9) C
(10) B　(11) D

第 8 章　过程
(1) C　(2) B　(3) D　(4) D　(5) B　(6) A　(7) A　(8) D　(9) C
(10) D　(11) B　(12) D

第 9 章　键盘和鼠标事件

(1) C　(2) A　(3) D　(4) A　(5) C　(6) D　(7) C　(8) C

第 10 章　菜单和对话框

(1) A　(2) B　(3) B　(4) B　(5) C　(6) B　(7) B　(8) D　(9) B
(10) A

第 11 章　数据文件

(1) A　(2) D　(3) B　(4) A　(5) A　(6) C　(7) A　(8) A